中国地质大学（北京）珠宝学院推荐教材

普通高等教育规划教材
教育部教研教改项目规划教材

钻石学

白 峰 编著

化学工业出版社

·北京·

内 容 简 介

本书为北京市精品课程"钻石学"配套教材。全书共两篇15章，系统介绍了钻石学基础和钻石分级理论知识，内容涵盖钻石矿物学、钻石成因与开采、鉴定与加工、优化处理与合成、钻石分级及商贸等专业知识，收集了钻石学研究的最新成果和现行有效的国家标准。

本书可作为高等院校珠宝及相关专业本科生、研究生教学的教材，也可供从事钻石鉴定、加工及商贸的人员及珠宝爱好者参考。

图书在版编目（CIP）数据

钻石学/白峰编著．—北京：化学工业出版社，
2021.10
普通高等教育规划教材
ISBN 978-7-122-39653-2

Ⅰ．①钻…　Ⅱ．①白…　Ⅲ．①钻石-高等学校-
教材　Ⅳ．①TS933.21

中国版本图书馆CIP数据核字（2021）第152569号

责任编辑：窦　臻　林　媛　　　　　　　　文字编辑：刘　璐
责任校对：张雨彤　　　　　　　　　　　　装帧设计：关　飞

出版发行：化学工业出版社（北京市东城区青年湖南街13号　邮政编码100011）
印　　装：北京瑞禾彩色印刷有限公司
787mm×1092mm　1/16　印张$17\frac{1}{2}$　字数411千字　2022年5月北京第1版第1次印刷

购书咨询：010-64518888　　　　　　　　售后服务：010-64518899
网　　址：http://www.cip.com.cn
凡购买本书，如有缺损质量问题，本社销售中心负责调换。

定　　价：89.00元　　　　　　　　　　　　　版权所有　违者必究

前 言

  钻石以其独特的物理性质和稀少性被誉为"宝石之王",在各类宝石中占有重要地位,历来以神秘、高贵、稀少、耐久、保值而著称。经过对其广泛的宣传与引导,在现代人的消费理念中钻石饰品日益受到青睐。由于其产出的独特性,钻石的销售方式也与其他宝石不同。钻石是宝石中质量评价最严格,评价标准最国际化的宝石品种,钻石的品质和价格是根据钻石的4C评价标准来确定的。虽然世界上执行的钻石鉴定分级体系和标准略有区别,但都是为了保证钻石的质量,增强消费者的信心,促进钻石市场的健康发展。我国也颁布了钻石分级标准,并不断进行修订,以使我国的钻石市场更加规范化,钻石评价标准更加符合我国的国情,进一步维护消费者的利益。近年来,随着合成钻石和优化处理钻石的发展,钻石的鉴定技术不断提高,也对钻石学教育者提出了新的挑战,钻石学内容的更新势在必行。

  "钻石学"在宝石学中自成体系,是宝石学科的核心专业课程。"钻石学"课程是中国地质大学(北京)的北京市精品课程,也是中国地质大学(北京)珠宝学院宝石及材料工艺学本科专业的重要核心专业课程,其配套教材《钻石学教程》是北京市精品教材。由于钻石学发展较快,2005年版的《钻石学教程》已不能适应钻石学科的发展和教学需要。本书是在《钻石学教程》的基础上,根据现行有效的国家标准和最新的合成及优化处理技术对钻石学内容进行更新,涵盖最新的钻石分级国家标准及最新的钻石学研究成果。全书共分两篇15章,内容涉及钻石的基本特征、钻石矿床及开采、钻石鉴定、钻石加工、钻石分级、钻石优化处理、合成钻石、仿制品的鉴别及钻石商贸等方面。其特点是基本涵盖了钻石学的所有知识点;收集了对钻石鉴定及研究的最新成果;

贯彻和执行2017年国家钻石分级的新标准（GB/T 16554—2017）。本书体系更适合高校"钻石学"课程的教学，也可作为从事钻石加工、鉴定、商贸及教育人员的参考书。

本书在课程体系及钻石学专业建设上得益于吴瑞华教授、卢琪老师和编著者前期的大量工作积累，在查阅资料、校稿过程中得到了硕士研究生张亦武、赵可含、蒋博晗、徐宏生、尹明淑、孙佳欣、余杭玮、许玲玲的帮助，在此一并表示感谢。本书是为高等院校宝石及材料工艺学本科专业"钻石学"课程教学编写的教材，在体系和内容上注重考虑教学的需要，有疏漏、不妥之处，诚请广大同仁批评指正。

编著者

2021年5月于北京

目 / 录

第1篇　钻石学基础 / 001

6 钻石的仿制品及其鉴别 / 115

第2篇　钻石分级 / 125

7 钻石原石分级 / 126

8 切磨钻石质量评价 / 136

9 钻石的重量 / 143

10 钻石颜色分级 / 150

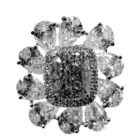

第1篇
钻石学基础

1
钻石矿物学

1.1 钻石晶体学

1.1.1 钻石的晶体结构

钻石在矿物学上称为金刚石，是已知宝石矿物中唯一由单一碳元素组成的晶体。纯净钻石可看作是完全由碳元素组成的矿物。钻石晶体结构中的碳原子是以共价键相连接的（图1-1）。

在钻石晶体结构中，每个碳原子通过sp^3杂化轨道同其他4个碳原子相连接，形成4个共价单键，构成一个正四面体，键角为109°28′。其晶体结构为立方面心格子，立方体边长为0.356nm。碳原子位于立方体晶胞的角顶及面中心，当将立方体平分为8个小立方体时，在每个小立方体中心还存在着一个碳原子。每个碳原子周围有4个以0.154nm间距相连的碳原子，形成四面体配位，整个晶体结构可看作是以角顶相连接的四面体的组合。由于C—C键能很大，所有价电子都能参与共价键的形成，使晶体中没有自由电子。钻石的这种晶体结构，决定了它具有高硬度、高熔点、不导电、化学性质稳定等性质。

1.1.2 钻石的同质多象

同质多象是指同种化学成分的物质，在不同的物理化学条件（温度、压力、介质）下，形成不同结构晶体的现象。这些不同结构的晶体，称为该成分的同质多象变体。钻石和石墨是碳的两个同质多象变体，在碳的这两个同质多象变体中，碳原子以不同的方式键合。

与钻石结构不同，石墨具有典型的层状结构（图1-2），每层的结构是由碳原子排列成的六方环状网，上层面网的碳原子对着下层面网六方环的中心。面网内每一个碳原子同另外3个碳原子相连接，其间距为0.142nm，碳原子中的4个价电子只有3个电子参加成键。未参加成键的电子（eπ电子）能在整个片层内自由运动，两面网之间以分子间力结合起来，面网之间的距离为0.335nm，是层内原子间距的两倍多。因此，层间的价键弱于层内的价键。石墨的这种结构，决定石墨具有润滑、导电、传热等性质。

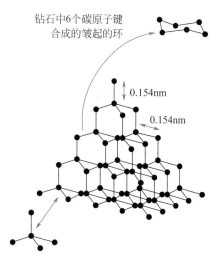

钻石中6个碳原子键合成的皱起的环

0.154nm

0.154nm

图1-1 钻石的晶体结构

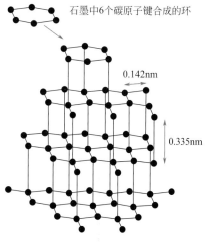

石墨中6个碳原子键合成的环

0.142nm

0.335nm

图1-2 石墨的层状结构

钻石和石墨都有各自一定的热力学稳定范围（图1-3），都具有各自特有的形态和物理性质，因此在矿物学上它们是独立的矿物种。

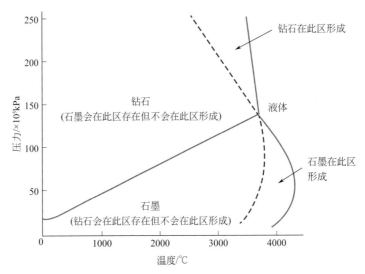

图1-3　钻石和石墨的热力学稳定范围

钻石和石墨的晶体结构特点和物理性质对比如表1-1所示。

表1-1　钻石和石墨的晶体结构特点和物理性质对比

项目	钻石	石墨
晶系	等轴晶系	六方晶系
空间群	$Fd3m$	$P6_3/mmc$
配位数	4	3
原子间距	0.154nm	层内0.142nm，层间0.335nm
键性	共价键	层内共价键，层间分子键
形态	八面体为主	六方片状
颜色	无色或浅色	黑色
透明度	大部分透明	不透明
光泽	金刚光泽	金属光泽
解理	{111}中等	{0001}完全
莫氏硬度	10	1
相对密度	3.52	2.23
导电性	不良导体	良导体

1.1.3　钻石的晶体形态

晶体形态可分为两种类型：单形和聚形。单形是指由同种晶面（即性质相同的晶面，在理想的情况下，这些晶面应该是同形等大的）组成的晶体形态。聚形是指由两种或两种以上的晶面所组成的晶体形态。聚形是由单形聚合而成。

　　钻石属于等轴晶系，常见有七种单形，分别是八面体、菱形十二面体、立方体、三角三八面体、三角六八面体、三角四六面体和四角三八面体。其中最常见的单形是立方体、八面体和菱形十二面体（图1-4）。

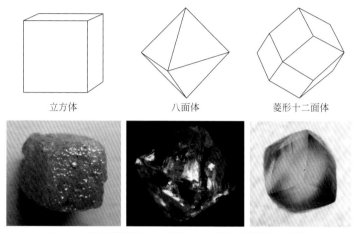

立方体　　　　　八面体　　　　菱形十二面体

图1-4　钻石的单形（立方体、八面体、菱形十二面体）

　　钻石最常见的聚形是八面体、菱形十二面体和立方体中每两种单形产生的聚形或三种相聚产生的聚形，主要有六种：平截立方体、立方-菱形十二面体、立方八面体、平截八面体、八面体-菱形十二面体、菱形立方八面体（图1-5）。

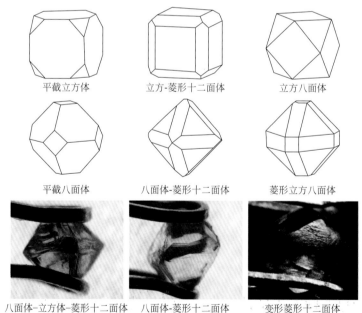

平截立方体　　　立方-菱形十二面体　　　立方八面体

平截八面体　　　八面体-菱形十二面体　　　菱形立方八面体

八面体-立方体-菱形十二面体　　八面体-菱形十二面体　　变形菱形十二面体

图1-5　钻石常见的聚形

1.1.4　钻石的双晶

　　双晶是两个以上的同种晶体按一定的对称规律形成的规则连生。

　　晶体结构内的重复方向可有变化并形成双晶。双晶晶体结构的两个或更多个组成成分之间的相互关系与该结构的正常对称性无关。它们与双晶反映面或反映轴有关，或与两者都有关。图1-6中表示了一个简单的"反映双晶"。结构的双晶化可以是晶体生长中的偶然事件，也可由应力或晶体生长后的温度变化引起。

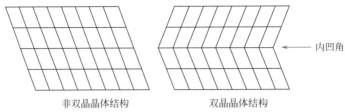

非双晶晶体结构　　　　　　　双晶晶体结构

图1-6　晶体结构中的双晶

钻石常出现接触双晶类型，接触双晶是指双晶个体以简单的平面相接触而连生在一起。钻石常见的双晶有三角薄片双晶、菱形十二面体双晶和八面体双晶（图1-7）。

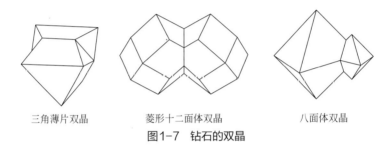

三角薄片双晶　　　　菱形十二面体双晶　　　　八面体双晶

图1-7　钻石的双晶

晶体中的双晶生长常可由晶面间存在内凹角来揭示（图1-8）。

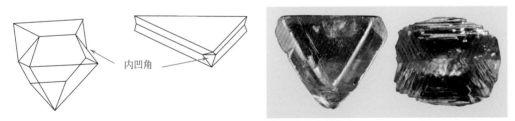

图1-8　钻石三角薄片双晶及内凹角

钻石也偶然会出现穿插双晶（图1-9）。钻石的穿插双晶是指两个相互交叉生长的单晶的组合，它们共一个双晶轴。当切割双晶时，因为硬度差异，会导致在两个单晶交叉处出现"表面生长纹"和"结节线"，在显微镜或是放大镜下经常可见。

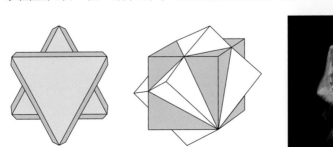

图1-9　钻石的穿插双晶

1.1.5　平行连生和多重生长

当一个晶体通过生长产生了由两个或更多个晶体沿同一方向长到一起的外观且晶面相互平行时，称为平行连生，它不属于双晶。而多重生长是指一个晶体是由两个或更多个晶体以互不相同的角度相互穿插而不是平行地生长到一起所产生的晶形。它也不属于双晶。在钻石中常出现这样的晶形（图1-10）。

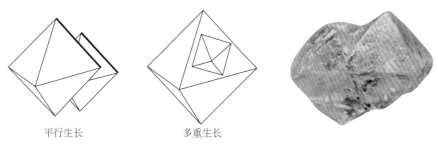

平行生长　　　　　多重生长

图1-10　钻石的平行生长和多重生长

1.1.6　钻石晶体的表面特征

（1）表面纹理

晶面上的表面纹理是晶体内部结构的外部表现，表面纹理也称为生长条纹。把钻石晶体结构八面体面上排列的原子用假想线相连接即产生了三角形的交叉样式。八面体晶面上看到的纹理与此有关（图1-11）。

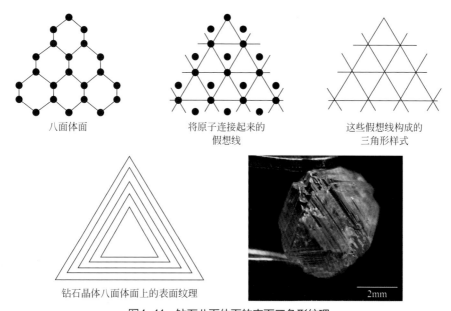

八面体面　　　　将原子连接起来的　　　这些假想线构成的
　　　　　　　　　　假想线　　　　　　　　三角形样式

钻石晶体八面体面上的表面纹理

图1-11　钻石八面体面的表面三角形纹理

有时在八面体的面上出现的纹理延伸穿过钻石，甚至在成品钻石中也可看到，它提供了八面体生长的证据，这称为内部纹理。

图1-12显示了三角薄片双晶的表面纹理（青鱼骨刺纹理）、三角凹痕及内凹角的关系。

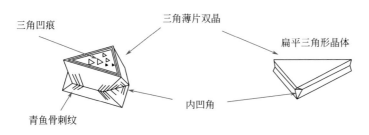

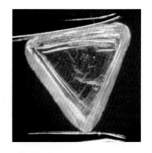

图1-12　三角薄片双晶的表面纹理

对于钻石菱形十二面体上出现的表面纹理特点，可以在钻石晶体结构上观察两个八面体面的边棱，这里是十二面体面出现的地方。用假想线连接这些原子，可看到在十二面体面上出现的纹理方向与菱形的长对角线平行（图1-13）。内部纹理的证据也可从十二面体面上的舟形凹陷得到。

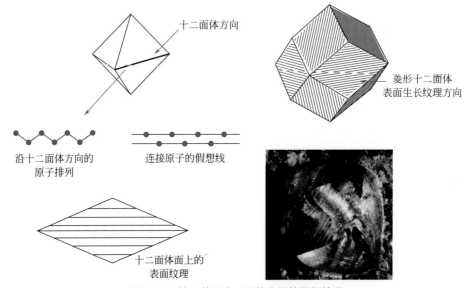

图1-13　钻石菱形十二面体表面的平行纹理

（2）三角凹痕（三角座）

很多天然钻石八面体的面上具有小的熔蚀钻石表面的三角形标志，这些标志称为三角凹痕（三角座）。三角凹痕是等边三角形的坑，其大小变化很大，有时相互叠覆。通常这些三角形蚀坑的角顶指向八面体面的棱，并且三角凹痕一般不会与八面体面棱排列一致（图1-14）。

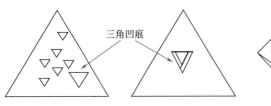

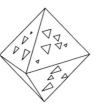

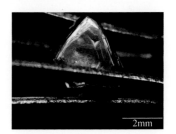

图1-14　钻石八面体晶形表面的三角凹痕

（3）带壳钻石

有些钻石表面有一层粗糙糖状的壳。这些壳有的薄如纸，有的则很厚。壳的下面可能是优质宝石级钻石。壳通常含有许多微细杂质（图1-15）。一些钻石可有绿色的皮（图1-16），自然界中发现的绿色钻石大都是绿色只局限于表皮（绿皮钻石），绿色的成因是周围岩石和地下水辐照所致。为确定带壳钻石的质量，需要在钻石上抛磨出一个窗口。

（4）烟幕钻石

烟幕钻石是指钻石有一层极薄的、半透明的、无光泽的表面（图1-17）。烟幕层通常见于产自砂矿的钻石，是钻石在顺河流向下游搬运的过程中被其他钻石磨蚀的结果。这种无光泽的表面很容易通过抛光去除。

（5）劣等钻石

劣等钻石是低品质钻石。它通常是多晶质的，具暗淡或糖状表面外观。作为工业钻，常用于某些工业目的。劣等钻石包括黑金刚石（黑钻石）（图1-18）和圆粒金刚石（圆粒钻石）。黑金刚石是黑色或暗色的微细钻石集合体；它是致密的，具有高韧性，用于钻头和磨轮。圆粒金刚石是天然多晶质工业钻，由细小的、连生的奶白色或钢灰色钻石晶体的球状块体组成。

黑钻石：黑钻石又称黑金刚石，呈黑色多孔结构，硬度与其他钻石相当（在应力条件下，黑钻石的硬度可以更高），黑钻石通常不以单晶体形式存在，而以不规则的或圆形的碎片形式、多晶结合体存在。不透明，没有解理，密度为3.012 ~ 3.416g/cm³。黑钻石的产出和其他钻石不同，主要发现于中非共和国及巴西冲积矿床中，极少部分发现于南非共和国和俄罗斯境内，但却没有在通常发现钻石的金伯利岩中发现。科学家认为这种黑钻石起源于地球之外。早在地球尚未诞生的时候，黑钻石就可能已经在宇宙存在了。科学家们在黑钻石中发现了大量氢元素，表明它可能来自富含氢元素的外层太空。黑钻石由于有许多微小的黑色晶体，通常有豌豆大小或更大的聚合多晶体。

图1-15 粗糙表面钻石原石

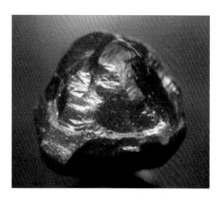

图1-16 绿色皮钻石原石

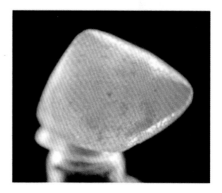

图1-17 烟幕钻石

图1-18 黑金刚石

在各种颜色的钻石中，黑钻石因其数量稀少而显得尤为神秘与珍贵。黑钻石一般都是作为收藏级的藏品，也有的被用来作为珠宝店的镇店之宝。经过欧美"黑白配"时尚引领，已经成为时尚界最流行的装饰品之一。世界著名的黑钻石——德－克里斯可诺（De Grisogono Diamond）（图1-19），重达312.24ct[1]，是世界上已经切磨好的最大黑色钻石，也是到目前为止，世界上第五大已经切割的钻石。它镶嵌在铂金底座上，同时底座上还镶嵌了702颗白色钻石，共重36.69ct。这颗钻石的原始重量达587ct，采用莫卧儿帝国时期（1526～1857年）的钻石切割技术对它进行切割。从开始研究切工设计，到真正对原石实施切割，整个过程花费了一年多时间。在瑞士古柏林宝石实验室对这颗黑色钻石出具的鉴定报告中，"德－克里斯可诺"被描述为：鉴于它的巨大尺寸，它是这种类型钻石当中的一枚稀有标本。

图1-19　德－克里斯可诺黑钻石

1.2　钻石的物理性质

1.2.1　钻石的光学性质

（1）钻石的颜色

钻石的颜色可分为两大系列：无色－浅黄（褐色、灰色）色系列和彩色系列（图1-20）。无色－浅黄（褐色、灰色）色系列包括近无色到浅黄色、浅褐色、浅灰色；彩色系列包括黄色、褐色、红色、粉红色、蓝色、绿色、紫罗兰色、黑色等。大多数彩色钻石颜色发暗，中－强饱和度的颜色艳丽的彩钻极为罕见。钻石的颜色可以由微量元素N、B和H原子进入钻石的晶体结构产生，也可以由晶体塑性变形产生位错、缺陷造成。

无色钻石

黄色钻石

褐色钻石

---

[1] 钻石贸易中仍然沿用克拉重量单位，1克拉（ct）= 0.2000g。

| 红色钻石 | 粉红色钻石 | 紫罗兰色钻石 |

| 绿色钻石 | 蓝色钻石 | 黑色钻石 |

图1-20　各种颜色的钻石

（2）光泽

光泽是宝石矿物表面对可见光的反射能力。具高折射率、硬度大且抛光极好的宝石显示强的光泽。钻石具有非常明亮的金刚光泽，这种光泽对区分钻石和其仿制品具有重要的意义。

（3）折射率

在不同波长单色光下，金刚石的折射率随着光波波长变短而增大（表1-2）。一般宝石中常用的折射率是对应于钠黄光（波长为589nm）的折射率。

表1-2　钻石在不同波长光波下的折射率

光谱颜色	红色	橙红色	橙黄色	绿色	蓝色	靛紫色	紫色
波长/nm	687.6	656.0	589.2	527.0	486.1	431.0	430.8
折射率	2.4077	2.4090	2.4176	2.4269	2.4354	2.4506	2.4512

（4）临界角

由钻石的亮度可知，进入钻石的光线最终将反射出来。光随着从光密介质（钻石）进入光疏介质（空气）的角度而移动，射出的光会偏离其法线。这与光线由空气进入钻石的情况相反。对于一定的入射角（i）来说折射角（r）会达到90°，此时光线将不能进入钻石而只能在钻石表面发生反射，这个入射角被称为临界角（g）或全反射角。

当光线从钻石射向空气时，临界角为24.4°。这意味着当光线与法线之间的夹角大于等于24.4°时，一束射入钻石内部且落在钻石刻面上的光线，会在内部反射而不射出钻石。

从图1-21我们可以看到当入射角变大时光线的传播情况。

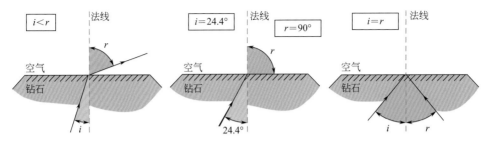

图1-21 光线随入射角变化的传播情况

（5）色散

当白光穿过宝石时，由于每种波长的光的折射角度不同，宝石会将白光分解成可见光谱中的各种颜色，这种现象称为色散（图1-22）。钻石由于其折射效果很强，色散现象非常明显，由色散所表现出的火彩效应使钻石更加光彩夺目。金刚石的色散值D为0.044，比大部分天然无色透明宝石的色散都高。色散是钻石十分可贵的光学性质，色散效应产生的"火彩"会增加钻石的内在美，使其光芒四射。

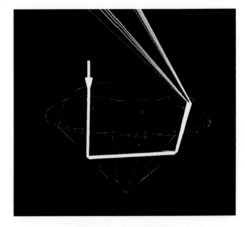

图1-22 钻石的色散

（6）亮度

亮度是透过宝石冠部刻面观察时所显现的明亮程度。它是由亭部刻面和冠部刻面对光产生反射造成的。如将钻石精确地切磨到最佳比例，光线就会反射到从台面观察的人的眼里。切磨比例好的明亮琢型钻石会显示出高亮度。

要想改变宝石的亮度和火彩的平衡关系，可通过改变冠角或冠高，调整台面的大小来实现（图1-23）。

在圆钻中最重要的两个角是冠角α和亭角β（图1-24），这两个角将会决定成品钻石的外观，即亮度和火彩。

当亭角约为41°时可以获得最佳的内反射，但在优秀切工（EX）中，亭角往往可以在40.6°到41.8°之间变化。

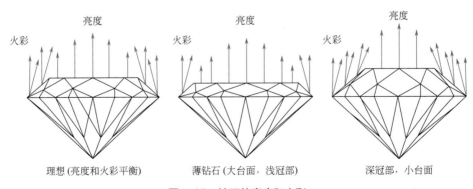

理想(亮度和火彩平衡) 　　薄钻石(大台面，浅冠部) 　　深冠部，小台面

图1-23 钻石的亮度和火彩

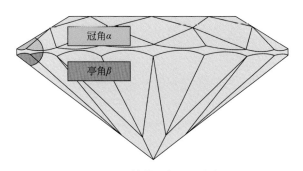

图1-24 圆钻的冠角 α 和亭角 β

如果亭角过大，比如45°，在内部反射的光量大大减少，大多数在第一次到达亭部刻面时漏出，在这种情况下台面以下的区域就会看起来很暗，没火彩，被称为"黑底效应" [图1-25(a)]。

当亭角过小时（小于39°），钻石的台面会偏大，从冠部和台面可以看到钻石腰部的映像，这种现象叫做"鱼眼"效应，这对钻石的光学效应影响很不好，在切工分级中应该给予降级 [图1-25(b)]。"鱼眼"效应会随着台面宽度的增加而更加明显。

(a)

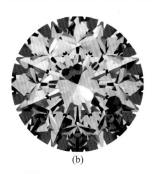
(b)

图1-25 亭角不恰当的情况

（7）"变短"效应

高折射率的一个重要影响就是所谓的"变短"效应。在观察钻石内含物的时候，它们看起来比实际位置要近。这是光线在钻石中的折射和在视网膜上的小孔成像而引起的。

图1-26系统地表示了这种现象。从这个图上我们可以推出表现深度或者说视深（Pl'）与实际深度（Pl）之间的数学关系式。

因此，在对钻石纯度进行研究时，我们必须记住，在钻石中观察到的内含物实际存在于2.42倍观察位置深度的地方。这一点非常重要，不注意的话可能会导致严重的后果，即重新切割一颗钻石。对钻石内含物位置错误的判断会导致钻石重量的严重损失。

（8）发光性

① 荧光　荧光是用于检测和回收钻石的一种重要手段。荧光是指物体被较短波长和较高能量的辐射源照射时发射出

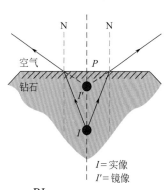

I = 实像
I' = 镜像

$$\frac{Pl}{Pl'} = 折射率 = 2.42$$

图1-26 "变短"效应

可见光的现象。辐射源通常为紫外（UV）光和X射线等。辐射的射线能被物体吸收，有一部分能量以可见光的形式释放。

由物体发射出的荧光的颜色与物体在白光下的正常色不同，不同辐射源下的荧光色也会不同。不同的荧光效应可为鉴定宝石品种及其优化处理特征提供依据。对钻石的荧光检测主要采用紫外光对钻石进行荧光测试。

紫外光为电磁波谱中400nm和10nm之间的光波，即可见光和X射线之间的部分。为产生紫外光，使用了专门的光源，这种光源既发射紫外光也发射可见光。可用滤光片去除大部分不希望要的可见光，在宝石学中使用滤光片的方法保留两个波长的紫外光：长波紫外光（LWUV），具365nm主波长；短波紫外光（SWUV），具254nm主波长。

钻石对紫外光的反应是不同的。钻石的紫外荧光从无到强，可呈蓝色、黄色、橙黄色、粉色、黄绿色等，一般长波下的荧光强度要强于短波下的荧光强度。钻石荧光的颜色大部分（90%以上）为蓝白色（图1-27），主要与N_3心有关。蓝白色荧光一般会提高钻石的色级，但荧光过强，会有一种雾蒙蒙的感觉，影响钻石的透明度，从而降低钻石的净度。

| 无 | 微弱 | 中等 | 强 | 极强 |

图1-27 钻石荧光

当首饰上群镶了许多无色宝石时，紫外荧光在区分钻石及其仿制品时很有用（图1-28）。如果一件"镶钻"首饰上的所有无色宝石在紫外光下均显示相同程度的荧光或均呈惰性，那么它们可能不是钻石。现今使用最广泛的钻石仿制品——无色合成立方氧化锆在SWUV下大都呈暗杏黄-橙色，在LWUV下较弱或呈惰性；大多数无色合成尖晶石在SWUV下发白垩状淡蓝色荧光，而在LWUV下呈惰性；无色玻璃通常在SWUV下显白垩状荧光。

② 磷光　磷光是与荧光类似的光学性质，也是当材料被较高能量源辐照时发射的可见光。区别是当辐射源去除后，发光继续并逐渐减弱，这种现象称为磷光，而荧光只出现在辐照期间。钻石的磷光比较罕见。

③ 阴极发光　阴极射线，即电子流，也用于钻石发光性质的检测。当用阴极射线照射时钻石所显示的发光

图1-28 群镶钻石在紫外光下发不同程度的荧光

情况能提供关于钻石生长期次和成因的信息。其发光特征有助于区分天然和合成钻石以及人工处理钻石，天然钻石的阴极发光现象如图1-29所示。

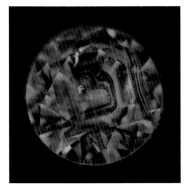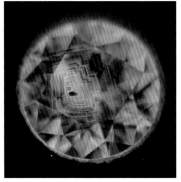

图1-29　天然钻石的阴极发光现象

④ X射线　X射线是波长极短的高能辐射，它能穿透可见光和其他形式辐射不能穿透的物体，可用于检测钻石及其仿制品。X射线照相法是利用不同材料有不同的X射线可透性，区别钻石和它的仿制品。钻石是透X射线的，而大多数仿制品是不透X射线的。另外X射线也有助于检测钻石裂隙的玻璃质充填物，这些充填物在X射线照片上有显示，而周围的钻石则没有。钻石在X射线下也会发荧光，这一特性已被用于钻石的回收。

1.2.2　钻石的非光学性质

1.2.2.1　力学性质

（1）硬度

若把不同种类的宝石混放在一起，有些宝石可能会被其他宝石刻划。由连续刻划而造成的损伤称为磨蚀。硬度是指当一种宝石被另一种宝石的尖块刻划时所具有的抵抗磨损的能力。前提是刻划时的压力应不足以产生断口或解理。硬度的大小决定于原子之间的键合性质和强度，而与组成此矿物的元素无关。在由纯碳原子组成的钻石中，原子的键合是紧密、强有力和规则的，形成的结构对磨损有异乎寻常的抵抗力。钻石是已知地球矿物中硬度最高的，莫氏硬度为10。而石墨中的碳原子的键合作用比钻石中碳原子的键合作用要弱得多，所以石墨的硬度非常低。在石墨和钻石这两个极端宝石材料之间有几百种原子结构具不同键合强度的宝石和材料。

莫氏硬度只是一种相对硬度。例如硬度是9的刚玉和硬度是10的钻石的硬度差异比硬度是2的石膏和刚玉的硬度差异还要大。因此，要准确测试矿物的硬度要采用一种压痕的方法。利用显微硬度仪，测定出宝石矿物的显微硬度（又称压入硬度或绝对硬度）。这种测定方法较刻划法的莫氏硬度精确。其互换算公式为：

$$H_m = 0.675 \times H^{1/3}$$

式中，H_m代表莫氏硬度；H代表显微硬度。

实际工作中有很多常用的简便方法来粗略确定矿物的硬度，如指甲的硬度为2.5，小刀的硬度为5.5，铜针的硬度为3，钢针的硬度为5.5 ~ 6，玻璃片的硬度为5.5，瓷器片的硬度为6 ~ 6.5。

钻石虽然是已知最硬的矿物，但其在不同方向上具有不同键合强度，其硬度随方向变化而变化。这种硬度依方向不同而不同的现象称为差异硬度。钻石能被切磨和抛光全靠的是它的差异硬度，也就是把一颗钻石中的较硬方向用于磨另一颗钻石中的较软方向，只有钻石能切磨钻石。

沿钻石八面体面的各个方向硬度都很大，所以钻石八面体面通常是难磨的。不过，在所有方向中硬度最大的还是平行于立方体面对角线的方向（图1-30）。

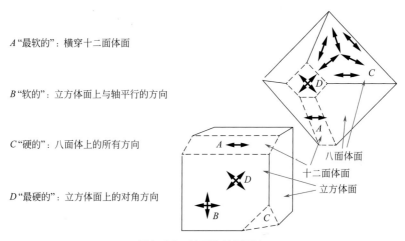

图1-30　钻石的差异硬度

用于切磨钻石的钻石磨料和粉料是一堆各种取向的颗粒。因而总会有许多颗粒其取向能研磨待锯或待抛磨的钻石。在生产合成钻石磨料和粉料时有意使颗粒具某种形状，以便最充分有效地用于宝石和钻石的抛光、研磨或锯开以及其他许多工业应用。

（2）韧性

韧性是宝石矿物抗拒沿其纵深发生断裂或解理的能力。韧性取决于宝石中原子的键合能力和宝石的晶体结构。钻石的韧性较差，由细小连生钻石小晶体形成的工业级黑金刚石则不仅硬度大而且韧度也高。

（3）解理和断口

矿物受外力（敲打、挤压等）作用后，沿着一定的结晶方向发生破裂，并能裂出光滑平面的性质称为解理。这些光滑的平面称解理面。解理只能在晶体中发生。

钻石具有解理，钻石中的解理面是八面体方向的，平行于钻石的八面体面。沿这4组八面体面或其"方向"都可产生中等－完全的八面体解理（图1-31）。

解理面表现为一系列非常浅的阶梯状。宝石内部的解理缝由于全内反射而反射或阻挡光线，因而它们看上去很像呈暗色或呈镜面状的扁平包裹体。解理缝（初始解理）可贯穿琢型宝石或晶体原石，也可能只表现为一个小的盘状扁平包裹体或靠近表面的一条微细的线；这些解理缝也可能反射显示晕彩。解理的这些效应对于鉴定具有解理的宝石品种是非常有用的。钻石的解理常用于钻石原料的劈开。

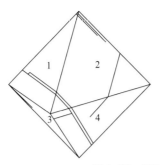

图1-31　钻石的八面体解理

如果矿物受外力作用，在任意方向破裂并呈各种凹凸不平的断面（如贝壳状、锯齿状），则这样的断面称为断口。断口能在所有晶质或非晶质宝石中出现。断口是应力作用下在宝石中出现的随机的无方向性的破裂，如强烈撞击，或持续施压，或快速加热、快速冷却等。玻璃和其他非晶质材料可在任何方向断开，断口不是很平整的面。晶质材料中的断口可发生在横穿解理的方向上。钻石、石英、锆石、玻璃及其他许多宝石都是以贝壳状断口为主。

宝石的耐久性是硬度、韧性和稳定性的组合。在自然界中，宝石矿物会因其较高的耐久性而保存在砂砾沉积中。当矿物遭受风化作用后，它们会在巨大的河流作用下向下游搬运并在此过程中遭受磨蚀。对连续的撞击、磨蚀以及天然化学侵蚀没有足够抵抗力的那些矿物将完全破裂、侵蚀、溶解或磨损殆尽，而耐久性较好的矿物则逐渐圆化。钻石因其具有较高的耐久性得以在自然过程中很好地保存下来。

（4）密度

钻石的密度为（3.52±0.01）g/cm^3，钻石的密度很稳定，变化不大，只有部分含杂质和包裹体较多的钻石，其密度才有微小的变化。

1.2.2.2　导电性

纯净的钻石是不导电的绝缘体，是因为在其结构中无自由电子产生电荷流动。钻石越纯，它的绝缘性能越好。

Ⅱb型钻石中含杂质硼，硼的存在产生了自由电子，这使得电流能通过钻石的结构，使它变成导电体。

钻石导电的另一种情况是钻石中含有大量的金属包裹体，这种情况出现在HPHT生长的合成钻石中。金属包裹体来源于钻石在生长过程中周围的一些金属，这些包裹体使得电流能通过钻石。

绝大多数钻石仿制品是绝缘体，而合成碳硅石（合成莫桑石），可具导电性。利用这一性质设计制作的仪器可用于钻石和合成碳硅石的辅助鉴别。

1.2.2.3　热学性质

（1）热膨胀性

当矿物材料受热时，它将向各个方向扩张。在钻石中，热膨胀是非常低的，特别是当温度突然变化时所受影响最小，快速加热和冷却钻石损伤很小。主要原因是钻石的热膨胀性低和导热性好。

（2）氧化作用

金刚石的熔点约为4000℃（无氧条件下），在空气中燃烧温度为850～1000℃，燃烧时发出浅蓝色火焰，变成二氧化碳。在无氧条件下，金刚石加热到2000～3000℃，缓慢地变成石墨（此转变从1500℃甚至1000℃时即已开始），激光打孔和切磨都是利用此性质。不含包裹体的钻石可在无氧气氛中加热到1800℃不发生改变，超过这个温度，钻石将转化为石墨。

若将钻石在氧气中加热到650℃，钻石会开始缓慢燃烧并转变为二氧化碳气体，这个过程称为氧化。当修理首饰时，若对钻石无适当防护措施，氧化过程就可能发生（修理时首饰的温度可达到500～800℃）。放大观察可见氧化作用在表面留下微细的白色残余物，看上去像钻石表面的白色斑点或污迹，有时也说成是具烟幕状外观或灼烧痕。如果钻石在抛磨过程中因摩擦受热发生氧化，则是钻石的一种缺陷。

激光在钻石切磨和净度处理中的应用也正是利用了钻石能燃烧但不膨胀的优点。

（3）导热性

导热性是物质的一种性质，它使热量能够从物质中传过，这正是接触钻石时有凉感的原因。钻石是极好的热导体，因钻石具有有序和对称的结构，故热量能容易地在钻石中的所有方向上传播。钻石中的瑕疵和杂质越少，热的传导就越快。

导热性可用来帮助鉴别钻石。大多数钻石仿制品的导热性比钻石的导热性差，故热导仪可用来比较不同宝石的导热性。然而，合成碳硅石的导热性也好，所以必须用其他的方法来区分钻石和合成碳硅石。

1.2.2.4 其他性质

（1）亲油疏水性

钻石对水有排斥性，水在钻石表面形成水珠而不散开。可用这个性质回收钻石。钻石对油脂具有亲和性。油脂平台和传送带可将钻石与其他矿物分离开。

（2）稳定性

稳定性是宝石矿物抵抗由光、热或化学反应造成的物理或化学变化的能力。作用于宝石矿物的物理和化学过程会导致颜色消褪或变化等光学变化以及表面粗糙化、收缩或破碎等表面的或结构的变化。所有的宝石矿物均有自己的稳定性范围。钻石具有很好的化学稳定性，可抵抗光、热和化学腐蚀。在正常情况下不与酸和碱发生化学反应。如高浓度的氢氟酸、盐酸、硫酸、硝酸，甚至王水都对钻石不起作用。但热的氧化剂却可腐蚀钻石，如把钻石放入硝酸钾溶液中加热到500℃以上，钻石可形成溶蚀痕。

1.3　钻石的分类及颜色成因

1.3.1　钻石的分类

纯净的钻石完全由碳组成。然而，钻石晶体常含一些微量元素，其中最常见的杂质元素为氮。根据钻石晶格中氮的存在与否，钻石可以分为两大类：含一定数量氮的为 I 型钻石，而不含氮的为 II 型钻石（表1-3）。

表1-3　钻石的类型

钻石的类型	I 型：氮作为杂质存在	I a型：氮原子以原子对或小集合体形式存在，氮可达0.25%，自然界中的绝大部分天然钻石，无色至浅黄色	I aA型：含2原子集合体（A集合体）	大多数含一些B集合体氮的钻石也含环绕一个空穴的3原子集合体，称N₃中心，无色至黄色
			I aA/B型：含A集合体和B集合体两种形式的氮	
			I aB型：氮以环绕一个空穴的4原子集合体存在（B集合体）	
		I b型：氮原子以孤立原子存在，自然界中极少见，黄色至褐黄色		
	II 型：无明显含量的氮存在	II a型：纯净，不含明显的杂质，自然界中极少见，无色（当不含其他空穴和缺陷时），有时出现褐色，为塑性形变引起		
		II b型：硼原子作为杂质存在，质量分数为 0.5×10^{-6}，自然界中极少见，蓝色至灰色		

（1） I 型钻石

I 型钻石所含的主要杂质氮原子含量可达0.25%。大多数钻石为 I 型钻石（98%）。这种类型的钻石的典型色心是由氮原子（N）对碳原子的置换形成的。这些氮可以孤立存在，也可以以2个、3个或是更多集合体形式存在。由于氮吸收蓝光，因此这类钻石常呈浅黄色，也有一些带褐黄色和褐色色调。

根据含氮的多少，这类钻石可以进一步细分为两种类型。

① I a型钻石　天然钻石绝大部分为 I a型。在这种类型的晶格中，氮原子有秩序地排列。氮以2原子集合体、3原子集合体和4原子集合体存在。含2个N（A集合体）的钻石为 I aA型；以4个N环绕一个空穴（B集合体）的钻石称为 I aB型（图1-32）。A集合体和B集合体都会导致光谱红外区的吸收，但不影响颜色。 I aA型钻石具有 $1282 cm^{-1}$ 的特征红外吸收谱带， I aB型钻石具有 $1175 cm^{-1}$ 的特征红外吸收谱带。

自然界中还有许多钻石，同时存在A集合体和B集合体，这种钻石称为 I aA/B型（或 I aAB型）。一颗钻石可有组合的杂质存在。如果一颗钻石兼有2氮原子集合体和4氮原子集合体，但4氮原子集合体是主要的，这颗钻石可归为 I aB型。

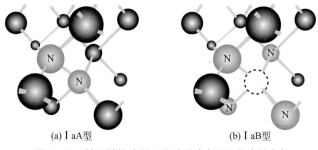

(a) I aA型　　　　　　　　(b) I aB型

图1-32　钻石结构中的A集合体(a)和B集合体(b)

⚫ 碳原子；　　　🔘 氮原子；　　　⭕ 空穴

　　尽管A和B集合体都会导致光谱红外区的吸收，那些钻石也会经常包含N_3中心（3个N原子环绕一个空穴），导致出现典型的（开普）黄色（图1-33）。就目前所知，N_3是钻石中最重要的氮原子集合体。

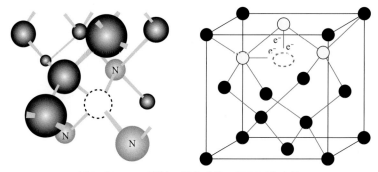

图1-33　I a型钻石结构中的3氮原子集合体

　　N_3中心能吸收从蓝色到紫外末端的光谱，使钻石的黄色调增加。其黄色饱和度取决于N_2和N_3的吸收强度。N_3中心的特点是在415nm处产生明显的吸收线（N_3吸收），N_2中心的特点是在415nm和478nm之间产生较宽的吸收峰（N_2吸收），还有一条延伸到紫外区的吸收宽带。

　　利用分光镜可观察到N_3吸收的415nm处的强吸收，但要看到明显吸收特征，则需要将钻石放到液氮中进行冷却观察。

　　N_3原子集合体也是引起许多钻石产生蓝色荧光效应的原因。如把这些钻石放在紫外光下，它们会吸收紫外光，但立即又以较低能级，即较长波长，重新发射。这种较低能量的荧光呈蓝色，肉眼可见。阳光中的紫外线会激发这种蓝色荧光，从而掩盖钻石的黄色体色，使钻石看上去比在无紫外成分的光源下要白一些。

　　② I b型　I b型钻石中的氮以孤立原子方式随机取代晶体结构中的碳原子（图1-34）。对孤氮原子键合中产生的多余电子适当富集的钻石吸收低于560nm波长的光。也就是说，它们吸收可见光谱中的蓝光和绿光，也表现出黄色、橘黄色到棕色调颜色。天然 I b型钻石经常呈现一种深黄色，就是商业中所说的"金丝雀黄"。但是，它们也可能根据N的集结程度以及其他色心的影响而表现出棕色或是带绿色调。甚至可能产生与开普系列（cape）钻石的较浅黄色到黄绿色不同的强金黄色。

　　富含孤氮原子的天然钻石很少见，它们只占所有天然钻石的极小部分，还不到天

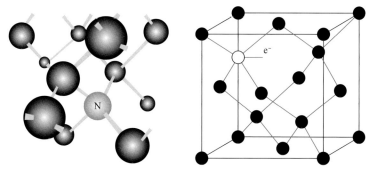

图1-34　Ⅰb型钻石结构

然宝石级钻石总数的0.1%。而这种类型在合成钻石中很常见。一些地质专家认为，含氮量较高的钻石曾经都是Ⅰb型，即氮以孤氮原子形式分散在钻石结构中。但由于地质作用过程中长时间温度和压力的影响，使氮原子在碳结构中迁移并与其他氮原子键合，形成集合体，这些氮原子先形成原子对2氮，而后又形成3氮和4氮原子集合体，即Ⅰa型。

　　在含氮的合成钻石中，氮原子在较短的生长时间里未能聚集成集合体，它们依然为Ⅰb型，人们可以利用人工方法将合成的Ⅰb型钻石置于更高的温度和压力下，使氮原子发生迁移，形成氮的集合体，但这种方法需要大量的能量和昂贵的设备。

　　含氮较多的天然和合成Ⅰb型钻石呈深黄色到褐黄色。这些钻石可以出现在可见光谱蓝区末端的吸收以及在503nm和637nm处小的吸收峰。主要鉴别特征是红外区$1130cm^{-1}$处的特征吸收带和$1344cm^{-1}$处的强吸收线。这些黄色钻石在紫外光照射下的荧光也发黄色。

　　（2）Ⅱ型钻石

　　Ⅱ型钻石不含明显的杂质氮。Ⅱ型钻石虽也可含很少量的氮（小于0.001%），但是其数量不足以对钻石的物理性质产生明显影响。Ⅱ型钻石缺少典型的氮对光的吸收性质。将其再细分为两种类型。

　　①Ⅱa型　自然界中Ⅱa型钻石很少见，常呈不规则晶形，无明显晶面。Ⅱa型钻石几乎是纯净的，含可忽略不计的杂质。它们是极佳的热导体。不含任何空穴或晶格变形的Ⅱa型钻石是无色的（图1-35）。名钻库里南和塞拉利昂之星都是Ⅱa型钻石。但是，由于可能的结构上的色心导致生长线之间的应力差，这类钻石有时会呈现黄色、棕色甚至是粉色或红色。宝石级Ⅱa型钻石是极其稀有的（大约占所有钻石的1%～2%）。

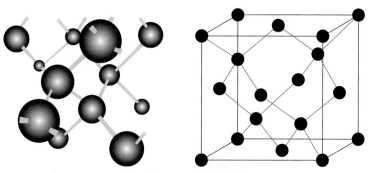

图1-35　Ⅱa型钻石结构

②Ⅱb型　硼元素是Ⅱb型钻石的主要杂质。在天然Ⅱb型钻石中，硼的质量分数只有0.5×10^{-6}左右。硼以孤立原子的形式随机取代钻石晶体结构中的碳原子（图1-36）。硼原子比碳原子少一个电子，这一缺陷导致其吸收红外光、可见光谱中的红光、橙色光以及部分黄光，使Ⅱb型钻石呈蓝色。有时也可以是灰色或近无色。Ⅱb型钻石具有$2801cm^{-1}$的特征红外吸收谱带。霍普（Hope）钻石便是最著名的Ⅱb型钻石。

　　Ⅱb型钻石还显示不寻常的电性，可根据其半导体性质来鉴别。其他类型的钻石均为电的绝缘体。不导电的蓝色钻石一定不属于Ⅱb型钻石，它的颜色很可能就是人工处理的。只有0.1%的钻石属于Ⅱb型。Ⅱb型钻石在长波紫外光下呈惰性，但在短波紫外光下会发红色荧光。

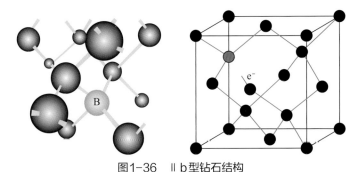

图1-36　Ⅱb型钻石结构

1.3.2　钻石颜色的成因

　　绝大部分（约98%）钻石都是无色到淡黄色、淡绿黄色。这些属于所谓的开普系列（以南非发现的第一颗钻石产地命名）。蓝色、粉色、红色、绿色……天然钻石也会出现，但是很罕见。它们被称作"fancy（彩色）"。钻石的颜色有以下成因：

　　①氮　钻石中最常见的杂质元素。含一定数量氮的为Ⅰ型钻石，氮可使钻石呈现不同程度的黄色。

　　②硼　含硼的为Ⅱb型钻石。硼使钻石呈现不同程度的蓝色。

　　③氢　最近的研究发现不含硼却含氢杂质的不导电蓝色钻石，它们在红外吸收谱中显示一系列尖峰。

　　钻石中除了含有的杂质能使钻石呈现颜色，钻石原子结构中存在的不同程度的结构缺陷，如空穴、塑性变形等，也会导致钻石呈现颜色。

　　①空穴　在钻石失去一个碳原子而未被其他原子替代时，钻石结构便出现空穴，这些空穴可由高速粒子轰击碳原子使其离开晶体结构中的位置而产生。这种效应可由放射性物质的天然辐射产生并使钻石呈现绿色。因高速粒子是撞击碳原子，故很少能穿透到钻石晶体的深处，通常只是在表面以下$2\mu m$左右。这种晶体损伤导致光谱红区的吸收带，其中在741nm处有明显的线，即所谓的"GR_1"吸收（general radiation, GR）。整体呈均一绿色的钻石是少见的，最著名的是德累斯顿绿钻（Dresden Green）；具绿色表皮的钻石则常见，一旦切磨和抛光，该绿色薄层就没有了。另外绿色可以通过人工处理的方法产生。

　　②塑性变形　塑性变形可使钻石呈现褐色。这种变形是晶体结构中的位错所致，主要发生在钻石处于地球深部的阶段。虽然钻石在室温下是脆性的，但在高温下原子更具活

性，位错变得活跃，沿可能的滑移面发生滑移（滑移面平行于立方体面）。当变形持久时，这种活动则是塑性的。塑性变形形成自由键，自由键与光作用，产生吸收。可见光谱的蓝端吸收较强，使钻石呈褐色。这种颜色不是因含氮或其他致色杂质引起的，所以不含微量元素的钻石，如Ⅱa型钻石，也可呈现褐色。有些褐色钻石在吸收光谱中并无明显的吸收线。而另一些褐色钻石可具有503nm处的吸收线及伴生的一些较宽的峰，包括在494nm处的吸收峰。

塑性变形还可能与杂质或其他的结构缺陷共同作用，使钻石呈粉红色和红色。目前对该致色机制还不大清楚。一般认为在560nm处的宽吸收带以及向短波不断增大的吸收是造成颜色的原因。产自阿盖尔矿的深紫红/粉红色钻石的吸收峰出现在503nm、494nm和415nm处。

塑性变形可在一些褐色和粉红色钻石中形成纹理现象。

大量的深色不透明包裹体可使钻石整体呈黑色。在透射光下观察，钻石中的透明部位呈深灰色。

表1-4总结了钻石颜色的成因。

表1-4　钻石颜色的成因

天然色	颜色成因/吸收光谱
黄色	杂质氮以单个原子和集合体形式出现（Ⅰ型），对于Ⅰa型钻石可以用色心理论来解释其颜色成因，而Ⅰb型钻石用能带理论可以做出更好的解释。Ⅰa型——根据色心理论，Ⅰa型钻石不同聚合态形式的N可成不同的结构缺陷，从而形成不同的色心，对可见光产生不同的吸收，钻石的颜色是由多个色心共同作用的结果。可见415nm处明显的吸收线（N_3吸收），从415nm到478nm的吸收带（N_2吸收），由于N_3心、N_2心吸收了可见光中的紫光和蓝光，从而使钻石呈现黄色；Ⅰb型——根据能带理论，Ⅰb型钻石中，N原子比C原子结构多一个电子，这个多余电子在带隙内形成一个杂质能级，它的存在使带隙能降低2.2eV。所以只要大于2.2eV的任何光量子都能把多余电子激发到导带中，并由此引起紫光—蓝光范围内的光被吸收，其他光透过，钻石呈现黄色。在光谱蓝区的吸收，有时在503nm和637nm有小的吸收峰
褐色	塑性变形——Ⅰb型中503nm处的吸收
绿色	辐照产生的空穴——当辐射线的能量高于晶体的阈值时，C原子被打入间隙位置，形成一系列空位-间隙原子对，使钻石的电子结构发生变化，从而产生一系列新的吸收，可使钻石呈绿色。可见741nm处的吸收（GR_1）
蓝色	硼杂质（Ⅱb型）——钻石含有硼，B原子比C原子少一个电子，因此当B替代C进入钻石晶格时，就形成一个空穴色心，每100万个C原子中有一个或几个B原子时，它能把从红外至500nm（绿色光边缘）的光吸收，钻石可产生诱人的蓝色。高含量的氢——最近发现不含B、不导电的灰蓝色钻石，它们的晶体中含有H，因此普遍认为H的存在是导致灰色、灰蓝色钻石呈色的主要原因
粉红色和红色	可能由塑性变形引起，在引起晶格缺陷的同时，还可改变钻石中N的聚集速率和形式，使钻石形成不同颜色，且钻石颜色的均匀程度也与塑性形变的均匀性有关。在粉红色钻石中见有最大值在560nm的宽吸收带以及向较短波长不断增大的吸收；阿盖尔粉红色钻石——503nm、494nm和415nm处的吸收线
黑色	多晶集合体或含大量深色不透明包裹体（石墨等）及裂隙造成
处理色	颜色成因/吸收光谱
绿色	辐射损伤导致的741nm线（GR_1）；天然钻石中也可出现，难于区分
蓝色	辐射损伤导致的741nm线（GR_1）
橙、黄和褐色	496nm和503nm处有吸收线，有些有595nm线；若加热到1000℃，595nm线消失，在红外区1936nm和2024nm处看到两条新的线
粉红和紫红色	637nm处吸收线，595nm处较弱吸收线

钻石颜色吸收光谱的波长、代号及成因见表1-5。

表1-5 钻石颜色吸收光谱的波长、代号及成因

波长/nm	代号	成因
2024	H_{1b}	该吸收在Ⅰa型钻石经辐照和加热到1000℃后出现，形成于当部分或全部的595nm缺陷变得活动并转移到氮的A集合体处时
1936	H_{1c}	该吸收在Ⅰa型钻石经辐照和加热到1000℃后出现，形成于当部分或全部的595nm缺陷变得活动并转移到氮的B集合体处时
741	GR_i	在天然和辐照处理（但未加热）钻石中发现的连续辐射线，起因于4个电子的空穴
637	NV^-	起因于氮－空穴（N-V），见于Ⅰb型
595	—	该吸收出现在Ⅰ型钻石经辐照和加热到275～800℃，加热到1000～1100℃时消失
575	NV^0	该吸收见于经辐照和热处理的Ⅰb型钻石，据认为是由于孤氮＋空穴引起
503	H_3	该吸收见于天然和处理的钻石，由氮－空穴－氮结构（N-V-N）以及A集合体＋空穴引起
496	H_4	该吸收见于辐照和热处理的钻石，由空穴＋B集合体引起
478～415	N_2	该吸收见于Ⅰa型天然钻石
415	N_3	该吸收见于Ⅰa型天然钻石

2

钻石的
成因、产出及开采

2.1 钻石的成因

地球的岩石因温度、压力、运动和化学变化等自然过程而不断地转换、结晶和重结晶。在不断活动的地球内部和表面，几十亿年间形成了无数的宝石矿物晶体，还有一些正在形成。钻石也不例外，它的形成历程源于地球内部。

2.1.1   克拉通

地球上有一些在久远的地质时期形成的陆壳区。从那时起，这些区域曾因地球活动而多次褶皱、受热、拉张和破裂。现在这些大陆区形成了厚厚的坚实的克拉通，也称地盾和地台。它们极少受到现今地球运动的影响。这些稳定的区域包括加拿大、南部非洲、巴西、澳大利亚、西伯利亚和北欧波罗的海区陆"盾"区。钻石的产出与陆壳较厚的部分即克拉通有密切关系。

2.1.2   地幔中的钻石

深度、压力和温度之间的相互关系是地球内部钻石形成的关键。压力随深度的增加而增大。在距离地表150km深处，作用于地幔岩矿物的压力（45kbar）大致是大气压力的45000倍（1bar = 0.1MPa，下同）。压力随深度而增大的速率，即"压力梯度"在地球各处是相似的。然而，温度随深度而增大的速率，即"温度梯度"，在地球各处不同。例如，在南部非洲克拉通下面150km深处的温度要低于薄洋壳下面150km深处的温度。在克拉通下方和周边的特定深度和温度下的条件有利于碳转变生成钻石，并能长时间保持钻石结构，这些钻石只有很少一部分能顺利地运移到地表。图2-1为温度梯度与碳晶体结构的综合相图，展示了克拉通下方深度、温度和碳结构之间的关系。该图揭示了石墨和钻石转换的压力和温度条件。

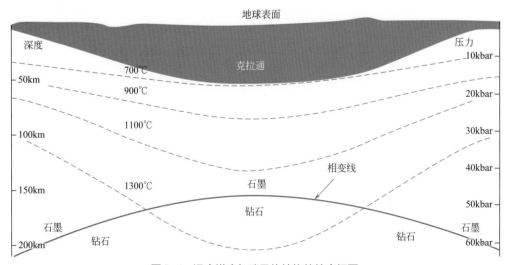

图2-1   温度梯度与碳晶体结构的综合相图

图2-1表明，根据温度梯度，在克拉通下方深约150km处将达到一个相变点，在这个点之下，地幔岩中存在的任何固体碳的"相"或者说晶体结构是钻石，这时的压力与温度大致为50kbar和1200℃。在到达这个点之前，石墨是碳的稳定形式。远离克拉通处的温度梯度对钻石来说太高，故石墨是此处碳仅有的固体相，而钻石只能在更大的深度（150～200km）生成。所有宝石级的钻石都生长在地幔中，钻石中所含的包裹体为钻石形成于地幔提供了证据。另外在太空中以及因陨石撞击地球也会形成非常小的钻石，但迄今没有发现达到宝石级的钻石。

2.1.3 碳的两个来源

地幔中的碳大多数是在地球形成和壳幔分离不久后就已经存在，与硅、氧、铁和镁等元素相比，碳元素在地幔中的比例是非常小的。

构成上，地幔的岩石中大部分为橄榄岩，橄榄岩主要是由辉石和橄榄石组成的浅绿色岩石（橄榄石也出现在开采宝石级橄榄石的地表宝石矿床中）。在上地幔超高温和超高压条件下，碳很可能是以固体矿物或气体形式如二氧化碳或甲烷形式存在，究竟以哪种形式存在取决于具体的化学环境。在地史时期，大约在30亿年前，克拉通地壳下方特定的化学、温度和压力为碳结晶成钻石晶体并存在于固体岩石中提供了条件。除克拉通下方外，其他地方的地幔岩中也含有钻石（图2-2）。

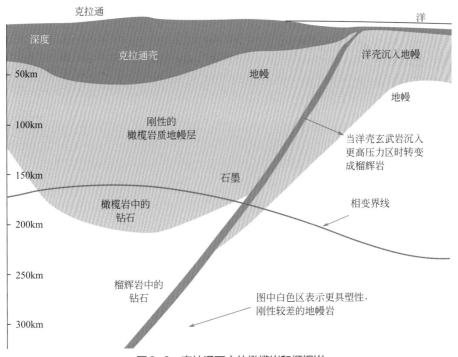

图2-2 克拉通下方的橄榄岩和榴辉岩

碳的另一个来源是被环流作用带入地幔的岩石。由于这是一个不断进行连续的过程，碳现在仍在继续环流进入地幔。洋壳及其上覆的海床沉积物冲到大陆的下方并被挤压到地幔，其中富含长石的岩石，如玄武岩和辉长岩，在高压下就会转变成特殊的岩石——榴辉岩。榴辉岩是含有红或橙色石榴石晶体的亮绿色岩石。绿色矿物是一种辉石，而石榴石则是铁铝-镁铝榴石。在特定的高压条件下，榴辉岩中的石墨可转变成钻石。

钻石成因的进一步证据来自实验室生长条件的研究。通过在高温高压条件下合成不同矿物的实验，可估计出钻石和石墨以及与它们共生矿物的稳定域，共生矿物常以包裹体和母岩形式存在。

对产于橄榄岩中的钻石所含包裹体进行测温表明，它们的形成温度在 1000 ～ 1300℃ 之间，压力为 45 ～ 60kbar，这相当于地球 130km 到 180km 深度的温度与压力。而对产于榴辉岩中的钻石所含的包裹体进行测温表明，其形成温度约为 1250℃，压力对应的形成深度超过 180km。

对榴辉岩中钻石的研究和观察结果表明，地幔岩晶质物质中的金属铁和硫化镍的熔融薄膜或液滴，能使钻石开始环绕石墨薄晶片生长，有些石墨薄晶片就留在了生长的钻石中。

2.1.4　钻石的年龄

地幔中钻石的两种不同成因发生在两个不同的时间段。通过采用测量放射性原子及其衰变产物的比例的方法对钻石的年龄进行测量发现，与橄榄岩和榴辉岩这两种不同地幔岩共生的钻石晶体的年龄是不同的。

产于地幔橄榄岩中的钻石，所测得的年龄至少为 30 亿年。这说明从地幔形成时起，碳就已经在岩石中了。在温度、压力、流体运动和化学条件等都有利于碳转化为钻石时就生长了钻石，这些条件在 30 亿年间也一直保持稳定。尽管 30 亿年来的不同时期，这些钻石曾被地质作用搬运过，但所有这些钻石的年龄还是相似的。例如，南非金伯利矿与橄榄岩共生的钻石的年龄就在 30 亿年以上。

而从地幔榴辉岩内生长的钻石，其所含包裹体测得的生成年龄是 30 亿年来的不同时期。榴辉岩中的碳可能是由不同时期居住在海底软泥中的微小生物形成的。海底软泥逐渐变硬形成岩层。在这些岩石中，富碳的有机微生物遗体逐渐转化为含高比例碳的颗粒。如果这些岩石最终被更深地埋藏并受热，碳将部分或全部地结晶，变成原子排列有序的石墨。作为地幔不断环流作用的组成部分，地球的构造活动将洋壳和海洋沉积物带到了地幔，也引起了火山和地震。在大陆下方和周边的地幔中，某些富含石墨的岩石可达到相应的压力和温度条件，钻石便从岩石内的石墨或含碳气体中重结晶出来。

从榴辉岩中钻石所含包裹体进行年龄测定，澳大利亚阿盖尔矿的钻石年龄是 15.8 亿年，而博茨瓦纳的奥拉帕矿的钻石年龄则为 9.9 亿年。像这种类型的钻石很可能仍在地幔的某些地方形成和存在。

在地球的上地幔内可能有一个巨大的钻石贮藏地，我们无法触及这些钻石，世界上最深钻井的深度也只是相当于这一宝库深度的很小一部分。距离、压力和温度使我们不能获得这些钻石，而我们能获得的宝石级的天然钻石是地质作用将这些钻石中非常少的一部分从其生成的岩浆房带到了地球表面。

2.1.5　钻石中的包裹体

由于钻石的天然成因，很多钻石都含有包裹体，它们是钻石中独立的矿物质。有些在钻石的表面，有些分布在钻石的内部。

钻石的包裹体根据与钻石产生的先后顺序，可分为原生包裹体、同生包裹体和后生包裹体。根据化学成分，同生包裹体可分为橄榄岩类（超镁铁质类）和榴辉岩类，这两类岩石分别来源于地球深部形成钻石的两个明显不同的环境。

表2-1中列出了钻石中的主要包裹体类型，同一颗钻石中一般不会同时有橄榄岩和榴辉岩的包裹体。

表2-1 钻石中的主要包裹体类型

原生和同生包裹体		后生包裹体	成因不明的包裹体
橄榄岩类	榴辉岩类		
橄榄石 斜方辉石（顽火辉石） 单斜辉石（透辉石） 石榴子石（铬镁铝榴石） 尖晶石（含铬） 钛铁矿（含镁） 硫化物 锆石 钻石	单斜辉石 石榴子石（镁铝榴石、铁铝榴石） 蓝晶石 钛铁矿 铬铁矿 硫化物❶ 金红石 钻石 红宝石	蛇纹石 石墨 赤铁矿 针铁矿 高岭石	云母 角闪石 磁铁矿 长石（透长石）

❶ 硫化物包括黄铁矿、磁黄铁矿、黄铜矿和镍黄铁矿。

2.1.5.1 同生包裹体

（1）同生包裹体特征

钻石中的同生包裹体有许多明显的特征。绝大多数的包裹体都不具有自身的形态，其晶面都受到钻石的制约。包裹体的形状是由它周围的钻石结构决定的，这些包裹体的形成几乎都是与钻石生长是同时的，到现在为止还没有发现原生包裹体。包裹体通常呈等距的或轻微拉长的立方—八面体形状。其拉长方向对于钻石来说不是随机的，而是平行于八面体的一个棱。有时可以看到包裹体呈八面体或四面体形状。一般来说，包裹体沿长轴方向长100 ~ 200μm，有时达到500μm，较大的钻石会含有较大的包裹体（图2-3）。

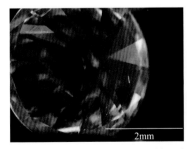 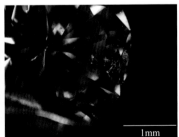

图2-3 钻石内部的晶体包裹体

（2）同生包裹体丰度

钻石中的同生包裹体很少见，通常在几千颗钻石中才能发现有一颗含有同生包裹体的钻石。在一颗钻石中通常只有一个包裹体，但偶尔也有两三个包裹体，它们可能属于相同或不同的矿物种类。在表2-1中的每个纵列中，几乎所有的包裹体都已经被发现（但橄榄岩-榴辉岩型的包裹体组合是极为罕见的）。来自任一矿山的钻石，其同生包裹体的丰度取决于钻石的生长环境。例如，来自金伯利矿的钻石中的包裹体是以"橄榄岩类"为主的，而从Premier矿出产的则大多数是以"榴辉岩类"为主的包裹体钻石。

无论钻石的生长环境如何，最常见的同生包裹体是硫化物。如果钻石是来自橄榄岩生长环境的，其中的橄榄石、镁铝榴石通常要比顽火辉石常见，铬透辉石少见。铬铁矿的丰度多变，在金伯利和西伯利亚产的钻石中比较多。榴辉岩生长环境中产出的钻石（含硫化物的包裹体除外）都以铁铝榴石和辉石包裹体为主，蓝晶石和金红石包裹体要少得多。

（3）同生包裹体的重要性

根据钻石中的同生包裹体，可以了解发生在地球内部的各种过程。通过测定微量放射性元素的比值可确定形成年代，而这些放射性元素都产于同生石榴石和辉石包裹体中。当这两种矿物和别的矿物出现在同一颗钻石中时，也具有重要的意义。因为它们的化学成分可以用来确定它们的生成温度，也可确定钻石的形成温度。它的结果表明在一定压力下，通常是在 $50 \times 10^8 Pa$ 的压力下（相当于150km的深度），"橄榄岩类"环境的钻石生成温度是900～1300℃，而"榴辉岩类"环境的钻石生成温度为1100～1500℃。同样，根据包裹体的化学成分也可用来确定钻石的生成压力。同生包裹体的研究为说明钻石生成时的化学和物理条件提供了证据，也给人工合成钻石提供了理论基础。

（4）云雾状包裹体

在上述两种环境中生长的钻石，偶尔会见到含有白色或深灰色的云雾状包裹体。它们分布于钻石的不同部位，甚至弥散于整颗钻石，从而出现蛋白光（乳光）。组成云雾状包裹体的微粒粒径大约为1～5μm，在某些钻石中云雾状包裹体呈现明显的形态，或呈立方体并在钻石结构中沿特定方向分布，或是星状的，并遍布于钻石的各个部位。

红外光谱分析表明，水和二氧化碳可能是一些云雾状包裹体的组成部分。最近的研究成果表明，在一些云雾状包裹体中，氢也是其中的重要组成部分。

2.1.5.2　后生包裹体

后生包裹体是钻石形成之后发育的矿物。这种包裹体在砂矿型钻石中比较常见，并沿裂隙面形成片状集合体。很显然，这种包裹体是沿裂隙渗入钻石的。但是有一类后生包裹体是由同生包裹体蚀变形成的，并呈原有矿物的假象，如次生蛇纹石呈橄榄石包裹体的假象。关于这类包裹体的研究成果不是很多，主要是因为这类成果很少能说明更为重要的钻石生长环境的矿物学关系。

石墨常在钻石中呈小的（小于1μm）、通常是大量的黑色圆片分布在八面体上。这些圆片可能只存在于钻石的内部，但也可能遍布整颗钻石。一般认为这些石墨是在钻石形成后由于压力降低引起钻石内部的反应才形成的，这一反应几乎是一开始就停止，因为生成石墨所带来的67%的膨胀率使石墨周围的钻石区处于局部压力下，使钻石再次变得稳定，从而防止了进一步的石墨化。

2.2　钻石的产出及开采

　　钻石与火山活动有密切关系，每颗钻石都是从地球深处被快速携带向上穿过地壳到达地表的。

　　当熔岩、岩浆抵达地表时，它所含的气体会突然排出，于是发生了熔岩、岩石角砾、火山灰和气体的喷发，这就是火山爆发事件。通常，火山碎屑物环绕爆发口堆积成突起的火山。

　　约有几百万年没有宝石级钻石被带到地表了，然而，这并不意味着在今后不会再发生。可以肯定的是这种携带钻石到地表的火山爆发太少了。

　　含钻石的火山爆发虽然也出现在非克拉通及其周边的区域，但通常还是发生在大陆克拉通内部及其周边，例如在加拿大的北部。但是克拉通内的火山还是不多见的，因为那里极少受到地球运动的影响，故通常不是火山活动区。然而，可能是受到克拉通下方上升的"热点"地幔柱的影响而偶发的拉张事件使厚的克拉通破裂和漂移。在这些事件中，热流体及拉张引发的压力释放有可能导致周围固体炽热地幔岩的每个矿物颗粒的局部熔融。炽热的流体状岩浆沿着张开的裂缝冲向较低压力区。这种少见的深部熔融是携带钻石到地表的火山类型的成因。但开始时岩浆中并没有钻石。

2.2.1　钻石的捕获

　　钻石只是岩浆在其上升道路上的偶然捕获物。地幔岩中所存在的钻石"贮藏地"只是在这种不多见的事件中非常偶然地被岩浆穿过。只有在下列情况下岩浆才能把钻石带到地表：

　　① 岩浆产生的部位低于钻石贮藏地。

　　② 岩浆具备能穿越全程到达地表的条件。例如，周边的压力下降。

　　③ 岩浆的快速运移保证了钻石不会在高温低压的环境中转变为石墨。

　　④ 上升的钻石既未被热的侵蚀性岩浆所侵蚀或溶解，也未被氧化成二氧化碳气体。

　　由于这种事件原本就少见，条件又苛刻，故任何钻石到达地表的机会显然是很少的。符合上述四个条件的区域是世界古克拉通内部及其周边的地区（图2-4）。钻石被携带到地球表面的时间各不相同，而且钻石的形成时间和它被突然携带到地球表面的时间没有任何关系。

　　火山通道是指穿过地幔和大陆地壳的一组裂隙。高温、充满气体并具侵蚀性的岩浆沿通道涌向地表，其中有很多通道并未到达地表。

　　在地幔200～300km深处，通道可由复杂的盘状张性裂隙组成。每条裂隙都可张开让岩浆通过，而在岩浆通过后又重新封闭。在地壳中，因边界压力较低，张性裂隙的形状可能更扩展；留在这些张性裂隙中的岩浆冷却后便形成了岩墙（狭窄片状岩体）。岩墙形成于大多数岩浆通道到达地表之前。当岩浆的压力能克服岩层的垂直压力时，岩浆就会灌入岩层内的水平裂缝和空隙，冷却后形成平卧的岩床。

　　为了能保存下来，处在侵蚀性岩浆中的钻石必须非常快速地运移到地球表面。比如从

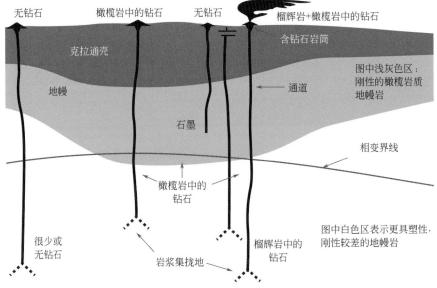

图2-4 钻石被捕获的情况示意图

150km深处上升到近地表，仅用几个小时。在岩浆到达地表前，依然高温的岩浆基本上是由熔融或半熔融岩石、气体、混入的矿物晶体和岩石碎屑的混合物组成。

如果这种岩浆到达近地表低压力的岩石和空气中时，它会借助水蒸气和二氧化碳的溶解气体的剩余压力爆发。喷发的混合物从张性裂隙强劲地上扬，形成了岩筒（锥状漏斗）。岩浆以每小时几百千米的速度从地表喷出，所生成的岩屑和尘屑回落并环绕每个喷发口堆积成矮小的火山锥。一个岩筒的"爆发"会消耗其他岩筒的能量并形成一个火山，进而释放压力。岩浆通常会通过先后几次喷发形成一个宽度小于500m的喷出口。

古火山口偶尔表现为环绕火山灰层和围岩的一圈圈火山碎屑物。如果钻石被带到了地表，它们有可能在这样的沉积物中存在，火山口可在后期沉积岩层的下面发现。然而，大多数火山口会被剥蚀，露出岩筒较深的部分或其下方的岩床和岩墙。

如果钻石被岩浆携带向上冲，顺利到达地表，那么它们将富集在岩筒内，特别是在火山口内紊乱堆积的岩屑中。在岩筒内，由岩浆从所穿过的岩石中捕获的钻石大多数是呈单个的"裸露"的晶体。它们单个地保存在固结岩浆和岩石碎屑内。也有一些钻石呈"被防护"的晶体，它们依然被封在捕虏体的岩石碎屑内。捕虏体是"外来石"，是岩浆上冲过程中剥落和上搬的地幔榴辉岩和橄榄岩。有些榴辉岩捕虏体中的钻石含量达到矿物组成的10%～20%，成为世界上最值钱的岩石。

在爆发的混合物中含有：①来自极深部的捕虏体；②从开裂地壳剥落下来的大量破碎岩石；③来自爆裂岩筒和火山口的岩屑；④岩浆自身固结形成的矿物尘粒或火山灰形成的云雾；⑤固结岩浆的碎块。

捕虏体因远距离搬运中的翻滚和侵蚀，大都圆化，许多还在途中释放出所含的钻石，把这些钻石晶体暴露于岩浆中。所以，任一矿床可含有处于不同条件下的钻石，有晶形完好的、被侵蚀圆化的或带机械损伤的。

尽管石墨是地表温度和压力条件下碳的稳定结晶形式，但钻石一旦冷却后也是非常耐化学和物理作用的。虽然靠不多见的火山活动从地幔中获得钻石有偶然性，但钻石的致密和惰性的晶体化学结构在地表条件下也是特别稳定的。世界上的钻石大多数是无色、黄色和褐色的，颜色是由来自地幔岩的杂质以及晶体结构中平行八面体方向的塑性形变引起的。钻石晶体中的塑性形变是当它们处在巨大压力下开始上升时的应力造成的。产于金伯利岩与钾镁煌斑岩的钻石在颜色和形状上并无明显差别。

2.2.2　钻石的产出矿床类型及开采

　　钻石的产出矿床类型主要有原生矿床和次生矿床。原生矿床是钻石的最初停留地。原生矿床大多数是金伯利岩含钻石岩筒矿床和某些火山口充填物以及岩床和岩墙中的矿床。次生矿床产出的钻石是靠自然作用从原生矿床搬运来的，次生矿床大都为砂矿。砂矿是河流和海岸带冲击沉淀以及海底海洋沉积中有用矿物的富集。这两种类型的矿床大都与克拉通区密切相关。因而，这些地区是钻石的首要勘察区（图2-5）。

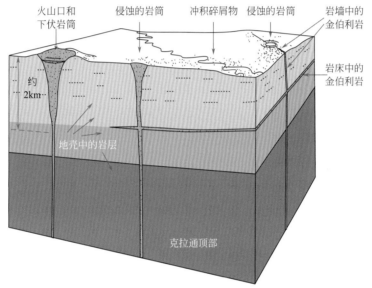

图2-5　钻石的产出

　　世界各地含钻石岩筒的年代和埋藏或剥蚀状态是各式各样的。尽管如此，这种类型的岩浆活动与大多数其他类型火山活动如"环太平洋火山带"活动相比是较罕见的。大多数火山锥是地质上的短暂构造，它们通常是由松散结合的火山灰和岩屑颗粒构成的。风化作用使得火山锥很容易被剥蚀，岩石和矿物颗粒可被搬运到别处形成次生矿床。由于不断变化的水系持续数百万年的剥蚀作用，整个的火山地貌可完全消失。而经过几亿年的时间，金伯利火山岩筒可被夷平，使岩筒较深部位的通道岩墙露出地表。

　　也有另一种情况，即火山锥或被剥蚀的岩筒被掩埋在河流、沼泽、湖泊或冰川沉积物之下。在这些沉积物被剥蚀或被发掘之前，它们将一直埋藏于地下。

2.2.2.1　原生矿床

（1）金伯利岩筒

　　金伯利岩是最常见的含钻石的火山岩，它是罕见的岩石类型。金伯利岩火山爆发已有数百万年没发生了。金伯利岩形成于地质历史上不常见的时段。

金伯利岩是一种混杂成因的岩石，可描述成一种能被交代成蛇纹石或方解石的捕虏了云母的超基性岩。因1866年在南非的金伯利村首次发现而得名。它发源于地球深部，以气体、液体和固体的流体混合物的形式到达地表。在上升过程中，流体捕虏了围岩中的岩石或晶体而形成混杂岩石，因此世界上不同地区的金伯利岩具有不同的组成，这与它上升过程中所穿过的岩石有关。

金伯利岩很不稳定，当它暴露在大气中时，迅速地风化，变成一种黄色的易碎物质。南非勘察者称之为黄地。在风化带以下，金伯利岩一般是暗蓝灰色岩石并且较坚硬，被称为蓝地或新鲜金伯利岩。在岩筒的最上部还常有一层碎石或侵蚀和沉积等地质作用导致的非金

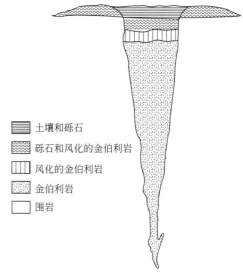

图例：
- 土壤和砾石
- 砾石和风化的金伯利岩
- 风化的金伯利岩
- 金伯利岩
- 围岩

图2-6 含钻石的金伯利岩筒

伯利岩沉积物的覆盖层，被称为上覆物。上覆物的分布范围很重要，因为它的土方量在经济评价时必须考虑，以决定具体的金伯利岩矿有无经济价值。这三部分的关系见图2-6。

目前世界上已知的金伯利岩筒有五千个左右，其中一半以上在南部非洲，然而具有重要钻石开采价值的仅有几十个。

以金伯利岩筒形式产出的原生钻石矿床是不易发现的。它们面积小，而且可被沉积物或植被覆盖。它们大都还是出现在大陆的克拉通区或附近。例如在芬兰和瑞典的"波罗的海地盾"区有可能发现一个有商业价值的钻石矿床，尽管气候和湖泊给勘察带来一些困难，但取样分析发现在该区的不同区域出现了钻石。

对钻石的勘察包括土壤和冲积物取样和分析等方法。通过这些方法，地质人员测试是否含有钻石矿床的重要标型矿物铬铁矿、富铬镁铝榴石、钛铁矿和铬透辉石等指示矿物。这些矿物都是在金伯利岩中与钻石共生的矿物，与其他岩石极少共生，而且它们能够经过相当长的风化作用后残存下来。如果勘察者发现这几种矿物共生，那么金伯利岩可能在不远处找到，但它也可能不含钻石。这些标型矿物为人们提供了可能有钻石矿的可靠信息。尽管这些矿物在金伯利岩中的量非常少，但它们比钻石还要更丰富。

（2）钾镁煌斑岩筒

到目前为止，钾镁煌斑岩是除金伯利岩之外，唯一的另一种含钻石的火山岩。钾镁煌斑岩也是以岩筒形式产出，携带捕虏体并可能含钻石。西澳大利亚的钾镁煌斑岩是一种富橄榄石的超镁铁质岩石，它也含有云母和火山玻璃。但与金伯利岩相比，这种岩筒常以一个为主，以多个火山口带的形式产出。

钾镁煌斑岩中的钻石并没有明显的标型矿物，如西澳大利亚阿盖尔（Argyle）钾镁煌斑岩的岩筒是通过找到钻石才发现的（图2-7）。

对矿床品位的评价是指每百吨矿石中金属或有用组分的含量，即每百吨矿床岩石如砾石、钾镁煌斑岩或金伯利岩中所含钻石的克拉重量。不论矿床的品位如何，都期望钻石是高价值的。所以，低品位但有大颗粒高价值钻石的矿床也是值得开发的。

图2-7 澳大利亚阿盖尔钻石矿

　　钻石是地壳中的一种消耗性资源。世界的钻石资源包括了已知的矿床和尚未精确定位但从地质角度看有可能存在的矿床。现今的钻石储量是指埋藏于地下并已经过地质工作证明适合于投资开采的钻石蕴藏量。储量包括经过度量的储量和只根据地质认识推算的储量。

2.2.2.2　原生矿床的开采

　　原生矿床采用露天开采或地下开采的形式进行。大多数原生矿床，不论是金伯利岩型还是钾镁煌斑岩型的，都是从露天采矿开始的。金伯利岩型的矿床绝大多数为岩筒开采。目前钾镁煌斑岩型矿床只有两处，即澳大利亚的阿盖尔矿和俄罗斯的成功矿。

（1）露天开采

　　露天开采的技术方法相当简单，首先从岩筒顶部剥离上覆物，然后向下在基岩中开挖梯段来挖掘矿石（图2-8）。

　　梯段做成台阶状以减少因矿坑加深而出现滑坡和不稳定的危险。靠开挖梯段从岩筒中挖出矿石。每个台阶呈螺旋状向下以便地面运输工具能抵达每期开挖的最低台阶（图2-9）。

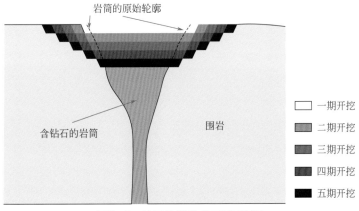

图2-8 钻石的梯段式开采示意图

图2-9　钻石的阶梯状开采

当岩石变得太硬以至重型挖掘机已无法将它们移开时，改用低冲击力爆破。沿梯段边缘和矿坑底钻出爆破孔。爆破产生的大岩块用风镐破碎，而后用装矿石的卡车拉往处理厂。

矿坑的不断加深，需要剥离越来越多的围岩。在许多矿坑中，深度可达300m左右。

（2）地下开采

在稳定的围岩中布置竖井，打水平巷道至含钻石的岩筒中。采矿可达到地面以下900m的深度。地下开采的方法有矿房法、矿块崩落法和分段崩落法等。

① 矿房法　矿房法（chambering）（图2-10）是一种较老的开采方法。在围岩的竖井中挖掘若干个彼此间隔14m左右的穿过岩筒的水平巷道（平巷）。巷道以规则间距从岩筒上部向深部挖掘并使每组新平巷位于上部平巷巷壁的下方。一旦平巷做好，就爆破平巷的顶，使上部平巷的矿柱崩落。将崩落的材料运走，再重复这一过程。这种开采方法的优点是开采安全，开采量可控制，但劳动强度大，通风困难。狭小的巷道妨碍了机械的广泛使用，现已被更为现代的矿块崩落法所取代。

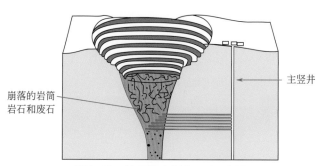

　　　　　　　　　　　　　　　　　　　　　　　　　　← 主竖井
崩落的岩筒
岩石和废石

图2-10　钻石的矿房法开采示意图

② 矿块崩落法　金伯利岩自行破碎称作"崩落"。矿块崩落（block caving）法（图2-11）的原理是当岩筒中蓝地的底部被采出后，矿块就失去支撑，开始自行破碎，破碎的蓝地沿着通道经过漏斗进入水平巷道。水平巷道是一排穿过岩筒的用混凝土衬砌并装备有机械耙的耙矿平巷。金伯利岩就通过这些耙矿平巷被提取出来，落入矿车。矿车把矿石运到建在围岩中的竖井。竖井的底部有破碎机。破碎的矿石被提升到地表并运到处理

厂。耙矿平巷位丁金伯利岩筒下方120～180m处，互相平行，间隔14m。

　　破碎的金伯利岩源源不断地垮落下来，直到与上覆物贯穿，在矿石中出现废石为止。这一矿段的开采就算结束了。然后再准备在岩筒下120～180m的下一个水平重新开始。一般当上一个水平巷道开采将完成时，下一个水平巷道已准备就绪，而再下一个水平巷道正在进行调查，以确定其开采价值。

　　矿块崩落法提供了一个低价高效的方法，手工劳动量远低于其他方法。但这种开采方法的开始阶段，需要仔细地计算和设计，并经常调整工程布置和设计，以控制不同时期开采蓝地的重量。

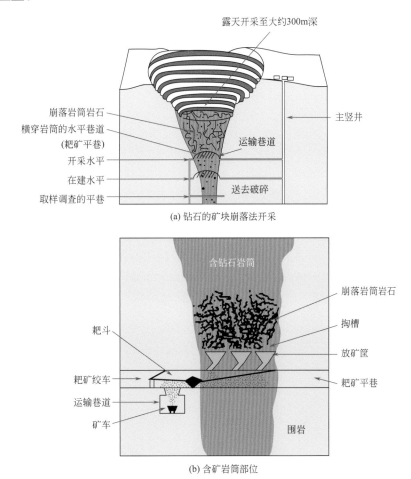

图2-11　钻石的矿块崩落法开采

　　③ 分段崩落法　在接近含钻石岩筒的根部，直径变小，用矿块崩落法在经济上已不合算。目前该方法在南非某些矿山中已被分段崩离法替代。这个方法是矿房法和矿块崩落法的结合。它建立一系列的平巷按一定垂直间距穿过岩筒（图2-12）。在围岩和金伯利岩之间开挖3m宽的垂直截槽。从垂直截槽往回开采，将相继的矿石采面钻出扇形布置的炮眼，充填炸药并爆破，使矿石下落到平巷中。炸下的蓝地装进矿车，运到放矿溜槽，然后输送到地表。分段崩落法的投资要比前两种多些，但它提供了一个矿山生命最后阶段高产的开采方法。

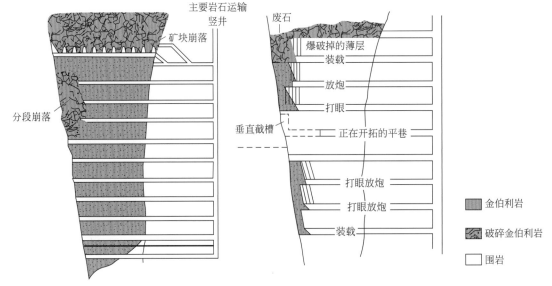

图2-12　分段崩落法原理的示意剖面图

（上部的金伯利岩是用矿块崩落法开采的）

2.2.2.3　次生矿床

次生钻石矿床是指那些靠自然作用对原生钻石矿床搬运形成的钻石矿床（图2-13）。从200多年前在印度发现第一颗钻石到找到金伯利岩原生矿，人们一直在开采砂矿床（图2-14）。次生的砂矿床是不稳定的金伯利岩遭风化和剥蚀后再经河流和洪水搬运，使硬度高、抗破坏能力强的钻石保留下来，并相对富集而形成的矿床。有资料认为，在火山成因的金伯利岩筒中，近地表的金伯利岩不断风化，风化的黄地被风雨侵蚀，逐渐搬运，每个岩筒有大致二分之一的深度被剥蚀，冲入河流和海洋，这种类型钻石的数量可达数百亿克拉。

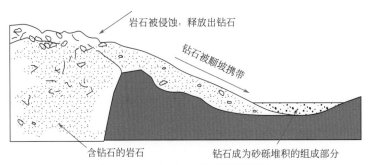

图2-13　钻石次生矿床形成示意图

冲积沉积通常含大量的粉砂、砂和砾石。在河流和洪水流速和流量降低的地方，硬度大的、耐久的和致密的矿物富集和堆积在冲积沉积物中保存下来。砂矿是钻石、锆石、石榴石和金等被搬运矿物在砂砾沉积中的自然富集。大多数砂矿是冲积形成的，也有一些是残积的、海成的和海滩砂矿。当然，砂矿中的矿物含量取决于形成砂矿的母岩中的矿物含量。宝石级钻石在河流和冰川搬运的自然条件下几乎是不受破坏的。砂矿钻石大都比从岩筒中开采的质量要好。

图2-14 钻石砂矿床开采

经过数百万年时间，高质量的钻石散布到了大陆的广大地区。在南非，奥兰治河和瓦尔河系将钻石搬运到西部海岸，使它们沿海岸及海岸带以外分布。海相沉积中的钻石至少有98%是宝石级的。在俄罗斯和加拿大，冰川把钻石搬运到更大的范围，由于长途搬运的磨蚀，低质量的钻石破裂成小的颗粒。

当河水流经地势平缓的地方时流速变慢，重的和较致密的碎屑将堆积下来。河道在通向海的中途变弯。河水在河湾内侧流动较慢，冲积物在这里大量堆积。致密的矿物可在水流量减少处富集（图2-15）。钻石耐磨损，故在几百万年时间里可被河流反复地向前搬运很远的距离。

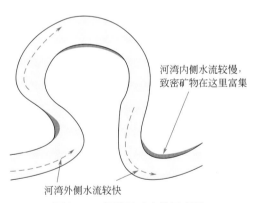

图2-15 河流砂矿富集示意图

钻石矿床既与古代河流有关，也与现代河流有关。现代活动河流的沉积由冲积物组成并仍在不断地添加。古代的河流沉积是由现已消亡的河系堆积的冲积物组成。古代砂矿可在后续沉积物的底下发现。根据砂矿或"采掘点"发现的地点不同，砂矿可分为湿矿床和干矿床。

由于长期埋藏在各种沉积物中，一些钻石晶体常会有非常薄的透明的绿色外皮。这种颜色是钻石晶体周围的岩石中所含的地下水对钻石长期自然辐射的结果。这种作用在冲积砂矿中远比在岩筒中普遍。

当河流抵达海洋时扩展为海湾和三角洲。它将冲积物堆积在海岸带和滨外带的广大地区。河流在其生命期内有导致暴洪的时期。暴洪将冲积物沿海岸带和滨外带传播得很远。沿纳米比亚海岸带的这类钻石矿床成为世界上最富的钻石产地。强烈的搬运作用使最高质量的晶体得以富集，所以95%左右的纳米比亚海岸带的钻石是宝石级的。

和河流一样，海岸线是地质上的过渡现象。它们因海平面和陆平面的相对变化而前进和后退，极地冰盖周期性地取水和释水是海陆平面变化的重要原因。这样，除沿现今海岸线的矿床外，还可能有沿古代滨内和滨外海岸阶地的钻石矿床存在。

2.2.2.4　次生矿床的开采

次生矿床的钻石富集程度远不如原生矿床，它是变化的。一定量的母岩中所含钻石的重量称为品位，也就是说不同的次生矿床的品位各不相同，但都比原生矿品位低一些。

次生钻石矿床可出现在母岩附近，也可达数百千米远。它们以古代或现代河床、海滩或海底矿床形式产出。

在地质时期，河流不断演化并改变河道。钻石矿床既可产在古代河床，也可产在现今河流的位置。分布于古代河床的矿床作为"干"矿床开采。由于在漫长历史时期，古代河流不断改变河道，故矿床是由广泛分布于泛滥平原的冲积物所组成。这种类型的矿床大都被随后的沉积物所掩埋。现代河流矿床不论是作为"湿"矿床还是"干"矿床开采的，都是仍有河流冲积物堆积的河流矿床。

在次生矿床中，其品位尽管比开采的原生矿床低很多，但是次生矿床中可富集单颗价值比原生矿床高得多的钻石。这是流水分选作用的结果，因为低质量的钻石大都被河流和海水的磨蚀作用破坏掉了。

上覆物是指覆盖在钻石次生矿床之上的砾石等沉积物，在开采时必须剥离。矿床之下的无矿岩石称为基岩。含钻石的砾石在基岩和上覆物之间呈层状产出（图2-16）。

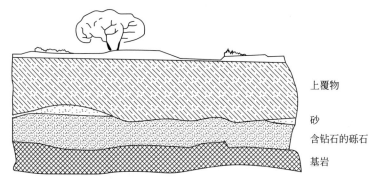

图2-16　一个古代干矿床的剖面图

次生矿床的采矿方法多种多样，既有大矿业公司应用现代先进技术开采的，也有个体挖掘者使用原始淘洗盆和筛子淘钻的。

（1）河流矿床的开采

河流钻石矿床是存在于现今河流中的矿床，这些河流将钻石从其源区带到数百甚至上千千米之外。挖掘钻石可采用以下两种方法，"湿"法挖掘或使河流改道后"干"法开采。

①"湿"法挖掘　使用不同型号的挖掘机从河中挖掘砂砾。最常用的挖掘机类型为吸扬式挖泥船。它像是安装在驳船上的大型真空吸尘器，利用大口径的软管把砂砾吸上来。

为了寻找钻石，必须检查所有的挖出物。所以要在船上进行某些回收过程。废物可利用挖泥船抛弃到已挖掘过的地方，也可把废物倾倒到挖泥船旁边的驳船上，而后卸到岸上。

② 使河流改道　为开采钻石而将河流改道，这种做法在非洲应用相当普遍。当河流有河曲时，技术方法比较简单，即从下一个河湾处挖一条渠道到另一个河湾处使河流改道，在河曲的两端筑起堤坝。将堤坝拦住的河段抽干。然后利用索斗铲和自卸车，挖掘砂砾以获取钻石矿砂（图2-17）。

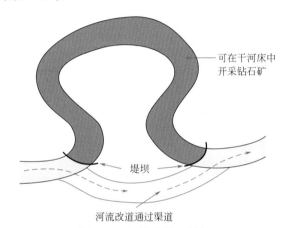

图2-17　河流改道开采钻石

其他方法还有沿河流的中心线修一段"墙"，横靠该墙将河流的一侧堵住并抽干进行挖掘。也有的是挖一个水渠，使河流有一段改道，原来那段河道变干后即可开采。从改道的现代河床中"干"挖砂砾的方法与从古代河床中挖掘方法几乎相同。

③"干"矿床开采　从古代干河床中开采钻石。首先要尽早做好矿区的详细勘探并拟定出采矿计划。如果需要，接着清除区内的杂草和灌木丛，挖掘排水渠，修筑供重型设备和卡车用的公路。这些工作完成以后，采矿才能开始（图2-18）。

采矿工作包括三个单独的步骤：移走上覆物；采出含钻石的砾石；清扫基岩，确认没有钻石残留在裂隙、冲沟或洞穴里。

图2-18　"干"矿床开采

（2）海岸带矿床开采

海岸带钻石矿床是沿平行阶地分布的现已露出海面的古代海滩（图2-19），也有分布于现代海滩沉积中的矿床。海滩的滨外矿床至少可采掘到200m水深处。

最富饶的海岸带矿床是沿纳米比亚的大西洋海岸带和南非纳马夸兰的古海滩阶地。每年可从这些矿床中采收数百万克拉的优质宝石级钻石。

① 古海滩矿床开采　沿纳米比亚海岸带开采过程中由于搬运砂砾量很大，成为世界上大型运土工程之一。首先，要剥离厚达30m的上覆物才能露出下面的钻石矿床。这项巨大的运土工程由巨型铲运机和推土机来完成。剥离掉的沉积物被搬运到已开采过的地方。一个区域一经开采，就将相邻地段的上覆物废石填入其中。每个月的搬运量达几百万吨。

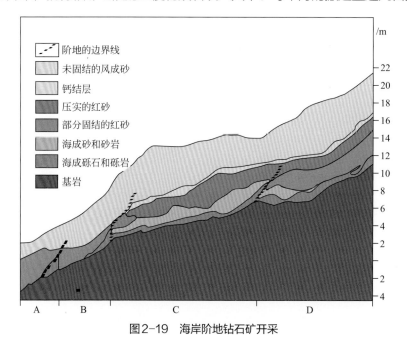

图2-19　海岸阶地钻石矿开采

剥离上覆物后露出的每个阶地都曾是个海滩沉积层。它由细砂、卵石和小巨砾组成，可厚达9m，但平均厚度仅1.5m。在某些区域，海滩沉积连同其所含的钻石被天然的碳酸钙所胶结，碳酸钙从溶液中沉淀到砂粒和卵石之间，形成了坚硬的混凝土状的砾岩钙结物。为处理这些砾岩，常需打钻和爆破。当砾石除掉后，便露出下面的基岩。基岩中有许多小冲沟、小洞穴和微裂缝，这正和现代海滩裸露的岩石的情况一样。这些地方由工人手拿铲子和小刷子仔细地清扫。一些大的洞穴和冲沟需用水力挖掘机来清扫。由于钻石的相对密度大，它们会堆积在基岩的孔洞和裂缝中，所以在许多洞缝中会富集钻石。

② 海滩和前滨带钻石矿床开采（图2-20）　除岸上阶地挖掘外，采矿作业也推进到海中。开采区域主要是对高水位标记之外200m和高潮位以下达20m范围内的砾石进行挖掘和处理。从海滩上部剥离的上覆物倒在海滩下部和碎浪带，逐渐把海滩堆到一个新的高度；越来越多的砂粒被堆到碎浪带，筑起一座挡水墙或坝；坝的两端向陆地方向弯曲，在坝的后面形成一个0.5km长的箱状地或"方形浅坑"。抽水泵可保持方形浅坑在挖完之前一直是干的。一个方形浅坑挖掘完毕后，再沿海岸带建下一个，从而形成一条链。废弃的方形浅坑将逐渐被海水淹没。

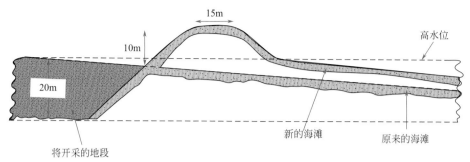

图2-20　海滩和前滨带钻石矿床开采

③ 海底矿床开采　在奥兰治河以南沿着纳马夸兰海岸带可从海底采集钻石。潜水员把安装在小船上的抽水软管或直接从沿岸线建立的泵站拉出的抽水软管引导到有裂缝和小洞的地方采集钻石。这项作业成本很高，也有危险。只有遇到富含钻石的沉积时才能获利。

2.2.3　钻石出产国

目前世界上生产商业级钻石的国家有二十多个，其中俄罗斯、博茨瓦纳、津巴布韦、加拿大、澳大利亚、刚果（金）、安哥拉、南非这几个国家是近几年来世界上最主要的金刚石出产国，每年金刚石产量总和可占世界总产量的95%以上。但要获得准确的钻石产量数据却是很难的。许多生产钻石的国家不公开数据，并且在许多国家存在非法的钻石开采者，他们走私钻石，使数据更无法统计。

（1）俄罗斯

俄罗斯是著名的金刚石资源大国，钻石开采于1829年，2006～2013年间其宝石级和工业级金刚石总产量一直保持全球第一，产值全球第二，大部分钻石产于金伯利岩筒，少部分产于冲击砂矿。金刚石矿区主要有Mir、Udachnaya、Jubileynaya、Nyurba、Grib、Arkhangelskaya、International矿山和一些金刚石砂矿。其中Mir矿区品位极高达300ct每一百吨，而Udachnaya探明储量约120兆克拉，是俄罗斯储量最大的矿坑，2013投产建设的Grib矿探明储量98兆克拉，是继Udachnaya、Jubileynay、Mir之后的第四大矿区。

（2）博茨瓦纳（南部非洲）

戴比尔斯公司在1967年发现了Orapa岩筒，10年后在Orapa东部的Letlhakena发现了富含宝石级钻石的小岩筒。第三个钻石矿是1982年在加贝罗内斯西部125km发现的Jwaneng矿。所有的矿都是金伯利岩并且露天开采。1989年，三个矿的总产量超过1500万克拉。目前，博茨瓦纳是世界上第三大钻石生产国。

（3）澳大利亚

在澳大利亚新南威尔士的Bingara和Copeton有开采多年的钻石矿床。1978年7月Ellendale矿床的发现和1979年Argyle矿床的发现，使澳大利亚成为世界上主要钻石生产国。

按克拉重量统计，澳大利亚是主要钻石生产国，但宝石级的仅占5%左右。Argyle矿床位于西澳大利亚东北部的Kununurra以南大约120km的地方，包括一个砂矿和一个岩筒。估计储量有5.5亿克拉左右。自20世纪70年代以来，澳大利亚有许多勘察公司在寻找钻石矿床。1988年2月在Argyle东北部大约20km的Bow River发现一个砂矿，年产量可达80万克拉。

（4）南非

南非有8个钻石矿，均由戴比尔斯联合矿业公司经营。其中4个分布在金伯利岩地区。即De Beers，Dutoitspan，Bultfontein和Wesselton。这四个矿区100年来一直生产优质钻石。1961年发现Finsch矿，1870年发现Koffiefontein矿。Premier金伯利岩筒1903年发现，1905年产出了库利南钻石。Premier矿每年产量超过200万克拉。沿着Namaqualand海岸的钻石砂矿产的钻石颗粒虽小，但具有晶形较完整、质量好的优点，年产量约为90万克拉。金伯利的4个矿再加上Koffiefontein和Finsch矿，每年生产约500万克拉钻石。

（5）加拿大

加拿大是近几十年来新的重要钻石出产国。1960～1998年间共发现了500多处金伯利岩筒，其中一半金伯利岩筒含有钻石，大大超过了世界平均水平。目前开采的矿区主要是Diavik、Ekati和Snap lake矿。

（6）津巴布韦

津巴布韦近年来产量逐步增加，成为了世界上重要的钻石开采国，2010年产量从之前的0.96兆克拉突然增长到8.44兆克拉，并逐年增长。到2012年总产量达到了12兆克拉，位居世界第四，产值位居世界第七。主要矿区为Murowa、River Ranch和Marange矿区，其中Murowa矿区位于津巴布韦中南部，是唯一具有商业价值的金刚石矿区。

（7）安哥拉

自1917年以来，安哥拉公司就在安哥拉的东北部开采钻石。1986年6月被ENDIAMA（EmpresaNacionalde Diamantes de Angola）接收，ENDIAMA是政府控制的公司。1989年戴比尔斯公司和ENDIAMA之间达成意向宣言，意在寻找一条在勘察、开采、销售钻石领域的合作道路。1989年安哥拉钻石的年产量超过100万克拉，其中70%是宝石级的。安哥拉钻石产在砂矿中，通过挖掘河流和开采冲积阶地来获取。钻石储量很大，但仍有必要勘察砂矿和金伯利岩筒。

（8）巴西

1725年巴西首次发现钻石，直到19世纪60年代南非发现钻石之前，巴西一直是世界上主要的钻石出产国。虽然现在已不是主要生产国，但仍在常规基础上开采钻石。勘察的钻石矿床均为砂矿床。最重要的是Minas Gerais和MatoGrosso矿。其中大约一半是宝石级。

（9）中非共和国（中非）

中非是一个鲜为人知的钻石生产国。该国从砂矿中生产优质钻石。估计年产量为30万～60万克拉。

（10）中国

20世纪40年代发现了钻石砂矿。60年代发现了含钻石的金伯利岩。主要产钻石的矿区位于山东蒙阴、辽宁瓦房店和湖南沅江。

（11）加纳（西非）

加纳曾是世界上最大的钻石生产国，年产量可达200万克拉以上。一直开采的Akwatia砂矿已采完，绝大多数的钻石为小颗工业钻。在加纳南部沿Birim河岸的Birim峡谷于1985年发现开采的钻石矿估计可维持15年的开采，年产量约为100万克拉。

（12）几内亚（西非）

主要产砂矿钻石。砂矿位于几内亚南部紧靠塞拉利昂边界处。几内亚钻石矿生产相当多的大颗粒、高质量的钻石，1989年钻石产量为20万克拉。

（13）圭亚那（南美）

圭亚那的砂矿被认为是来源于委内瑞拉的原生矿，钻石虽小但具有良好的质量和晶形。圭亚那的钻石产量较少，平均年产量大约为1万克拉，约有10%是宝石级。

（14）印度

印度是第一个生产钻石的国家。现今仍从岩筒和砂矿这两类矿床中开采钻石。它们都分布在同一地区，即印度北部的Panna区。这两类矿床的总产量平均每年1.5万克拉左右。

（15）印度尼西亚

在加里曼丹岛南部的加里曼丹区，钻石主要产在10～15m深的露天砂矿中。这个岛开采钻石已有几个世纪，年产量估计为5000ct宝石级钻石。1990年12月开始开采含钻石的砾石层，每年产量大约为4万克拉。

（16）科特迪瓦（西非）

科特迪瓦的钻石矿床的开采活动已经停止了，1979年由大约20万克拉的年产量下降到4.8万克拉，这是最后记录的产量数据。

（17）利比里亚（西非）

1950年开始开采砂矿钻石，年产量大约30万克拉。

（18）纳米比亚（西南非）

纳米比亚开采出了世界上一些较好的钻石，最高年产量可达200万克拉。最近几年均为100万克拉。钻石颗粒小，但质量非常好（大约90%是宝石级的）。Oranjemund矿被认为是世界上利润最高的钻石矿。Auchus矿1990年6月投入生产。另外还开采一些海滩矿床。

（19）塞拉利昂（西非）

塞拉利昂的砂矿提供了高产量的具有美丽外观的宝石级钻石。1988年从年产量200万克拉的顶峰降至30万克拉。由于控制掠夺和走私，1989年钻石的年产量上升到60万克拉。

（20）坦桑尼亚（东非）

起初发现的金伯利岩筒表面积为361英亩（146公顷），是最大的金伯利岩筒。但随着开采，岩筒变得狭小，年产量下降到大约15万克拉。而在Williamson矿生产相当比例的宝石级钻石，偶尔有粉红色和紫红色钻石。

（21）委内瑞拉（南美）

委内瑞拉是南美主要的钻石产地，年产量平均为50万克拉。主要为砂矿开采。钻石以小颗粒为主，许多有绿色的外壳，大约50%是工业钻。

（22）刚果（金）（中非）

刚果（金）是世界上最大的钻石生产国之一。主要有国家开采和个人采掘工开采。MIBA矿位于一组六个金伯利岩筒上，而Tshikapa为砂矿，开采的主要是工业钻。

（23）其他国家

世界上还有一些其他国家生产少量的钻石，有马里、缅甸、泰国和美国。

世界上主要钻石出产国的矿床类型和矿床特点总结如表2-2。

表2-2　钻石产出状况简表

产出地区	产出国家	矿床类型	矿床特点与现状
非洲	博茨瓦纳	金伯利岩	价值最大，产量第三
	刚果（金）	金伯利岩砂矿	工业钻为主
	南非	金伯利岩砂矿	价值第三，Premier矿200万克拉/年
	安哥拉	金伯利岩砂矿	储量大，顶峰期200万克拉/年
	塞拉利昂	砂矿	产有名钻："塞拉利昂之星""沃野河之星"
	纳米比亚	砂矿	90%宝石级
大洋洲	澳大利亚	钾镁煌斑岩砂矿	多数为工业钻，5%为宝石级，偶尔产粉红钻
北美洲	加拿大	金伯利岩	目前主要产地，25%～40%为宝石级
南美洲	巴西	砂矿	19世纪以前世界主要钻石生产国，宝石级为50%。1866年被南非代替
	委内瑞拉	砂矿	50%宝石级，出产绿皮钻石
	圭亚那	砂矿	产量少，10%为宝石级
亚洲	俄罗斯	金伯利岩、钾镁煌斑岩（成功矿）	价值第二
	印度	金伯利岩砂矿	第一个产钻石的国家，18世纪巴西发现钻石前主要生产国
	中国	金伯利岩、砂矿	"常林钻石""金鸡钻石"
	印度尼西亚	砂矿	曾报道98%为宝石级

2.2.4　钻石的提取和回收

从矿石中选取钻石的过程与其他矿物的选取过程在许多方面是不同的。没有哪种矿物会像钻石矿这样有这么大比例的废石，钻石矿石的典型品位是重量的千万分之一，也就是说，为获得1ct钻石需开采2t矿石。

此外，钻石的开采和选取在规模上比大多数其他宝石材料要大得多。所以选取钻石具有专门的设备和过程。

钻石的选取过程有三个主要阶段：

① 破碎分离　该过程始于采矿，终止于最终粉碎阶段。

② 选矿　该阶段是去除一些废石，最终目标是得到尽可能富的精矿。

③ 回收　该阶段包括最终的精选和随后的手选，通常钻石最后的选取仍要靠手工完成。

2.2.4.1　破碎分离

从含钻石岩筒挖掘钻石矿石时，破碎从采矿阶段就已开始，从岩筒内采出的岩石已碎裂到所要求的一定块度，碎裂的矿石被装车送去初碎。破碎机可以安放在井下，也可以紧靠露天矿坑安装。最常用的两种破碎机是颚式破碎机和圆锥破碎机。在有些矿山中，矿石含大量黏土。可用安装了喷水嘴的大型旋转鼓式洗涤机去除这些黏土。

在砂矿床中，钻石已经从其母岩中解离，它们与砾质冲积物一道再沉积，矿石需通过清洗机，清洗机与上述的洗涤机类似，但带有硬的金属棒或球以破碎与钻石胶结在一起的坚硬的砂、砾集合体。

2.2.4.2　选矿

钻石的相对密度是3.52，而含钻石矿石的整体相对密度平均为2.6。这一相对密度差别可用于选矿过程以去除大部分废料。南非自早期开采钻石起就充分利用了这种相对密度差进行重力分选钻石，采用的设备为旋转淘洗盘等。

（1）旋转淘洗盘

当金伯利岩与水相混时，便破碎并形成泥浆状混合物，相对密度大致为1.25。在圆形旋转淘洗盘（图2-21）中，转动的钉齿耙可使泥浆状混合物保持悬浮状态。包括钻石在内的较重矿物沉到底部；钉齿耙转动的齿把它们推到盘的外缘，与此同时，较轻的材料

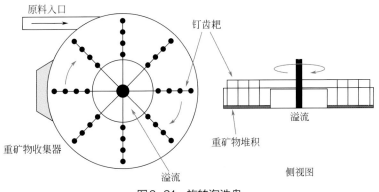

图2-21　旋转淘洗盘

浮到表面后进入溢流圈并从这里排出。

（2）矿物摇床

矿物摇床也是一个较老的选矿方法。这种方法是将进料堆在筛子上，水快速脉冲式地上下运动，较轻的材料上浮，而较重的材料则沉到底部，见图2-22。

（3）重介质分离器

重介质分离器是一种更为现代的重矿物选矿方法。在这种分离器中，利用硅铁粉拌入水中形成悬浮液当作高密度介质或"重液"，其相对密度大致为2.95，低于钻石，但高于大多数废料。当破碎的矿石送进液体后，废料浮到表面以尾矿的形式排出，而相对密度较大的材料包括钻石富集在底部作为精矿收集。

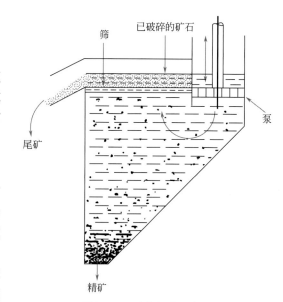

图2-22　矿物摇床示意图

（4）水力旋流分离器

水力旋流分离器也是用硅铁悬浮液来分离较重和较轻的矿物。经破碎的矿石在高压下送入一个封闭的楔状锥体。进料的压力和速度引起涡流，所产生的离心力使较重的颗粒向外运动并沉到锥底，而较轻的材料则向中心运动并上升到顶部出口处，见图2-23。

2.2.4.3　回收

回收是指从经过提取后留下的精矿中最终分离出钻石原石的过程。富集的较重矿物在手选之前先经过最终分离阶段。可以使用以下几种方法。

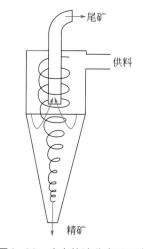

图2-23　水力旋流分离器示意图

（1）油脂台和传送带

这是一种最古老的钻石回收方法。它是由一位受雇于金伯利的人于1896年最先发现的。将油脂涂抹在倾斜的台面或传送带上，然后把"重矿物"精矿和水一起倒在台面或传送带上。钻石将粘到油脂上，而精矿中的大多数其他矿物将被水冲洗走。原理是利用钻石的亲油疏水性。

当油脂层粘满钻石后将油脂刮起并放入用细金属筛布置成的封口容器内，将容器放到热水池中，油脂将溶化而漂走，留下的钻石精矿供手选。

（2）X射线分选机

钻石在X射线下发荧光。这个特性可用于回收钻石。X射线分选机（图2-24）由一个X射线源，一个用于记录X射线下发生荧光反应的光电倍增管和一个检测荧光反应的空气喷射器组成。空气喷射器可将钻石偏移，从而使钻石与其他无荧光反应的矿物分离开。

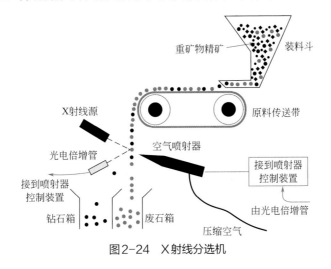

图2-24 X射线分选机

（3）最终回收

尽管有许多自动化的回收方法，但最终回收依然靠手工进行。出于安全考虑，手工回收钻石操作在"手套箱"内进行。将一堆精矿平铺在分选者面前，分选者挑出钻石后放入槽中，整个过程中分选者与钻石无直接接触。最终回收的钻石质量参差不齐（图2-25）。

提取钻石流程如图2-26所示。

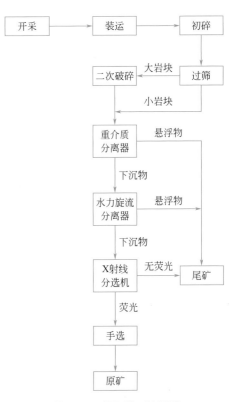

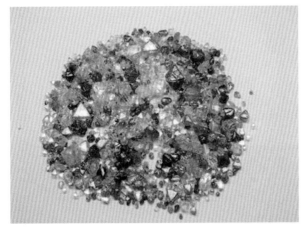

图2-25 最终回收的钻石原石

图2-26 提取钻石流程图

3

钻石的加工与销售

3.1　钻石的加工

加工是指把钻石原石磨制成成品抛光钻石的过程。钻石加工有4个基本过程：①设计和标记；②分割原石；③粗磨成型；④切磨和抛光。

3.1.1　设计和标记

从原石晶体开始，设计时要检查钻石，考虑克拉重、形状、解理、颜色变化和净度等方面，标出最合理的锯开或劈开的位置（图3-1）。

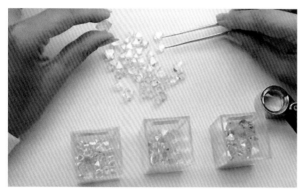

(a) 检查挑选钻石原石　　　　　　　　(b) 钻石原石

图3-1　钻石原石晶体

3.1.1.1　设计

在钻石加工中，设计是非常重要的步骤，宝石级钻石原石的形状、颜色、包裹体和克拉重等，是设计中影响钻石出成率的重要因素，对这些方面的综合考虑能帮助钻石切磨师确定最适合的切磨款式，提高钻石晶体出成率（图3-2）。

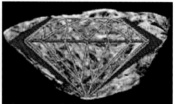

图3-2　钻石原石不同的加工方法

（1）形状

根据原石形状的不同，可设计不同的加工方法以提高出成率。例如一个发育完好的只含微小包裹体的八面体钻石原石可切磨成两颗圆形明亮琢型钻石（图3-3）。

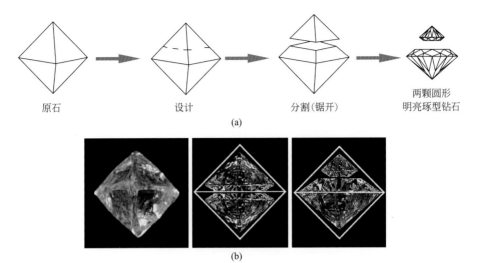

(a)

(b)

图3-3　八面体钻石原石的加工设计

而变形的八面体更适合于切磨花式（异形）琢型，如祖母绿琢型（图3-4）。

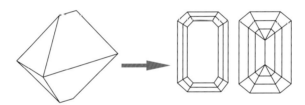

图3-4　变形八面体钻石原石的加工设计

非常扁的晶体，如三角薄片双晶或劈裂钻等，则只能切磨出一个成品钻。三角薄片双晶或其他成双晶的晶体通常由于存在双晶面，更难切磨，需要经验丰富的切磨师进行巧妙的设计（图3-5）。

（2）颜色

在选择切磨款式时还必须考虑颜色。如有些晶体可呈绿色调但仅限于表皮，有些晶体具有通体的黄色调（图3-6）。因此，在设计时根据经验估计出原石切磨后成品钻的颜色，

图3-5　三角薄片双晶

图3-6　不同色调原石晶体

可通过不同的琢型来增强或减弱钻石的最终外观颜色。例如，为强调原石的黄色调使其成品钻能成为彩钻，原石可切磨成公主方琢型而不采用圆形明亮式琢型，以此方式强化颜色可提升钻石价值。

（3）包裹体

若钻石中有明显的包裹体，在设计时必须确定钻石原石如何取向或分割才能达到最佳切磨效果（图3-7）。例如，若包裹体位于中心，最好的切磨方向是沿包裹体所在的线将原石分割开，虽然按重量计算此切磨方式得到的出成率较低，但却能切出两颗大小和净度大致相同的成品钻，而不是一颗较小的洁净钻和一颗较大的瑕疵钻。

图3-7　现代的电脑设计琢型和出成率

3.1.1.2　开窗

开窗是在原石相对的两侧各磨出一个小面，一般只有在看不清钻石内所有包裹体位置的情况下才开窗。窗口不能太小，否则设计时将看不到全貌；窗口也不能太大，否则会降低成品钻的可能尺寸。

3.1.1.3　标记

标记（划线）是指用墨水在钻石原石上画一条线，或用更耐久的标示来展示要劈开或锯开的位置，或在某些情况下要抛光的位置。设计时还必须要考虑钻石的纹理（图3-8）。

(a) 正在用油笔标记

(b) 已标记好的钻石原石

图3-8　标记原石

3.1.2 分割原石

许多钻石原石在进一步加工之前要先分割为两个或更多个部分。只标记要抛光的钻石称为可制形，这些钻石不需分割。需要分割的钻石称为可锯形。钻石可用以下几种方法分割：①劈开——现今用得不多；② 锯开——主要的分割方法；③激光切割——已越来越普遍。

3.1.2.1 劈开

劈开钻石起源于几世纪前的一门古老钻石加工工艺，曾经盛极一时。劈开钻石是沿着钻石八面体解理的方向进行，具体操作是先把钻石粘到一根长约20～22cm的木棒上，木棒的一端渐细，目的是劈钻石时能插到支撑木棒的劈工用作业箱中。作业箱主要是收集劈钻石时落下的粉屑，这些下脚料可用作磨料。

为劈开钻石，首先要在设计者已标记的钻石晶面上用另一颗钻石或用激光磨出一个小的切缝（槽口），切缝越窄、越浅，劈开得越精确。然后将钢质劈刀置于切缝内，用短而重的铁棒快速敲击劈刀，钻石晶体就会沿所希望的方向裂开（图3-9）。

现今，劈开钻石这种方法并不多见，只有在分割晶形极不规则、解理上有严重瑕疵的原石或接触双晶的时候才会用到。

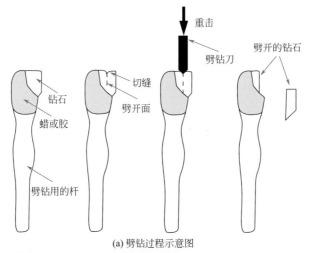

(a) 劈钻过程示意图

(b) 粘钻石的木棒

(c) 劈钻

图3-9 劈开钻石示意图

3.1.2.2 锯开

用来锯钻石的圆锯片是由磷青铜制作的，厚0.04 ~ 0.15mm，直径6 ~ 11cm。钻石的重量越大，所用的锯片就越厚。锯片连接到马达上，马达带动锯片可使转速达到8000 ~ 10000r/min。钻石被黏结到插入锯机的磨杆上，其对面放另一个磨杆。锯片的轴是固定的，但夹持磨杆的臂是可移动和调节的。锯片涂上钻石粉，而且在锯完一颗钻石之前要重复涂几次。钻石施于锯片的压力可用一个球形衡重体来调节（图3-10）。切割的进程要经常检查，每个操作员可在同一时间照看多达30台锯机，通常锯1ct钻石需几个小时到一天时间。

用锯片分割钻石的不足之处是钻石约3%的重量会损失掉，而劈开钻石时重量损失极少或无损失。此外，锯钻是方向性的，还需使用钻砂作为磨料。

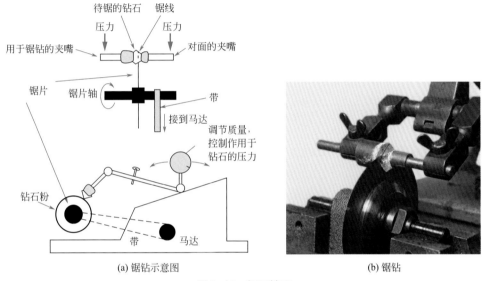

(a) 锯钻示意图　　　　　　　　　　(b) 锯钻

图3-10　锯开钻石

3.1.2.3 锯钻方向

钻石因其内部晶体结构而产生差异硬度方向。钻石不是在任何方向都可以被锯的，如在平行解理方向就不能被锯。当选择锯钻方向时，常使用与八面体形状相关的一组基准，这些基准是根据沿一定方向有多少晶面交切确定的。常见的有：①二尖　两个晶面交切于一个棱，指十二面体方向。② 三尖　三个晶面交切于一个面，指八面体方向。③四尖　四个晶面交切于一个面，指立方体方向（图3-11）。

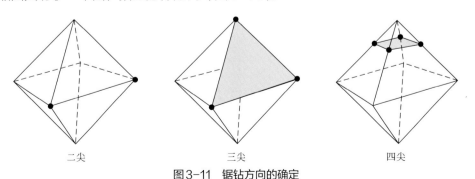

二尖　　　　　　　　三尖　　　　　　　　四尖

图3-11　锯钻方向的确定

从图3-11中可看出，解理方向沿三尖面，即平行于八面体面。因为这个方向是解理方向，故不可能在这个方向上锯钻石，可在立方体方向即沿四尖面和在十二面体方向即沿二尖面锯钻石。

3.1.2.4 激光锯钻

激光切割是利用激光束代替锯片，可对难于加工或无法加工的疑难原石进行切割。细激光束（直径约0.001mm）可在任何方向"锯"钻石，"锯"的方向与钻石晶体结构或双晶（三角薄片双晶）无关。钻石在激光作用下会气化。钻石的取向由计算机和闭路电视控制。这种方法比较快，它能在20min左右锯完1ct的钻石。但是，激光加工钻石与传统的钻石加工方法相比，重量损失要稍多些（图3-12）。

图3-12 激光锯钻

3.1.3 粗磨成型

粗磨成型是利用一颗钻石磨另一颗钻石而使钻石的腰棱成型，去除钻坯凸出的部分。早先这道工序是手工操作的，所以腰棱不是很圆。直到19世纪开始使用动力传动的粗磨机，才使钻石的腰棱磨得更圆。

待粗磨的钻石被固定在一个夹具中，平的一面对着夹具，这个平的面就是台面的位置（在锯开的钻石中，这个平的面是锯出来的；而在劈钻和可制形钻石中，这个平的面需在粗磨前用抛光轮大致磨出）。夹具固定在粗磨机的卡盘上。把磨钻的钻石黏结在一根长约40～60cm的棒上（磨钻的钻石可以是锯出的尖钻或非宝石级的钻石），然后对准在粗磨机上转动的钻石，使转动的钻石逐渐磨成所需的形状（图3-13）。磨钻时的压力不要太

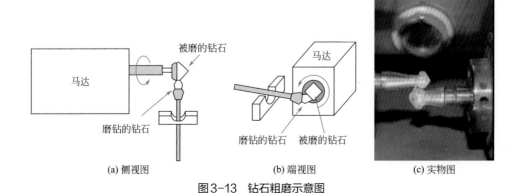

(a) 侧视图　　　　　　　(b) 端视图　　　　　　　(c) 实物图

图3-13 钻石粗磨示意图

大，粗磨工要小心控制。在这个过程中的疏忽会导致钻石腰棱出现胡须（毛边）状的小裂缝。若胡须太深则去除时会损失重量，并且也会影响成品钻的净度。

原晶面是粗磨后保留下来的钻石晶体原石的部分原始表面。粗磨工为保持钻石的重量经常在钻石的腰棱上留下原晶面，只有当原晶面凹入钻石时才影响净度等级。原晶面也可用于确定抛磨方向，在四尖钻石上最多能看到 4 个原晶面，在三尖钻石上最多能看到 3 个原晶面，在二尖钻石上最多能看到 2 个。

从 20 世纪 80 年代开始采用了一种新的粗磨机，大大提高了工作效率与出成率。具体是把两颗钻石同时放置在粗磨机上，每颗钻石相对另一颗转动，根据所需形状定期改变转动方向。另外为获得最佳效果，还可以将一颗钻石前后移动进行粗磨，但这个过程需靠电子仪表和有经验的管理人员来控制，每个管理人员可同时管理几台机器。

3.1.4 切磨和抛光

3.1.4.1 设备

磨钻石刻面和抛光所需的主要设备有三种：磨盘、夹嘴和柄脚。

（1）磨盘

磨盘是铸铁圆盘，直径约 30cm，厚约 2cm。老式磨盘有嵌入硬木圆锥支座的上下两个心轴，现代的磨盘则只有固定在马达上的下部心轴。磨盘是水平地安装在工作台上，并以大约 2500r/min 的速度转动（图 3-14）。

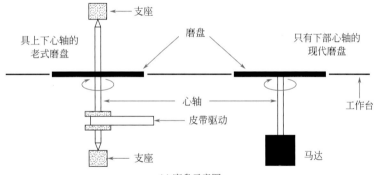

(a) 磨盘示意图

(b) 现代磨盘实物图

图 3-14 老式和现代的磨盘

　　磨盘上有刻划出的辐射划痕，目的是留住含钻石粉的磨膏。在研磨和抛光钻石时是这些小的钻石屑对钻石起到抛磨作用。磨盘的顶面通常划分为3个区（图3-15）：①内区是检验圈，该圈用来检查待抛磨刻面的位置和磨杆的角度。② 中区　是研磨圈，该圈用来研磨钻石到所需的尺寸。③外区　是抛光圈，该圈用来对刻面进行抛光。

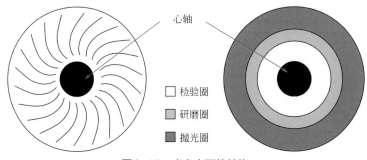

图3-15　磨盘表面的结构

　　磨盘磨损后可经过修理再重新使用。修理的办法是在车床上将磨盘磨光滑，然后在磨盘上重新划痕。钻石磨膏可根据需要进行补充。

（2）夹嘴

　　夹嘴（卡头）是用来固定钻石，把钻石放置到转动的磨盘上。传统的夹嘴是用铅焊料制作的，当焊料冷却后就把钻石固定住了。铜杆是调整夹嘴的角度，现今已很少使用，它们大都被机械或半自动机械所取代。

（3）柄脚

　　柄脚（夹钳）是用来固定夹嘴。一般设计成三脚支撑状，后部有两条腿，前面是带着钻石的夹嘴（图3-16）。在抛磨钻石时，抛磨工可握住柄脚对钻石稍加施压或靠重物加压进行抛磨。

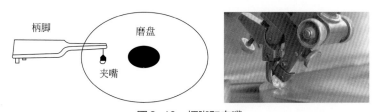

图3-16　柄脚和夹嘴

3.1.4.2　抛磨方向

　　因磨盘上的钻砂是由大量随机取向的小钻石颗粒组成，所以抛磨可在所有方向和取向上发生。由于钻石的内部晶体结构造成钻石有较易抛磨和较难抛磨的方向，所以粗磨后在腰棱上留下的原晶面能为抛磨工提供钻石纹理的信息，这种信息能帮助抛磨工在固定住钻石后选择抛磨方向。如果看不到纹理的话，抛磨师要通过反复试验才能确定抛磨方向。

（1）三尖面

　　因三尖面是解理面，所以很难切磨；如果要在这个方向上抛磨，需稍微倾斜些。在三尖面上共有三个抛磨方向（图3-17）。

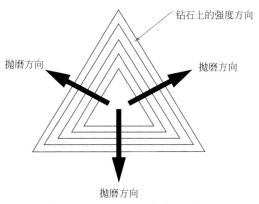

图3-17　三尖面上的抛磨方向

（2）二尖面

在二尖面上有两个抛磨方向（图3-18）。

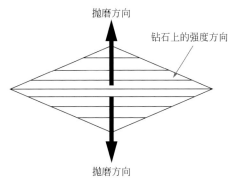

图3-18　二尖面上的抛磨方向

（3）四尖面

四尖面有4个抛磨方向，其抛磨方向要尽可能地远离最硬方向，一般需要稍微倾斜以达到好的抛磨效果（图3-19）。

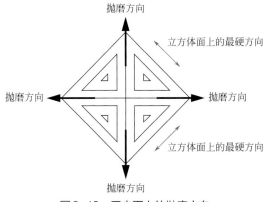

图3-19　四尖面上的抛磨方向

3.1.4.3 圆明亮式琢型钻石的抛磨

交叉切磨工先切磨出前18个刻面，即冠部的台面、4个角刻面和4个斜刻面及亭部的4个角刻面、4个斜刻面和一个底尖（如果有的话）。然后多面切磨工添加剩下的40个刻面：冠部24个面，亭部16个面，最后制成圆明亮式琢型（图3-20）。

然后将钻石送回粗磨工手中再粗磨，同时也可做成刻面腰棱，使钻石的整体修饰度更好些。腰棱的刻面数取决于钻石的大小和切磨工的偏爱，但一般不超过80个刻面。

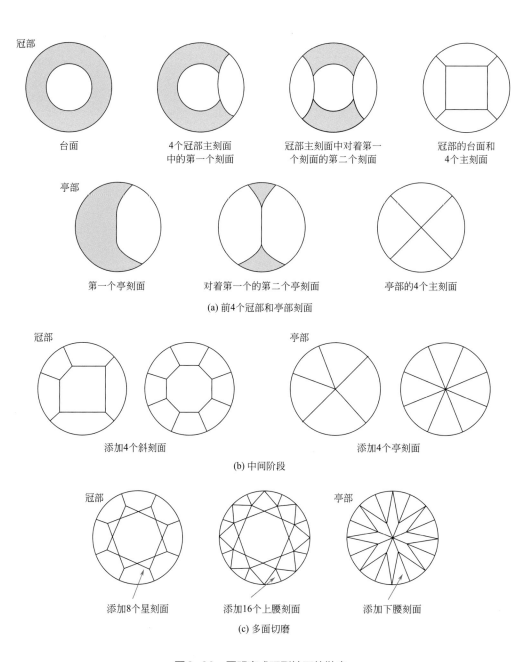

图3-20 圆明亮式琢型钻石的抛磨

3.1.4.4 自动抛磨机

20世纪70年代出现了第一部商用自动抛磨机，它是设计用于加工四尖锯开料。它使用与手工切磨工相同的基本流程，不同之处是自动抛磨机在磨星刻面之前先抛磨出上腰刻面。在锯开和粗磨后，将钻石装入一个罐内，再把罐固定在夹具中（有两种类型的夹具，一种用于成型，一种用于抛光）。

现代的自动抛磨机（图3-21）能自动寻找颗粒，可抛磨可制形的、二尖的、三尖的以及四尖的钻石。大多数现代的机械能加工最终重量为0.2ct到10ct的钻石。对于大的贵重的钻石，最可取的切磨仍是手工切磨，因为这种手工能控制得更好并有最大的出成率。

图3-21　现代自动抛磨机

3.1.4.5 激光的应用

现在激光可完成生产成品钻的许多过程。激光除了能加工各种琢型如花形、心形和各种特殊形等外，也可加工孔眼及球形珠，还可以刻字母或图案（图3-22）。

图3-22

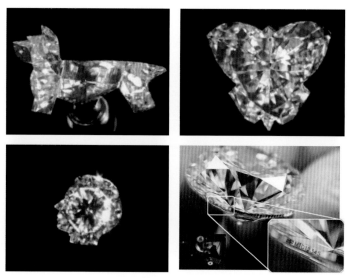

图3-22　激光刻字及加工各种琢型

3.2　钻石的琢型

3.2.1　钻石琢型的发展

目前无法确定钻石抛磨工艺源于何时何处，有可能是源于11世纪的印度。在14世纪早期，钻石磨刻面的工艺经由威尼斯传入欧洲。

3.2.1.1　尖琢型（point cut）

尖琢型是已知最早的成品钻琢型，它是抛磨或劈开的八面体形，磨削量很少。由于八面体面本身是无法抛磨的，所以抛磨出的面与八面体面有小的交角。该琢型是14世纪以前刻面钻石仅有的琢型（图3-23）。

3.2.1.2　桌琢型（table cut）

桌琢型出现于14世纪，是尖琢型的改型。具体琢型是在尖角式基础上切去一角顶，成一四方台面，有时经常是对着桌面再磨出一个底尖，从而演化成全桌琢型（full table cut）。这种琢型一直流行到17世纪，许多尖琢型钻石被重新切磨成桌琢型（图3-24）。

尖琢型和桌琢型只适用于晶型较为完整的钻石八面体单晶，不适用于晶型不完整的晶体或聚形晶。这由当时的生产力水平和科技水平所决定，还不能对钻石进行较大量的切磨。

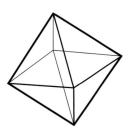

图3-23　尖琢型

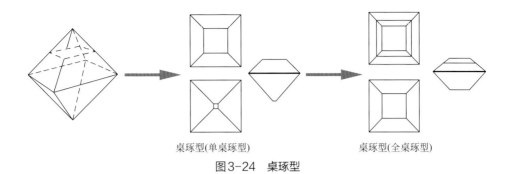

桌琢型(单桌琢型)　　　　　桌琢型(全桌琢型)

图3-24　桌琢型

3.2.1.3　玫瑰琢型（rose cut）

玫瑰琢型最初出现在15世纪初，它由刻面的顶和平的底组成（图3-25）。玫瑰琢型主要用于那些不完整的钻石晶体（如板块、尖角状和一些厚度较薄的碎片），扁平晶体和八面体原石的设计。这种琢型的主要特点是缺少火彩且亮度不够，但其重量损失很小，所呈现的几何形状优美，因此流行了很多年。

在玫瑰琢型中，荷兰玫瑰式最为常见。这种琢型一般在上部中央由6个三角形外翻面顶角相连构成一个正六边形，六边形周围有12个或18个小三角翻面环绕。玫瑰琢型钻石多用底部密封镶嵌，包括大莫卧儿（great mogul）钻石在内的许多名钻都是加工成这种琢型的。较大的钻石常切磨成双玫瑰琢型和泪滴琢型。双玫瑰型是单玫瑰型的变型，它的底部与上部对称。历史上曾有两颗名钻——佛罗伦萨钻石（137ct）和Sansy（55ct），被琢磨成双玫瑰琢型，这两颗钻石都来自印度。玫瑰琢型不是首选的切磨款式，它按定单切磨，在老式首饰中很普遍。

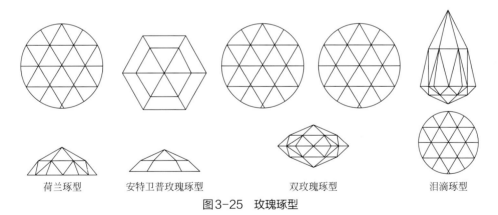

荷兰琢型　　安特卫普玫瑰琢型　　双玫瑰琢型　　泪滴琢型

图3-25　玫瑰琢型

3.2.1.4　单琢型（single cut）和双琢型（double cut）

在17世纪初，桌琢型发展成为单琢型，这是近代圆钻式琢型的雏形，其办法是磨掉八面体的晶棱，随后又由单琢型发展成双琢型（图3-26）。

单琢型圆形改型迄今仍用于小的钻石。单琢型也称为八面琢型（eight cut）。双琢型有时也称为"马扎林"琢型，这是据17世纪法国钻石收藏家卡迪纳尔·马扎林（Cardinal Mazarin）的姓命名的。

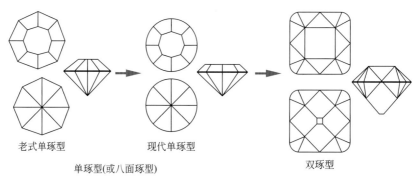

老式单琢型   现代单琢型   双琢型

单琢型(或八面琢型)

图3-26　单琢型和双琢型

3.2.1.5　三琢型（triple cut）——明亮琢型

三琢型可能出现于17世纪中叶，是最早的明亮琢型。它由包括台面和底尖在内的58个刻面组成，轮廓多为坐垫形并具深的冠部和亭部，这种琢型常称为老矿琢型（old mine cut）（图3-27），此类琢型在18世纪达到盛期，当时风行于巴西、威尼斯、阿姆斯特丹、安特卫普和英国伦敦等钻石加工和贸易中心。

图3-27　老矿琢型

3.2.1.6　老欧洲琢型（old European cut）

随着19世纪机械化粗磨的引入，圆的琢型钻石已很容易切磨。该琢型也有包括台面和底尖在内的58个刻面，它有小的台面，大的底尖以及深的冠部和亭部（图3-28）。

图3-28　老欧洲琢型

可惜的是当时正盛行老矿琢型和玫瑰琢型，这种比较科学的圆钻式未被普遍接受，原因主要是圆钻式相对于老矿式和玫瑰式，在切磨中损失的重量较大，在那一时期钻石仍是稀有的材料，人们尚未认识到钻石的火彩的美学价值，只一味追求保存最大重量。直到19世纪末在南非发现钻石后才开始了角度和比例的探究。

3.2.1.7　现代圆明亮式琢型（modern round brilliand cut）

现代圆明亮式琢型的应用当归功于一个叫亨利·莫尔斯（Henry Morse）的美国人。他于1860年在美国开办了首家切磨厂，并对圆明亮式琢型的角度和比例进行了试验，将厚而粗短的形状改变成如今较细长的形状。后来这项工作由其他人继续进行：①1919年，当年19岁的马赛尔·托尔可夫斯基（Marcel Tolkowsky）提交了他的题为"美国理想琢型（Amerian Ideal cut）"的论文。这是现代圆明亮式琢型的基础。② 1940年，艾普洛（Eppler）提出了"欧洲琢型（European cut）"。③ 1970年，国际钻石委员会（IDC）提出了一组理想比例范围（图3-29，表3-1）。④ 1977年日本人shigetomi第一个推出"八心八箭"钻石，它是出现在圆明亮式琢型钻石中的一种光学效应，其比例和冠亭部必须符合一些精确条件（图3-30，表3-1）。

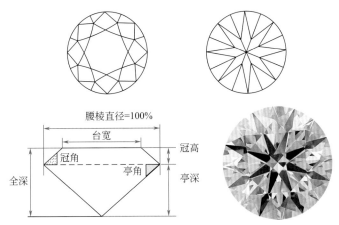

图3-29　圆明亮式琢型的比例

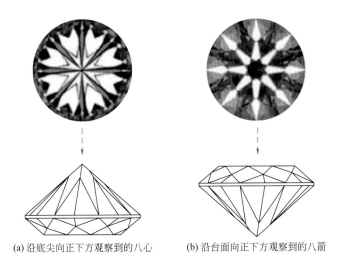

(a) 沿底尖向正下方观察到的八心　　(b) 沿台面向正下方观察到的八箭

图3-30　"八心八箭"钻石

表3-1　四种圆明亮式琢型的比例指标

指标	托尔可夫斯基	艾普洛	IDC	八心八箭
冠角	34°30′	33°10′	31°~37°	34°~35°
亭角	40°45′	40°50′	39°40′~42°10′	40.8°~41.1°
台宽	53%	56%	56%~66%	54%~58%
冠高	16.2%	14.4%	11%~15%	14%~16%
亭深	43.1%	43.2%	41%~45%	43%

3.2.2　花式切工钻石

　　"花式"（异形）通常是指圆形之外的所有形状。包括除圆形外的明亮琢型变形和阶梯形及各种新式切工。一般的花式切工类型主要有以下六种类型：椭圆形、梨形、长方形、心形、祖母绿形和橄榄形。这些类型都是从圆明亮式琢型演变而来。这些琢型的刻面排列方式与圆明亮式琢型相似，但其腰棱的轮廓不同。这些类型比较常见，是花式切工钻石市场上的主力军。

（1）椭圆形（oval）

　　椭圆形钻石是圆形钻石的延伸，有57个或58个切割面，拉长的形状能够令钻石看起来比同等重量的圆形钻石更大。这种切割方式刻面较大，对钻石的颜色和净度有更高的要求。传统椭圆形钻石，长宽比例在1.33 ~ 1.66之间。椭圆形切工的钻石，是比较容易形成"领结效应"的一种切工，如果钻石切工良好，领结将非常小，但是在钻石冠部看，总能在一定程度上看到蝴蝶结。"领结效应"是指钻石桌面呈现出的深色领结形状图案，常见于变形圆多面体琢型的钻石，因宽度两侧的亭角较陡，漏光形成蝶状黑影（图3-31）。

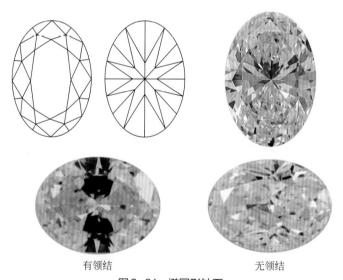

有领结　　　　　　　　　　无领结

图3-31　椭圆形钻石

（2）梨形（pear）

　　梨形钻石也叫水滴形钻石，理想的梨形钻石长宽比在1.45 ~ 1.75之间。镶嵌时应注意对钻石尖部的保护，避免钻石受损（图3-32）。

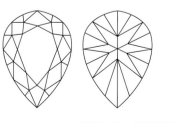

图3-32　梨形钻石

（3）马眼形（marquise）

马眼形钻石（或称榄尖形钻或者船头形钻）两边呈对称的尖长形。这种切割方式刻面较大，对钻石的颜色和净度也有较高的要求。最传统的马眼形钻石的长宽比例在1.75 ～ 2.25之间（图3-33）。

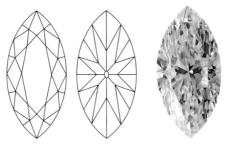

图3-33　马眼形钻石

（4）心形（heart）

心形切割因其心形轮廓而成为最具浪漫色彩的宝石造型。心形钻石的抛磨较困难，而且耗费原料。尤其是双肩和缝隙部位的打磨和抛光。因此，采用心形切割的钻石也相对比较稀有。传统的心形钻石的长宽比例在0.90 ～ 1.10之间（图3-34）。

图3-34　心形钻石

（5）三角明亮形（trillion）

三角形切工是拥有三条相同的直的或稍弯的边的混合型切工。外观呈三角形，它们大都由扁平的毛坯打磨而来。这种切工的钻石一般比较浅，一个浅的三角形钻石大部分从台面看都很大，但是在变脏的情况下亮度和火彩可能不佳，且尖角易损坏（图3-35）。

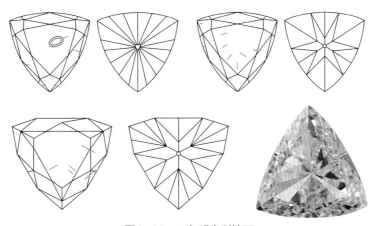

图3-35　三角明亮形钻石

（6）垫形（cushion）

垫形也称为"枕形"，是经过多次发展和改良形成的切割方式，已经流行了一个多世纪。垫形切割钻石的拐角呈圆形，有58个刻面，且刻面较大，增加了钻石本身的亮度，但较大的刻面同时也使钻石内部的杂质变得明显。正方形的垫形钻石长宽比例在1.00 ~ 1.05之间；长方形的垫型长宽比例可大于1.15（图3-36）。

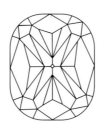

图3-36　垫形钻石

（7）公主方形（princess）

公主方形钻石是花式切割钻石中非常受欢迎的一种，其特点是外观呈方形，四面等边棱角对称。它的边缘锐利，深度较高，拐角易损坏。公主方形钻石的理想长宽比例在1 ~ 1.05之间（图3-37）。

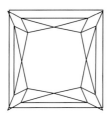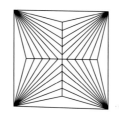

图3-37　公主方形钻石

（8）祖母绿形（emerald）

祖母绿形是一种典型的阶梯琢型，因广泛应用于祖母绿而得名。它的独特之处在于亭部被切磨成长方形刻面，从而使其拥有层次鲜明的火彩，侧面呈阶梯状造型。但祖母绿形切割的刻面较大，尤其突出宝石的天然颜色和内部杂质，因此这种切割对钻石的净度和颜色要求极高。阶梯琢型钻石的火彩和亮度不如明亮琢型，且包裹体或色调更容易显现。所以，大的祖母绿琢型的钻石在品质和对称性上都是很好的（图3-38）。

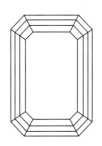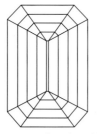

图3-38　祖母绿形钻石

（9）雷迪恩形（radiant）

雷迪恩形钻石采用具有均匀切角边的方形或矩形钻切工。它的70个切割平面将折射效应最大限度地透过钻石展现出来。雷迪恩切割钻石被认为是最常见的彩钻琢型，与垫形切工齐名。它由八边形祖母绿阶梯式切割的冠部与圆形明亮式切割的亭部组成。它的四个截角极为安全，在镶嵌时无需担心边角破裂的问题。正方形的雷迪恩明亮式钻石的理想长宽比例在1～1.05之间，长方形的雷迪恩的理想长宽比例可以大于1.10（图3-39）。

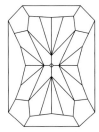

图3-39　雷迪恩形钻石

（10）阿斯切形（asscher）

阿斯切形切工与祖母绿形几乎相同，琢型特点可参考祖母绿形，区别在于阿斯切是正方形的。这种切工更突出钻石天然的颜色和内部杂质。理想阿斯切型长宽比例为1.00～1.05（图3-40）。

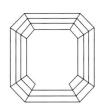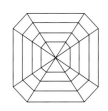

图3-40　阿斯切形钻石

（11）长方形（baguette）

长方形是阶梯琢型的变形，常用于较小的钻石。长方形琢型源于文艺复兴时期，与祖母绿形类似，但不够闪烁。通常在群镶工艺中作为配石使用（图3-41）。

图3-41　长方形钻石

（12）新琢型

大多数新琢型是传统琢型的改型，如1988年戴比尔斯就提出了五种旨在提高原石成品率和调节色调的新的钻石琢型。这些琢型被称为花形琢型系列，包括有火玫瑰、向日葵、金盏花、百日红和大丽花（图3-42）。这些新琢型现在都在使用。尽管有些变化和改型，但圆明亮式琢型迄今依然是最流行的琢型。

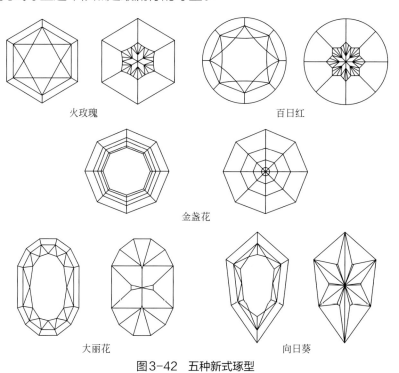

火玫瑰　　　　　　　百日红

金盏花

大丽花　　　　　　　向日葵

图3-42　五种新式琢型

3.3　钻石的销售

3.3.1　钻石原石的销售

世界钻石原石大部分的销售是由戴比尔斯（De Beers）下属的钻石贸易公司（DTC）原中央销售机构（CSO）单一渠道控制和垄断。戴比尔斯拥有世界上最大的钻石矿山（图3-43），每年生产钻坯总量占世界产量的25%，价值约为全球总产值的一半；1996年以前每年可分选、评价和销售世界80%以上的钻石原石。来自主要钻石生产国的大部分钻石原石，均汇集在中央销售机构设立在伦敦的钻石估价部，按形状、色级、净度和大小，分选成5000多个等级，再由CSO的钻石贸易公司（DTC）举行看货会，出售给170多位CSO的配售客户（看货人）进行切磨和分销。1997年以后，由于澳大利亚、俄罗斯等钻石生产国脱离CSO单一销售渠道，通过外围市场销售钻石，使CSO的控制量下降60%左右。2001年DTC从CSO分离出来，成为戴比尔斯重组的合资公司，全面接替原CSO和原DTC的业务，目前世界钻石原石的60%由DTC分级评价和销售。

世界上有27个国家找到了具有经济价值的钻石矿床，但这些国家的钻石生产和供应却是由少数的跨国集团控制，如前所述，以戴比尔斯（De Beers）钻石企业集团为主。De Beers下属的由其他钻石公司参加组成的原中央销售机构（CSO，现改名为DTC）是世界钻坯最大的供应商。

图3-43　戴比尔斯钻石矿山

（1）原戴比尔斯（De Beers）中央销售机构（CSO）

原戴比尔斯中央销售机构主要由钻石股份有限公司（Dicorp）、钻石贸易公司（DTC）、估价部和工业金刚石公司所组成。

钻石股份有限公司是CSO的采购部门，负责从世界各地购买原石。钻石贸易公司负责估价、销售钻石原石。工业金刚石公司负责销售工业金刚石。1977年CSO分级估价部成立，负责钻石的分类和估价，总部设在伦敦。

中央销售机构在世界钻坯的销售中所起的作用及功能如下：通过协调统配钻坯的供应量，为钻石市场的供求平衡、价格稳定，保护钻石商的利益，维护消费者的消费心理起到重要作用；通过对主要钻石生产国控股或参股、提供货款等方式，有效地控制了钻石的收购市场；通过在非洲、英国、俄罗斯等钻石生产国或地区和各切磨中心、集散地设立办事处等方式，对CSO以外的外围市场收购钻石，避免了走私、低质量销售等因素对钻石市场的恶性竞争；建立了完整的原石分级体系及估价体系，确保了世界范围内原石交易的公平性；积极推动世界范围内的找矿、勘察、开采和科研、学术、鉴定工作，为钻石的资源开发利用做出贡献（图3-44）；投资市场企划，提高消费者的钻石消费意识，协助珠宝零售商提升销量。

图3-44　原石开采

（2）钻石贸易公司（DTC）

在20世纪，特别是在1934 ~ 1996年间，存在基本上为单一渠道的钻石市场，钻石贸易公司（Diamond Trading Company，DTC）掌握了世界钻石原石产量的80%。

1996年澳大利亚的阿盖尔矿开始独立于DTC销售自己的钻石原石，1997年俄罗斯正式被认可为独立的钻石原石销售国。到2000年前，DTC掌握着约60%的原石市场。绝大部分不通过DTC的钻石是通过设在安特卫普的公开市场销售的，包括来自俄罗斯、澳大利亚、加拿大和来源不大清楚的钻石。

钻石贸易公司是戴比尔斯诸公司中的一个。该公司在对钻石市场进行管理并根据市场需求和其他考虑在增减流量方面起主要作用。

钻石原石从戴比尔斯和其他矿山通过看货会销给看货会特约商。这些特约商是钻石原石批发商或钻石切磨厂的厂主。看货会每年10次，在伦敦、卢塞恩和约翰内斯堡举办，以伦敦的规模最大。经纪人根据特约商就尺寸和质量提出的要求编制钻石清单并送交戴比尔斯。经对清单审查后开始备货，提供给特约商的货不一定和所要求的完全一致。

为了应对新的市场挑战，戴比尔斯集团于2001年实施了一系列的战略转变。买断了原上市公司的股票，将在约翰内斯堡上市的钻石贸易公司和在伦敦上市的英美公共有限公司改制成合资公司，对外名称变更为DTC，原来的上市公司全部撤销。新DTC公司奥本海默家族拥有的中央集团公司（CHL）占股45%，英美公司（Angal）占股45%，戴比尔斯与安哥拉的合资公司（Debswana）占股10%。DTC全面接管了CSO的业务。De Beers只作为一个珠宝品牌名称进行推广。

DTC的宗旨是将原来的钻石原石垄断供应商转型为全球的最佳供应商。目前全球60%的钻石原石仍然由DTC分级评价及销售。除原有的业务外，加拿大所开采钻石的35%、俄罗斯的50%也卖给了DTC，全球共有120位DTC的看货人。DTC仍将在稳定钻石市场价格、促进钻石市场有序发展方面起着重要作用。它的作用及功能表现在：在世界钻石销售市场中，推行"最佳钻石供应商"计划，刺激消费者对钻石的购买欲；DTC与配售商形成新的合作方式，其目的是以更加有效的方法分销钻石，并以最有效的策略推广钻石；加强与零售商的合作，确保钻石业的良性发展。加大钻石市场的推广投入，进一步抢占高档奢侈品的市场份额；进一步加大精品意识的推广，致力于打造一个深入人心的世界级钻石首饰品牌，为珠宝企业树立一个品牌典范；继续支持业界推出多元化且具市场竞争力的首饰设计款式，为消费者提供更多的选择；进一步明确了DTC的法律地位，使CSO与DTC之间含糊不清的组织关系得到确认，并以DTC这一注册登记的独立实体取代了CSO这一组织名称；规范配售商的执业道德，严禁销售未作说明的合成钻石、处理钻石，注重行销和保护天然钻石，以维护消费者对钻石的消费信心。

2018年5月29日，戴比尔斯发表声明，宣布推出一家名为Lightbox Jewelry的新公司，并于同年9月份开始销售合成钻石首饰。戴比尔斯推出的合成钻石价位为200美元/0.25ct、800美元/ct，且无论是无色、蓝色或是粉色钻石，都不产生克拉溢价，同时也不会按照传统4C标准对其分级；钻石行业或许将进入一个崭新的时代。合成钻石（图3-45）此前以天然钻石行业作为标尺制定的一套定价体系、分级系统，也将遭遇挑战和颠覆。

图3-45 合成钻石

3.3.2 钻石成品的销售

3.3.2.1 切磨中心

现今世界上有4个主要的切磨中心：美国的纽约、比利时的安特卫普、以色列的特拉维夫和印度的孟买。钻石也在许多其他的国家被切磨，如俄罗斯和亚洲的一些切磨中心的重要性正在与日俱增。

（1）美国纽约

美国的钻石切磨业起源于1880年的波士顿，后来很快就转移到了纽约，是全球著名的大钻石切割中心。20世纪30年代，许多来自欧洲的移民在曼哈顿商业区与住宅区之间靠近洛克菲勒中心的地段建立了切磨厂。寸土寸金的纽约城，加工区面积不大但用地费用昂贵，切磨师较少但工艺精湛，人力成本高昂，工资以每小时几十美金来计算，导致纽约切磨出的钻石加工成本很高，所以主要加工1ct以上的大钻，以切工的难度和精度闻名于世（图3-46）。

图3-46 美国纽约切磨中心

（2）比利时安特卫普

从15世纪中叶开始安特卫普就已是起主导作用的钻石贸易中心。19世纪70年代和80年代加工店过早地萧条以及南非钻石流入造成的市场饱和导致了钻石业剧变。1893年钻石俱乐部的成立很快就吸引了世界各地的零售商。第一次世界大战使贸易中断，但刚果（金）发现钻石又使商务得以扩展。1930年前，有27000名工人在安特卫普钻石业工作，现今那里的人数已少了许多（图3-47）。

大多数城市只有1个交易所。安特卫普是唯一有4个交易所的城市，它既销售原石也销售成品钻。进入交易所有严格要求。交易所在其成员中起管理者的作用，它能不经

过法庭调解争端。国际钻石交易所联合会
（World Federation of Diamond Bourses,
WFDB）代表世界上所有成员的利益，任
何成员只要违反了一个交易所的规则，就
会被除名而且不能再进入世界范围内联合
会所属的任一交易所。

（3）以色列特拉维夫

　　这里的钻石业是在第二次世界大战
中建立的并在以色列国成立后开始繁
荣，当时尚缺乏经验的钻石业得到了政
府的慷慨支持。引入了流水作业法，缩
短了生手的培训时间，因为他们只需学
习和精通一个环节，付给他们计件工资。
1968年在特拉维夫东北的拉马特甘成立
了钻石交易中心。

　　特拉维夫（图3-48）以花式切工闻
名于世界，全球钻石首饰市场上有70%的
花式钻石及40%的圆钻是在这里加工的，
以10～50分大小的钻石为主，该中心是
小钻和花式钻最主要的供应商。

（4）印度孟买

　　印度作为钻石切磨中心已有几个世
纪，但在第二次世界大战后才随着钻石贸
易公司（1949年）的成立而使钻石业得
以扩展。现今的成功要归因于低廉的劳动
力，这使得印度有可能加工其他中心无利
可图的小的和低质量的钻石。孟买是主要
的销售中心，而大部分钻石是在北面古吉
拉特的半自动机械的传统家庭作坊中加工
的，这些作坊只需小的投资和简单的设
施。由于印度所具有的低廉的劳动力资源
及印度政府对钻石加工业给予的特殊的优
惠政策，越来越多的钻石商把裸钻委托给
印度加工，以降低交易成本，维持钻石价
格平稳，提高国际贸易竞争力。

　　孟买切磨中心（图3-49）主要加工20
分左右或20分以下的小钻，由于DTC运往
孟买的钻石原石大多品质不高，再加上使用

图3-47　比利时安特卫普切磨交易中心

图3-48　以色列特拉维夫切磨中心

半自动机械加工、劳动力成本低廉等原因，切割出来的钻石抛光效果不好，腰部较厚，对称性较差。

其他钻石切磨中心还有俄罗斯、泰国、斯里兰卡和中国。近年来，在中国上海、广东等地钻石切磨工厂数量逐年增加。切磨后的钻石直接供应给了首饰生产商或进入成品钻市场。成品钻的5个贸易中心是：安特卫普、纽约、以色列、印度和中国香港。钻石从矿山开采到零售商要经过很长的旅程，不只是多次倒手，而且还经过许多国家和地区。大部分钻石贸易是通过钻石交易所或钻石交易中心。这是销售商们可以聚在一起比较安全地做生意的地方。

3.3.2.2　钻石交易所

钻石交易所是交易钻石毛坯和钻石成品的场所，世界上有专门进行钻石交易的场所。以下简要介绍世界钻石交易所和中国上海钻石交易所。

（1）世界钻石交易所

在每个主要的切磨中心均设置钻石交易所或钻石俱乐部。它通常就是成品钻石销售的地方。世界钻石交易所联合会是包括20多个交易所的世界性组织，它的宗旨是增进各交易所成员间的相

图3-49　印度孟买切磨中心

互了解，达成贸易法规。比利时安特卫普具有相对独立性，它有4所交易所，并有自己的比利时钻石交易所联合会。在交易所就像在市场上一样，钻石商人的话就是契约。商务合同被封上"幸运和上帝赐福"的封条后，就没有再反悔的余地了。交易所既交易成品钻石，也交易钻石毛坯。一个交易所一般约有2000个会员。目前世界钻石交易所分别为安特卫普四所（安特卫普钻石交易俱乐部、钻石贸易交易所、自由钻石贸易交易所、安特卫普钻石工会）（图3-50），纽约（图3-51）、特拉维夫（图3-52）和伦敦各两所，阿姆斯特丹、

图3-50　安特卫普钻石交易所

图3-51　纽约钻石交易中心

图3-52　以色列特拉维夫钻石交易中心

约翰内斯堡、米兰、巴黎、新加坡、中国香港、维也纳等均有钻石交易所。

（2）中国上海钻石交易所

上海钻石交易所是经中华人民共和国国务院批准于2000年10月27日成立的国家级要素市场，是中国大陆唯一的钻石进出口交易平台。上海钻石交易所是世界钻石交易所联盟（WFDB）成员，按照国际通行的钻石交易规则运行，为中外钻石交易商提供一个公平、公正、安全并实行封闭式管理的交易场所。

上海钻石交易所设会员大会。会员大会由全体会员组成，是上海钻石交易所的权利机构，实行自律管理。会员大会设理事会，理事会是会员大会的常设机构，理事会对会员大会负责，理事会所有理事由会员大会选举产生。理事长由中国籍人士担任。

上海钻石交易所（图3-53）于2009年10月由上海金茂大厦整体搬迁至新建的总建筑面积达5万平方米"中国钻石交易中心"大厦。作为类似保税区性质的海关特殊监管区，大厦内安检和保安系统均属特级设计。海关、检验检疫局、外管局、工商局、税务局等驻所政府机构作为"一站式"业务受理机构，在大厦内行使政府职能；所内银行、押运、报关、钻石鉴定等机构提供配套服务。

3.3.2.3　金伯利进程

自《全球目击者》（Global Witness）报道了"冲突钻石"（conflict diamond）之后，业界、各国政府以及联合国等决心制定长期解决方案，以便终止冲突钻石贸易。这一政府间论坛称为"金伯利进程"（Kimberley Process），因第一次论坛由南非政府于2000年5月在金伯利主办而得名。金伯利进程认证体系（KPCS）于2003年1月实施，要求每批装运的毛坯钻石都必须密封在防撬集装箱内，并附上政府颁发的KPCS证书（图3-54）。该认证体系（KPCS）的详情与背景材料可见于金伯利进程的网址，即www.Kimberleyprocess.com。

图3-53　中国上海钻石交易所

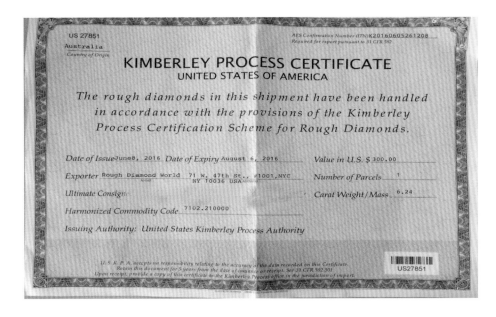

图3-54　金伯利进程认证体系证书

　　金伯利进程政府间会议，吸收有代表整个钻石业（从开采到零售）的世界钻石理事会（World Diamond Council, WDC）参加。WDC成立于2000年7月，它对KPCS最大的贡献是在行业内引进并发展了自律性的保证系统，以监管毛坯和成品钻石，确保消费者对所购钻石的来历有信心。该保证系统要求，所有钻石买卖双方，必须在所有发票上做出如下声明："本发票上的钻石购买自合法来源，没有参加冲突钻石的出资，符合联合国决议案，卖方根据个人所知，或供应商提供的书面保证，保证这些钻石没有涉及血腥冲突。"要求每家公司必须保留其经审核的"保证"发票记录备查。我国也参加了金伯利进程。

4

钻石优化处理及鉴定

优化处理是通过人工处理的手段（切磨和抛光除外）来改变宝石材料的外观（包括颜色、光泽、透明度、光学效应）或耐久性的各种方法。有些处理是稳定和持久的，或至少能保持相当长的时间，而有些处理则只能产生暂时的变化，其持续时间取决于材料、处理的类型或强度以及镶嵌、佩戴、清洗和修理时受到的损伤程度等。

钻石的优化处理主要是通过某些人工的手段来改善它的颜色和净度。

4.1 颜色优化处理

4.1.1 表面处理

（1）涂层

涂层是把致色物质涂在钻石亭部刻面或腰棱上，用于改善钻石的外观。涂层方法可以是环绕腰棱涂少量墨水，也可在亭部刻面涂上釉。例如，对一些微带黄色调的钻石，在钻石表面涂上薄的蓝色涂层可抵消黄色调，从而改善钻石的外观色。对一些较大的钻石，可利用高技术处理方法涂上与照相机镜头上的涂层相似的超薄表面层，该表面层用硬的针尖或通常使用的有机溶剂都无法去除。美国宝石学院曾报道用CaF_2掺金来涂层的粉红色钻石。

涂层的鉴定：①表面磨损常可去除部分涂层，使颜色呈斑杂状；②某些涂层经过一段时间后会从表面脱落（图4-1）；③涂层会使表面稍显粗糙状，其光泽不如未涂层的钻石刻面强；④涂层表面经常出现划痕（图4-2）。

图4-1　钻石腰棱上的蓝色涂层脱落

图4-2　涂层表面划痕

美国宝石学院新近报道，市场上出现了用新方法在亭部涂层的各种颜色的彩钻，包括黄色、橙色、粉红色、紫色、蓝色和绿色（图4-3）。实验室仪器测试表明，涂层厚20 ～ 50μm，由SiO_2和含金属层（如金、银、铝、氧化铁）的交替层组成，最多的有6层。当台面朝上在规则的散射光下放大观察时，颜色看上去分布均匀，但用反射光观察亭部时，可见薄膜导致的晕彩色，在一些亭部刻面上可见不规则分布的无色的斑点和线。这些钻石在常规清洗过程中是稳定的，但在硫酸中煮30min，涂层色全部消失。

（2）镀膜

镀膜是在钻石表面镀上一层有色氧化物薄膜来掩盖体色，这种处理方法比较持久。

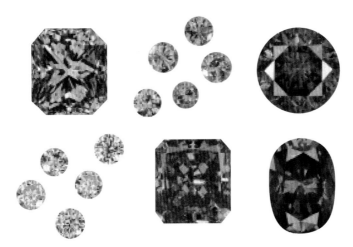

图4-3　新涂层技术处理的各色钻石

镀膜的鉴定：①镀膜是多晶质集合体，显微放大观察具有粒状结构；② 表面涂有色氧化膜，显微放大可见彩虹状表面光泽；将钻石置于二碘甲烷中观察，钻石表层会产生干涉色；③用大型仪器检测，如用扫描电镜、拉曼光谱测试均能有效将钻石膜区分开。

（3）贴箔

贴箔是把小片有色箔置于底部密封镶嵌的钻石下面，用于改善钻石的外观。一般情况下，由于箔和亭部刻面贴得不紧，透过台面可看到起皱现象。也有把黄色调较深的钻石镶在一个抛光的底座或嵌入的镜面上以增加反光，使钻石看起来颜色变浅。

4.1.2　辐照和热处理

4.1.2.1　辐照处理

放射性物质的原子、粒子和射线的辐照可改变钻石的颜色。辐照会改变或破坏钻石晶体结构从而使钻石产生色心而呈色。

大多数天然钻石在开采前已经历过不同程度的天然辐照影响，钻石所具有的这种天然辐照的特征取决于其在地球深处所接受的辐照粒子类型和辐照强度。最常见的现象是钻石受高能粒子照射而形成辐照"皮"，由于辐照使钻石表层产生空位，形成所谓的GR_1吸收，所以这种"皮"的颜色是典型的绿色。皮的厚度与α粒子的能量及辐照的穿透性有关，这种皮通常仅数十微米厚。其他形式的辐照，例如高能电子（也称β粒子）及γ射线具有更强的穿透力，使钻石着绿色并进入钻石内部至数毫米厚。目前已知这种天然辐照形成体色的情况罕见，最著名的当数41ct的绿色德累斯顿（Dresden Green）（图4-4）。

图4-4　41ct的绿色德累斯顿
（Dresden Green）

利用钻石所具有的这种天然辐照特征，人们开始将钻石置于人工辐照下进行实验，对钻石的颜色进行处理。此方法主要用于处理颜色不理想或者较浅的彩色钻石，使其产生鲜艳的颜色或颜色饱和度提高，从而提高价值。辐照后有时还需进行热处理以保留更稳定的色心并进一步改变颜色。

（1）人工辐照处理方法

① 镭盐处理　1904年威廉·克鲁克斯（William Crookes）爵士最先用放射性镭盐对钻石进行处理，他发现，把钻石埋在镭盐中一年后，镭的辐照使钻石呈绿色。

镭盐发射的高能 α 粒子的辐照使钻石致色，所产生的颜色是稳定的绿色，但仅局限于表层（20μm），抛光时可能被去除。处理过的钻石具有放射性，且放射性残留时间较长。这种处理的钻石不能用于首饰，已经很少使用。

② 回旋加速器处理　质子、核等带正电荷的粒子可通过回旋加速器的装置加速后轰击钻石，钻石可变成绿色，若时间过长则变成黑色。这些粒子不能穿入钻石深部，故着色仅限于表层、浅部，重新抛光时会将颜色除去。这些钻石最初具放射性，但几个小时后就消失了。回旋加速器处理目前已很少使用。

回旋加速器处理的钻石，表面显示特征的暗色区域。如果是从亭部方向辐照的，当从台面观察时可见到环绕底尖的形如"张开的伞"的图案（图4-5）。如果是从冠部方向辐照的，环绕腰棱可见暗带（图4-6）。这种处理极少从侧面进行。

③ γ 射线辐照处理　利用钴-60源产生的γ射线辐照钻石，可使钻石整体呈蓝色或蓝-绿色。因为处理过程过长，要几个月时间，现很少使用。

④ 中子辐照处理　利用核反应堆中发生裂变反应时放出的中子（不带电荷的粒子）对钻石进行辐照，可使钻石呈绿色、蓝-绿色或黑色，为整体呈色，且无放射性。这是钻石最常采用的改色方法。

⑤ 电子辐照处理　用范德格拉夫加速器或直线加速器产生的高能电子对钻石进行轰击，可产生淡蓝或蓝-绿色，颜色的深浅以辐照的剂量和时间长短而定，剂量越大时间越长，穿透越深，且一般不具放射性。这是目前普遍使用的颜色处理方法。

（2）辐照产生的色心

① 电荷缺陷色心　钻石的电荷缺陷色心是指晶格点阵上的碳原子仅在价态上发生变化而形成的色心，而该晶格位上的碳原子数量既不增加也不减少。一般来说，在钻石晶体受到辐射时，辐射粒子与晶格上的碳原子的外层电子发生相互作用，把辐射能

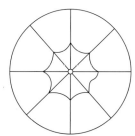

从钻石台面向下看，亭部可见"张开的伞"状的图案

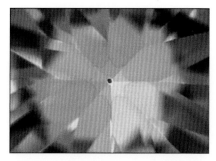

图4-5　环绕底尖的形如"张开的伞"的图案

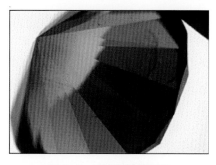

图4-6　环绕腰棱的暗带

量传给了电子，电子在吸收一定能量后，就会克服碳原子的束缚而逃逸出去，从而形成了电荷缺陷色心。

电荷缺陷色心又可分为空穴色心和电子色心。空穴色心是指碳原子外层的一个电子受辐照后从碳原子中逃逸出来，使这个碳原子出现了一个电子空位和一个未成对的电子，此时的碳原子即为空穴色心。另外，在钻石晶格中某一碳原子正好有能力俘获了这个逃逸的电子，此时的碳原子为电子色心。

② 离子缺陷色心　钻石中的离子缺陷色心是指正常晶格位的碳原子在位置上发生了变化，形成了原子空位、空位聚集等缺陷，由此类缺陷所形成的色心称为离子缺陷色心。辐照可以产生离子缺陷色心。在钻石接受辐照的过程中，辐射粒子进入钻石与晶体中的碳原子发生弹性碰撞，在碰撞过程中，彼此间发生能量转移，从而使碰撞粒子的运动状态发生显著的变化。要使钻石获得离子缺陷，辐射粒子必须给晶格原子足够的动能，碳原子才能克服其周围原子形成的势垒，离开原来的晶格，进入邻近的填隙位置。

钻石常见的辐射色心以离子缺陷色心为主，有以下几种：

a. GR_1心（1.673eV，741nm）使钻石呈现绿色、蓝色、蓝绿色或黑色。

b. 637nm心（1.945eV）使钻石呈现绿黄色、浅褐色。

c. 595nm心（2.086eV）使钻石呈现褐色、黄色、绿色调。

d. H_3心（2.463eV，503nm）和H_4心（2.499eV，496nm）使钻石呈现鲜黄色。

e. 除此之外，钻石经辐照及退火处理后还会产生位于近红外区的H_{1b}和H_{1c}心（2024nm和1936nm），它们对钻石成色的意义不大，但在人工改色钻石的鉴定中意义重大。

4.1.2.2　热处理

辐照能使钻石内部产生各种色心，不同类型的色心具有不同的陷阱能级。加热可以使处于陷阱能级的电子越过陷阱能垒消除色心。钻石辐照后的颜色实际上是多种色心综合作用的结果。加热可以使钻石中的某些能垒低的色心首先消除，而使另一些色心得到加强，钻石的颜色也会随着加热温度的不同而变化，当温度增加到一定的程度时，最终会使钻石的色心全部消失。在钻石的改善中，常采用一定的加热温度来固化钻石的颜色，消除不稳定色心。因此加热是辐照产生色心的逆过程（图4-7）。

图4-7　经辐照处理（黑色、蓝色、绿色）和热处理后的钻石

表4-1列出了辐照和热处理改色钻石的颜色变化情况。

表4-1　辐照和热处理改色钻石的颜色变化

辐照方法	辐照后产生的颜色	热处理的温度和处理后的颜色	鉴别特征及吸收光谱
镭盐	稳定绿色		颜色仅限于表皮（20μm），抛光可除去；强放射性；已不再使用。 绿色辐照损伤导致的741nm吸收线（GR₁）也存在于天然绿色钻石，这给鉴别带来困难
回旋加速器	绿色到蓝-绿色，时间过长则变成黑色	约800℃，黄色到金黄-褐色	颜色仅限于表皮；最初具放射性，但几个小时后就消失了；现无广泛使用。 表面显示特征的暗色区域；如果是从亭部方向辐照的，当从台面观察时可见到环绕底尖的形如"张开的伞"的图案；如果是从冠部方向辐照的，环绕腰棱可见暗带；503nm吸收线
钴-60的γ射线	蓝色或蓝-绿色		颜色遍布整个钻石，但需几个月时间；不常使用。 蓝色辐照损伤导致741nm吸收线（GR₁）
在核反应器中加速的中子	绿色到黑色	500~900℃，橙色到黄色，褐色到粉红色	颜色遍布整个钻石；无放射性。 有橙色、黄色和褐色，可见到496nm和503nm处的吸收线，有的还可见到595nm处的吸收线；如加热到1000℃以上，595nm处的吸收线将消失，但在红外区1936nm和2024nm处会出现两条新的吸收线
用范德格拉夫加速器加速的电子	蓝色、蓝绿色、绿色	500~1200℃，橙色到黄色，粉红色	无放射性。 粉红色和紫红色，可见到637nm处的吸收线和595nm处较弱的吸收线

4.1.2.3　黑钻

"黑白钻"首饰在20世纪90年代后期成了时尚，天然黑钻很快变得供不应求（图4-8）。另外，黑色圆粒金刚石还有很难琢磨的问题，因此人工处理黑钻满足了人们对黑钻的需求。

人工处理的黑钻包括中子辐照产生的黑钻（是常见的代用品）（图4-9）、热处理产生的黑钻和重离子植入产生的黑钻（此类黑钻很少见）。另外也有合成黑钻。同时黑钻也有仿制品，如黑色合成立方氧化锆（图4-10）、黑色合成碳硅石、黑色碳化硼等。

图4-8　黑钻（黑色奥洛夫钻石）

图4-9　经辐照处理得到的黑钻

图4-10　黑钻仿制品（合成立方氧化锆）

天然黑钻的颜色成因可能是其多晶结构、内含物（可能是硫化物）和大量裂缝的存在，在显微镜下可见钻石内有天然石墨，也可在实验室内用拉曼光谱检测出。热处理的黑钻产生的原理是在无氧条件下对钻石进行热处理，使其内部裂缝的表面石墨化。

4.1.3　高温高压（HPHT）处理

高温高压处理方法简称为HPHT处理，该方法是把钻石置于高温高压条件下进行颜色改善处理。使用的设备与生长合成钻石的设备相似，这个方法处理的结果是持久的。目前有包括美国通用电气公司和Novatek公司在内的几家公司从事这种商业性处理方法的研究和使用。

1999年3月Lazare Kaplan宣布其在安特卫普的一个下属公司柏伽索斯海外有限公司（Pegasus Overseas Ltd.，简称POL）营销由通用电气公司处理的高温高压钻石。所处理的是高净度的褐色到灰色钻石，经过处理后钻石显示较佳的颜色。由通用电气公司处理的钻石绝大部分是Ⅱa型的，而这种类型的钻石数量不到世界钻石总量的1%。钻石经处理后的颜色大都在D～G范围内，但稍具雾状外观，带褐色或灰色调而不是黄色调。在高倍放大下可看出内部纹理、部分愈合的裂隙和解理以及形状异常的包裹体。也有一些经处理的钻石在正交偏光下显示异常明显的应变消光效应。

为便于鉴别，通用电气公司（GE）曾在经由他们处理的钻石的腰棱表面用激光刻上了"GE POL"字样，现改用"Bellataire year-serial no."字样。

诺瓦钻石公司（Nova Diamond）（Novatek公司的一部分）使用的是柱状压力机，该压力机可产生2000℃的温度和60kbar的压力。一个压力机可在30min内处理10颗钻石。处理出的诺瓦钻是自然界罕见的黄绿色并显强绿色荧光，利用实验室的分光光度计检测可把处理的和天然的钻石区分开。

4.1.3.1　经过HPHT处理而成的Ⅱa型钻石的检测

（1）光谱分析

① 光致发光（PL）　对HPHT处理的Ⅱ型钻石，可通过在液氮温度（-196℃）下测量光致发光（photoluminescence，简称PL）性质进行鉴别。光致发光（PL）是一种先进的无损检测技术，可以检测出钻石中极微量的原子中心，特别是当钻石处于液氮温度（-196℃）时效果更佳。PL在钻石受到激光照射时产生，应谨慎选择激光波长，使特定原子中心的电子跃迁至激发态。当原子中心的电子释放能量时，就会发出具有特定波长的PL，用光谱就可以测量出来。

例如利用514nm的激光对处于液氮温度（-196℃）下的Ⅱ型GE POL钻石进行激发时，从钻石的E色、I色、K色到N色，其575nm和637nm的PL强度逐渐增强。这是因为大多数（但不是所有的）经过HPHT处理而成的Ⅱa型钻石均含氮原子-空缺（N-V）型中心，N-V型中心释放的PL波长为575nm和637nm；而天然未经HPHT处理的Ⅱa型钻石具有575nm的PL线，而不具有637nm的PL线。因此，测量波长575nm和637nm的PL线，以及其他的PL线，并计算出575nm和637nm的PL强度之比（峰高比），比值越低，则钻石经过处理的可能性越高。通过此方法，绝大部分经过HPHT处理的Ⅱa型钻石都能鉴别出来。但要注意的是，若575nm和637nm的中心含量极低，而又存在其他中心时，比率可能会受到影响。该比率虽然重要，但不能单独使用。

② 其他（可见光谱、紫外光谱、红外光谱、阴极发光） 经HPHT处理而成的淡黄色Ⅱa型钻石涉及的机理是HPHT处理法将一些Ⅱa型钻石中所含的微量聚合氮中心拆分为单氮原子，单氮原子会产生淡黄色，而天然Ⅱa型钻石单氮原子极为罕见。单氮原子在紫外光/可见光谱测试中的吸收带发生在270nm处，在红外光谱测试中吸收峰发生在$1130cm^{-1}$和$1332cm^{-1}$处。此种吸收现象可在室温下检测出来。在阴极发光镜下的颜色由黄色变为蓝色（图4-11）。

(a)   (b)

图4-11 处理前为黄光(a)处理后全部都为蓝光并且强度增强(b)

（2）钻石检测仪（DiamondSure™）

DiamondSure（图4-12）是戴比尔斯公司生产的尖端高速筛选仪器，操作十分简便。它的原理是利用被测样品是否具有415nm吸收为筛选条件，如果样品具有415nm吸收，在DiamondSure的屏幕上就会显示"Pass"的字样，如果没有415nm吸收，在DiamondSure屏幕上会显示需进一步检测的建议。得到"Pass"的样品是天然的Ia型钻石，不需要进一步检测，而未通过的样品有可能是天然的Ⅰb型、Ⅱ型钻石或仿制品，需要进一步检测。测试对象为0.10～10ct的裸石或镶嵌钻石，需要逐粒测试，每次测量需要数秒。

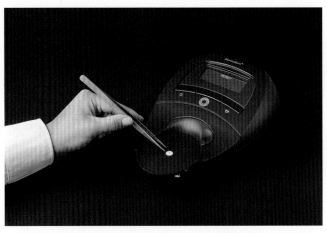

图4-12 DiamondSure™钻石检测仪

（3）钻石观测仪（DiamondView™）

DiamondSure筛选出来的样品可以用DiamondView（图4-13）做进一步检测。DiamondView的原理是通过观察在短波紫外光下样品所发射的荧光特点来检测样品是天然钻石还是合成钻石或仿制品。天然钻石在短波紫外光下会发出均一的荧光，而合成钻石可以发出具有几何图案的荧光分带现象，因为天然钻石大多为单形晶体，而合成钻石为聚形晶体或具有特殊生长结构。聚形晶体的各单形会在紫外光下发不同颜色的荧光，从而造成荧光颜色分区现象，而特殊生长结构会在紫外光下明显地表现出来。

该仪器操作简单，图像分辨率高，可测试0.05 ~ 10ct的裸钻与镶嵌样品，缺点是样品仓较小，因此对于观察角度有限的镶嵌钻石首饰的观察存在困难。

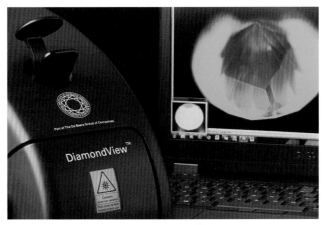

图4-13　DiamondView™钻石观测仪

（4）钻石筛选仪（DiamondPlus™）

虽然光致发光（PL）提供了很有用的检测标准，但是使用实验室分光计和液氮冷却的测量法成本高且费时，要花30min才能得到一项结果。为减少进行复杂的PL分析的钻石数量，DTC制造了一套名为DiamondPlus的筛选仪器（图4-14），以帮助鉴别经过HPHT处理的Ⅱ型钻石。它的原理是在液氮温度（-196℃）下测量Ⅱ型钻石的光致发光（PL）性质，主要是测量波长575nm和637nm的PL线，天然未经HPHT处理的Ⅱa型钻石具有575nm的PL线，而不具有637nm的PL线；经HPHT处理的Ⅱa型钻石（GE POL）除具有575nm的PL线，还具有637nm的PL线（图4-15）。

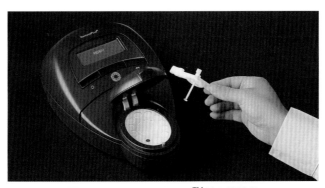

图4-14　DiamondPlus™钻石筛选仪

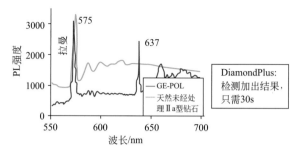

图4-15　DiamondPlus对Ⅱa型钻石检测的图谱

DiamondPlus的优点是：①减少了需要进一步进行复杂的PL分析检测的样品数量；②手提式，使用方便；③自动化分析，容易解读；④可以处理大量样品；⑤检测加出结果只需30s。

DiamondPlus对HPHT处理的钻石筛选的流程是：首先用DiamondSure检测所有钻石，如果是通过的钻石就无需进一步检测了，说明这些钻石为天然Ⅰa型钻石；然后对剩下的所有钻石用DiamondView做进一步检测，可以鉴别出合成钻石、钻石仿制品和小部分的Ⅱa型天然钻石；然后用DiamondPlus对所有的Ⅱa型天然钻石进行是否经HPHT处理的筛选，如果通过的为Ⅱa型天然钻石，而未通过的其他钻石则可能经过HPHT处理也可能没有经过HPHT处理，对这部分的Ⅱa型钻石进行详细的PL测量，就可以基本鉴别出是否经过HPHT处理。到此筛选过程完成。试验结果表明，DiamondPlus筛选仪是检测经过HPHT处理Ⅱa型钻石的得力助手（图4-16）。

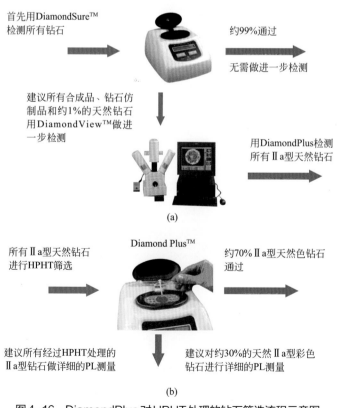

图4-16　DiamondPlus对HPHT处理的钻石筛选流程示意图

（5）经过HPHT处理而成的Ⅱ型粉红钻和蓝钻

通用电气公司还发现少量Ⅱ型褐色钻石偶尔会经过HPHT处理后变成粉红钻甚至蓝钻，但极少见。经研究，经过HPHT处理后变成粉红钻的初始材料是Ⅱa型褐钻；而经过HPHT处理后变成蓝钻的初始材料是十分稀有的Ⅱb型（含硼）褐钻或灰钻，并且经过HPHT处理后变成的粉红钻和蓝钻与经过HPHT处理后变成的无色钻石具有相似的鉴定特征。

4.1.3.2 经过HPHT处理而成的Ⅰa型黄钻和绿钻

自1996年以来，俄罗斯有很小批量的经过HPHT处理的Ⅰ型钻石生产。1999年12月，美国犹他州的NovaDiamond宣布，其HPHT工艺可将Ⅰ型褐钻变成黄钻或鲜黄绿钻，并向同行和实验室全面公开此处理法。随后通用电气公司和越来越多的其他公司也开始生产经过HPHT处理的黄钻和绿钻。

（1）检测方法

通过研究表明，经过HPHT处理而成的Ⅰa型黄钻和绿钻的初始材料为塑性形变褐钻，产生褐色是由于在断裂带的钻石发生内部塑性形变所致。经过HPHT处理后钻石的最终颜色取决于处理温度、处理时间和钻石本身的特征，在2000℃左右温度下的HPHT处理可以充分除去褐色，产生吸收H_3（503nm）的黄钻（或黄褐钻），或者吸收H_3和H_2（986nm）的绿钻至黄绿钻，吸收H_2越多，钻石的颜色越绿（图4-17）。

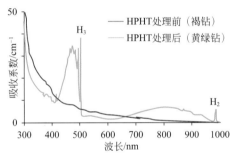

图4-17 经过HPHT处理而成的Ⅰa型黄绿钻的光谱

经过HPHT处理而成的Ⅰa型黄钻和绿钻，可观察到以下的鉴定特征：
a. 黄色至褐色的纹理；
b. 内含物周围有因张力而产生的裂缝，裂缝会有蚀损和烧灼斑痕；
c. 裂缝和内含物中有石墨（表明在石墨稳定的HPHT区内曾经过HPHT处理）；
d. 在可见光中，具有强烈的绿色"透射"性发光；
e. 在短波和长波紫外光下，可见强烈的土白色偏绿黄光和偏黄绿光。

（2）经过HPHT处理而成的Ⅰa型钻石中的H_3和H_2中心

约在2000℃产生H_3和H_2吸收。HPHT处理会释放滑移带断裂处位错的空位，空位会与本来就存在于滑移带附近的A-氮中心结合，形成H_3中心（N-V-N）。通过在503nm检测吸收量和强烈的阴极发光，可观察到H_3中心。H_3中心的PL一般可在日光下观察到。

进行HPHT处理时，一些A-氮中心会被分拆为单氮原子（图4-18），单氮原子会释放出一个电子给H_3中心，形成H_2中心（图4-19）。通过在986nm检测吸收量和阴极发光，可观察到H_2中心。

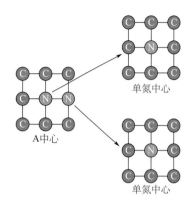

图4-18　HPHT处理分拆一些A-氮中心为单氮原子

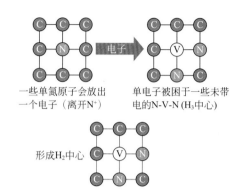

图4-19　单氮原子会释放出一个电子给H_3中心，形成H_2中心

（3）经过HPHT处理而成的Ⅰ型"金丝雀"黄钻

经过HPHT处理而成的Ⅰ型"金丝雀"黄钻的初始材料为塑性形变褐钻。在2300℃左右温度下的HPHT处理可以除去褐色，在Ⅰb型N_3中（415nm）单氮中心吸收增加，H_3（503nm）和H_2（986nm）吸收减少，从而形成黄钻（图4-20）。Collins（2001）报道：初始材料为开普系列近无色或者淡黄色钻经过HPHT处理后产生的吸收峰与天然Ⅰb型"金丝雀"黄钻的几乎完全相同。由此种钻石经过HPHT处理而成的"金丝雀"黄钻也含吸收黄色的N_3心（415nm）。Scarratt（2001）也报道：天然"金丝雀"黄钻呈现持续上升的Ⅰb型吸收，吸收峰往往出现在427nm处。

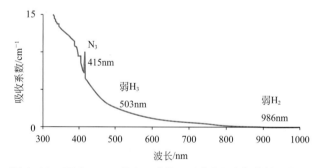

图4-20　经过HPHT处理而成的Ⅰ型"金丝雀"黄钻的光谱

4.1.3.3　业界对HPHT处理法的忧虑

曾有不同报道指出，业内存在着未公开的HPHT处理钻石。《Rapaport钻石报告》2002年5月曾对HPHT处理法作专题论述：强调诚信、公开、标记和检测的重要性；DTC报告了其为维护消费者信心所做的努力；DTC、美国宝石学院和古柏琳实验室强调了公开实情和继续研究各种类型钻石的HPHT处理的重要性。世界钻石交易联盟和国际钻石制造商协会声明：抛磨以除去经过HPHT处理钻石上的激光标记，属于欺骗行为。

2002年10月，世界钻石大会通过决议案，规定所有钻石商在出售钻石时，必须公开钻石经过HPHT处理的实情，违者将受到严重处分。

4.2　净度处理

钻石的净度处理是将激光去杂技术和注入处理技术相结合，去除钻石中的暗色内含物、充填愈合裂隙，从而提高钻石的净度。

4.2.1　激光钻孔处理

激光钻孔是一种通过去除钻石深色内含物使其变白，以改善钻石外观的处理方法。这种处理是永久性的，但是会对钻石造成新的净度瑕疵，因此激光钻孔处理技术不可能提高钻石净度，但会使钻石变得更适销。

（1）外部激光钻孔处理

激光钻孔技术于20世纪60年代开始使用。激光钻孔包括以下步骤：把一束激光（一般是钕钇铝榴石YAG激光，发射波长为1.064μm的近红外光）聚焦到钻石里的内含物上；聚焦的激光点将内含物加热，使其周围石墨化；激光慢慢退出到钻石表面，形成钻孔；用酸洗去除石墨和内含物的残余（图4-21，图4-22）。钻孔可用玻璃材料充填。

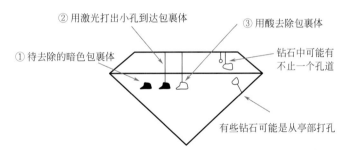

图4-21　激光打孔去除钻石中的暗色包裹体

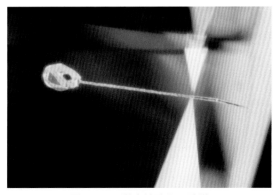

图4-22　激光钻孔留下孔道

大多数情况下，孔从冠部打入。用10倍放大镜从钻石侧面仔细检查可以看出。近年来，激光技术和激光钻孔技术取得了很大进步，钻孔直径可小至0.015mm，这意味着消费者、钻石商，有时甚至是实验人员也很难发现这些激光钻孔（图4-23）。钻孔部位一般会被珠宝的镶嵌盖住，使激光处理较难检出。当检查激光孔时，最好是观察从钻石表面反射的光。激光孔将显示为造成刻面表面不连续的一个黑点。

现在，多数宝石实验室都会签发分级证书给经过激光钻孔的钻石，并在注释栏中全面公开实情。1999年1月1日，世界钻石交易所联盟（World Federation of Diamond Bourses，简称WFDB）和国际钻石制造协会（International Diamond Manufacturers Association，简称IDMA）共同组织了世界钻石大会（World Diamond Congress），会上通过决议案，规定在出售经过激光钻孔的钻石时，必须以书面形式全面公开实情。若隐瞒钻石处理实情，将以欺骗行为论处。

图4-23　极小的激光钻孔

（2）内部激光钻孔处理

2000年初，出现了一种新的激光处理方法——内部激光钻孔处理。内部激光钻孔处理又称KM处理法。KM是希伯来语KiduahMeyuhad的缩写，意思是"特殊的钻孔"。

① 裂化技术　这种方法适用于近表面处有内含物，并带有裂缝或解理的低净度钻石。激光将内含物加热使其膨胀，产生足够的压力，使连带的裂缝延伸至表面。用酸清

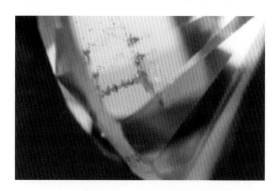

图4-24　KM处理钻石的裂纹

洗钻石时，酸进入新的裂缝中并溶解深色内含物。新的裂缝看似天然的解理，然而进行激光处理时，钻石有碎裂的危险。

② 缝合技术　用钻孔的方法将钻石内部的天然裂纹与延伸表面的裂纹连接起来。结果会形成平行的外部小孔，看似天然的羽状纹。可用酸清洗钻石，去除深色的内含物。

内部钻孔比外部钻孔更难检测，因为前者不会在表面留下钻孔。用这种技术处理过的钻石，呈现多种内部激光钻孔的特征，如在不规则的羽状纹或裂隙附近隐约可见蠕形孔或"之"字形孔（图4-24）。现在，GIA会在证书上的注释栏中注明"经过内部激光钻孔处理"字样。

这种处理是持久的，但不影响钻石的颜色。所以，经这种处理的钻石可进行净度和颜色分级。

4.2.2　裂隙填充

20世纪80年代初，在钻石净度处理中开发出了一项新技术，采用玻璃材料填补延至表面的裂隙。所使用的玻璃具有与钻石相近的折射率，这使裂隙变得不明显，钻石的外观得以改善。

裂隙充填必须在足够的高温高压下进行，从而将液态玻璃逼入裂隙。每家生产商各自使用不同的填料。从事钻石裂隙充填处理的主要公司大多在以色列和美国。经裂隙充填的钻石很少送到宝石实验室检测，因为这些钻石一般不是太小就是质量太差。美国和日本的许多零售商均不会买卖裂隙充填的钻石，有些还坚持要供应商保证钻石没有经过处理。

美国联邦贸易委员会（Federal Trade Commission，简称FTC）《珠宝业指南》（Guides on Jewellery）和世界珠宝首饰联盟（World Jewellery Confederation，简称CIBJO）的规章均列明，所有做过裂隙充填的钻石，在出售时必须如实公开有关事实。

尽管所使用的玻璃具有与钻石相近的光学性质，但这些填料在物理和化学性质上不及钻石坚韧，不可能保持永久，时间长了会变质和变色。受热（如修理首饰或重新切磨钻石时）或用酸和超声波清洗均可使其遭破坏。有时消费者和珠宝商只有在清洗钻石或进行重新加工之后，原来的裂隙显现时，才知道钻石原来曾做过充填处理。

可采用10倍放大镜和宝石显微镜再加上一定的实践经验来鉴定裂隙充填的钻石：

① 充填物有时带黄色调，这会影响钻石的颜色（图4-25）。

② 在不同的光照方式情况下，充填物可产生特征的彩色闪光效应：通常在暗域照明时为黄-橙色到紫色，在亮域照明时为蓝色到绿色。这些闪光效应与初始解理产生的光谱色晕彩色不同（图4-26）。

③ 在处理过程中有空气被封入玻璃充填物的地方可见到扁平的气泡（图4-27）。

④ 充填物还会在处理区显示具碎裂结构的流动结构。

⑤ 使用X射线照相技术，可以看到铅玻璃材料的轮廓。未充填的钻石在X射线下是高度透明的，不产

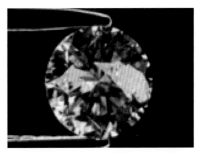

图4-25　充填后钻石变黄

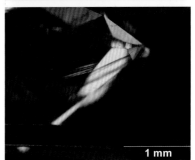

图4-26　闪光效应

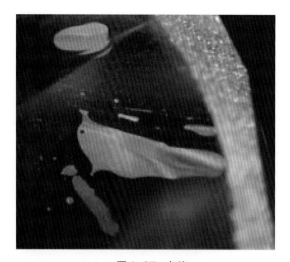

图4-27 气泡

生吸收现象，而充填钻石因裂隙中含铅玻璃，对光有很强的吸收作用。因此在X射线下充填区域呈白色轮廓。

⑥ 使用X射线荧光技术（XRF），可以检测出填充材料中的重金属元素如Pb、Bi等。

由于这种处理是不持久的，而且掩盖了钻石中许多通到表面的裂隙，故裂隙充填钻石不能进行净度分级。并且充填物有可能影响钻石的色级，故这些钻石也不能进行颜色分级。

钻石的所有颜色和净度处理都必须声明。

5

钻石的合成技术及鉴别

合成品是指在实验室中，经过部分或全部人工结晶或重结晶而成的产品。合成钻石是具有与天然钻石完全相同的外观、化学成分和晶体结构的合成材料，合成钻石和天然钻石具有相同的物理性质，例如硬度和光学性质。一颗钻石如果是合成的，必须如实公开为"合成钻石"。

钻石主要是由碳元素组成的，而碳在自然界中以多种形式存在，合成钻石的目的就是将某些碳质材料如石墨转变成钻石。19世纪，人们开始用各种方法尝试合成钻石，早期影响较大的科学家有三位：

（1）J.B. 汉纳（James Ballantyne Hanney）

汉纳是一位苏格兰化学家，生于1855年。他采用将碳溶于溶剂中并使之析出钻石晶体的方法来制造钻石。

他进行的80次试验中，有3次是成功的。这几次都是采取了有含氮油页岩馏出物条件下，加金属锂来分解石蜡精的办法完成的。汉纳生产的晶体在空气中燃烧，产生97.85%的碳。11年后，现代X射线衍射技术也证明了他试验析出的晶体就是钻石。

（2）亨利·莫桑（Henri Moissan）

图5-1　正在进行合成钻石试验的亨利·莫桑

莫桑比汉纳大3岁，是一位法国药剂师。跟汉纳的方法类似，他也是将碳溶解，使之析出钻石晶体，不同的是他用铁做溶剂。

莫桑将一个长2cm，直径1cm的铁圆柱置于碳坩埚中，在铁柱周围放上糖粒状木炭。将坩埚放在电炉上加热，然后再将热坩埚投入冷水中。莫桑相信，当熔融的铁凝固时，将从外部收缩并产生高的内部压力，在这样的条件下，柱内的碳将结晶成钻石。最后用酸将凝固的铁溶解，即可取出里面的钻石（图5-1）。

这个试验生产出了一些小晶体，后来用不同的冷却方法也产生了一些由"纯碳"组成的晶体。但是由于这些晶体没有被保存下来，后人无法证明它们是钻石。后来有人用这种方法重复他的试验，只有碳化硅产生。莫桑的家人认为，他的助手为了终止他的试验将一颗天然钻石放入了他的装置中。

（3）查尔斯·帕森斯爵士（Charles Algernon Parsons）

帕森斯（图5-2）生于1854年，是第一位从机械工程师的角度来研究合成钻石的人。他希望通过将炽热的木炭置于受控的压力（16×10^8 Pa）下来合成钻石。该试验失败后，他又重复了莫桑的试验，并进一步使用了可控液压来提高铁熔体的压力。

他用铁和碳在高温高压下进行了数千次的试验后，仍未能合成钻石。但帕森斯对合成钻石的贡献是很大的，因为他为合成钻石引进了更先进的技术，已接近可合成钻石的条件。

这三位科学家都意识到，温度、压力和金属熔剂对合成钻石非常重要，但缺乏关于碳不同物相之间的热力学关系的知识。不过，即便这样也为以后的合成钻石技术的发展提供了方向。

目前，合成钻石的基本方法主要分为三大类：动态高压法、静态高压法、化学气相沉积法。

① 动态高压法　利用动态冲击波，在极高的温度和压力下将石墨等碳质原料直接转变为钻石。动态冲击波由核爆炸、烈性炸药、强放电和高速碰撞等瞬间产生。这种方法的作用时间极短，温度和压力不能分别加以控制，常得到的是六方晶系钻石。

② 静态高压法　在钻石稳定区利用静态高温高压技术将石墨转变为钻石，包括直接转变法和高温高压熔剂法。前者不使用金属催化剂，因此需要很高的温度（2700℃）和压力（12.5GPa），得到的是细微钻石粉末。后者即高温高压法，加金属或合金作为熔剂，所需温压条件更低。

图5-2　查尔斯·帕森斯爵士

③ 化学气相沉积法　以气态含碳物质作为碳源，在相对较低的温度和小于一个大气压的条件下，利用化学方法在种晶上沉积生长。

合成宝石级钻石常用的技术主要是高温高压法和化学气相沉积法（图5-3）。

(a) 高温高压法合成钻石　　　　　　　(b) 化学气相沉积法合成钻石

图5-3　利用现代合成钻石技术生产的合成钻石原石与成品

5.1　高温高压法（HPHT）合成钻石

5.1.1　高温高压（HPHT）法的发展历史

1953年2月，瑞士工程公司（ASEA）成功生产出了40颗钻石晶体（直径约0.5mm），他们使用的装置叫压力球，压力球中心的反应舱装有石墨和用来产生高温的化学热还原剂。反应舱周围是6个钢制锥形活塞，他们的内表面被磨平，以形成六方体形的反应舱，而外表面则呈球形。对球形施以巨大的压力，使其获得高压条件，而高温则通过电流点燃热还原剂（过氧化钡和镁的混合物）获得。ASEA曾希望在2800℃和45×10⁸Pa的条件下能长出直径数毫米的宝石级钻石，但没有成功。当铁以碳化铁形式加进反应舱，并升压至75×10⁸Pa时，合成钻石才获得成功。所产生的钻石晶体直径为0.5mm，比他们预期的要小，但方法是可行的。

正当ASEA还在使用不同的合成条件进行试验以求得更大的钻石晶体时，美国通用电气公司（GE）宣布他们在1954年12月成功地使用高温高压法合成了钻石，并且于1955年成功地重复了钻石合成过程。通用电气公司合成钻石过程中的高压由一种叫"压带"（belt）的装置产生，所用的温压条件是2500℃和1×10¹¹Pa，但是生产出的晶体太小（直径最大只有0.15mm），只能用于工业领域。1970年，世界首批宝石级合成钻石在通用电气公司诞生（图5-4）。

20世纪80年代，第一批HPHT合成的宝石级钻石进入了贸易市场。与此同时，苏联将合成钻石定为是具有战略意义的工业技术材料，开展高压技术的应用研究，在90年代开发了小型"组合半球型"水压机（BARS）。1991年，苏联解体以后，由于缺乏资金支持，便将这些设备用于首饰用的大颗粒钻石的合成。科学家们在压带机和BARS压力机上采用温度梯度工艺，成功地合成了大颗粒宝石级钻石。

此后，国内外钻石市场陆续出现具有商业价值的宝石级合成钻石。世界上许多著名科研机构和公司，如美国通用电气公司、日本住友电器株式会社、戴比尔斯公司及查塔姆公司与俄罗斯合作，都相继合成了近于无色的宝石级钻石。21世纪以来，我国在HPHT合成钻石领域发展迅速，开发了特有的六面顶高压装置。目前我国在HPHT合成钻石的生长技术、产量、质量上均处于世界领先水平。2016年，中国山东济南中乌新材料有限公司生产的宝石级HPHT合成无色钻石，平均重量在0.5～1.2ct之间，部分最重者可达3.5ct（图5-5）。

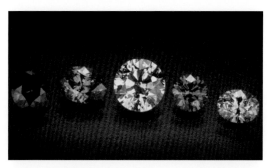

图5-4 美国通用电气公司（GE）于1970年生产的宝石级合成钻石，最大的一颗重达0.78ct

图5-5 济南中乌新材料有限公司生产的宝石级HPHT合成无色钻石

5.1.2 HPHT合成钻石的原理

HPHT法在接近天然金刚石生长条件的温度和压力下进行，通常的温压条件是：温度1350～1800℃，压力50～80kbar。即使在这样高的温压条件下，也需要催化剂，最常用的是铁、镍、钴、钯等金属熔剂。在高温高压下，作为熔剂的金属催化剂处于石墨碳源与金刚石种晶之间。碳源处于高温端，种晶处于低温端，在一定温度梯度的驱动下，碳元素将从高温处的高浓度区向低温处的低浓度区扩散，并在低温种晶处过饱和而结晶析出，实现种晶的金刚石晶体生长过程（图5-6）。由于晶体生长的驱动力是温度差所致，因此也将该方法称为温度差法。

生产宝石级合成钻石利用钻石粉末作为碳源。如果用石墨，则当断裂的键改组成钻石时会有体积损失，从而使压力降低。钻石粉末在金属中熔解，形成一个碳浓度梯度。生长舱有一个温度梯度，舱底要比舱顶低几十摄氏度，使得舱底的碳饱和度极高。碳从熔液中析出，以原子形式沉积于嵌在生长舱底部的钻石晶种的表面，生长1ct的晶体大约可以在两天之内完成。

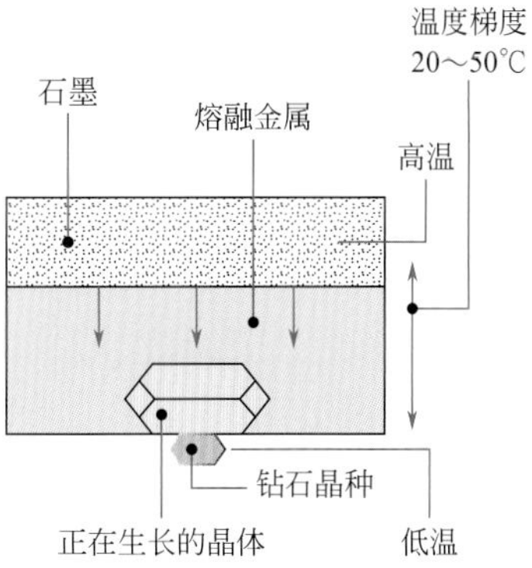

图5-6 高温高压合成钻石原理

5.1.3 HPHT合成钻石装置

高温高压法中有三种不同的压力装置：压带装置（belt）、六面顶装置（cubic）和分裂球装置（BARS）。

（1）压带装置

压带装置最初由GE公司设计和使用，用这种装置生产钻石的方法也被称为"压带"法。压带由一套长的活塞组成，这些活塞靠同心环钢支架固定。这样活塞就可以大行程地挤压中心管或压带。钢带向上下两个铁砧施加压力，铁砧再将压力传导至圆柱形的生长舱内（图5-7）。以石墨或钻石粉末为碳源，放入由叶蜡石制作的圆柱缸体内。在极高的温度下，纯净的叶蜡石具有异常稳定和惰性的化学性质。加压时，它既是绝缘体，又与压带之间的垫圈或密封圈充当活塞。金属片放在缸体的顶部和底部，这样电流就可通过石墨柱，并将它加热到合成钻石所需的温度（图5-8）。"压带"法还可以利用液压机来控制压力，原理是类似的。"压带"法至今仍在使用，但这种设备的体积过于庞大，已经被许多厂家淘汰。

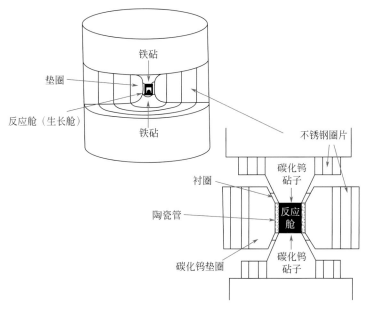

图5-7 压带装置示意图

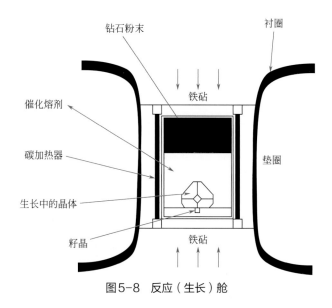

图5-8 反应（生长）舱

（2）六面顶装置

六面顶装置由六个铁砧构成，可以同时向立方体样品舱的所有面施加压力（图5-9）。它的前身是四面顶压机，是用四个铁砧分别向四面体的每个面施压。六面顶通常比压带小，并且可以更快地达到合成钻石所需的温压条件。但是它的容积难以扩充，因为通过扩大铁砧表面积来增加容积的同时也需要提升施加的压力大小。

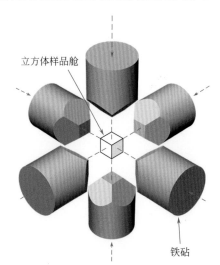

图5-9 六面顶装置中铁砧和样品舱的位置排布示意图

（3）分裂球装置

BARS是俄文"Bespressovye Apparaty tipa Razreznaya Sfera"的首字母缩写，意思是"分裂球无压装置"。该装置中所需压力是通过将液体注入压力桶内得到，液压使球装置的8个部分合在一起，并在由6个活塞构成的八面体产生压力（图5-10）。八面体内有一个立方体的生长舱，其形式和作用与压带装置的生长舱相类似。BARS是目前所用压力机中最高效和经济的设备。

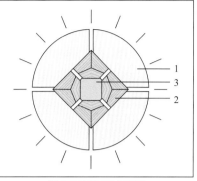

(a) BARS装置实物图　　　　　　　　　　(b) BARS装置横切面图

图5-10　分裂球装置（BARS）

1—外层的8块钢砧形成八面腔，钢砧外有球形装置，用来施加水压；2—八面腔内有6块碳化钨砧；3—形成的立方腔（生长舱）

5.1.4　HPHT合成钻石的特征和鉴别

5.1.4.1　晶体形态

HPHT合成钻石大多以聚形（如八面体和立方体聚形）的方式生长，形成平截立方体或平截八面体（图5-11）。这些合成钻石的实际形状受控于合成过程的温度、压力和种晶的取向。当温度较低时以立方体的生长为主，温度高时以八面体的生长为主。

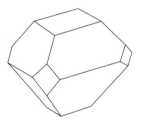

(a) 立方体和八面体聚形　　　　　(b) 平截立方体　　　　　(c) 平截八面体

图5-11　HPHT合成钻石的结晶习性

5.1.4.2　颜色和类型

HPHT合成钻石的颜色几乎包括所有天然钻石的颜色［图5-12(a)］。

① 黄色-褐黄色　　Ⅰb型或Ⅰb+ⅠaA型。早期大部分HPHT合成钻石都呈黄色，这是由于在合成钻石的过程中偶尔会有氮原子替代钻石中的碳原子。一般每一万个碳原子中就会有一个氮原子。HPHT合成钻石中氮含量会导致可见光谱蓝色段的吸收，使得样品呈现黄色［图5-12(b)］。通常合成黄色钻石的颜色饱和度比较高，并带有棕色调，而天然黄色钻石的颜色比较柔和纯正。

② 无色-近无色　　Ⅱa型或Ⅱb型。要制造出无色的HPHT合成钻石，需要防止氮元素的进入。为此，钻石制造商便在生长舱里加入一些金属（如铝），这些金属会和氮结合在一起，从而得到几乎不含氮的接近无色的Ⅱa型合成钻石［图5-12(c)］。Ⅱb型钻石中硼的量不足以产生任何蓝色时也呈无色。

③ 蓝色　Ⅱb型。在合成过程中加入硼元素得到蓝色钻石［图5-12(d)］。

④ 其他颜色　HPHT合成钻石通过辐射及低温退火处理产生NV心可以产生粉红色（Ⅱa型或氮浓度非常低的Ⅰb型钻石）。黄绿色至绿色的HPHT合成钻石很少见，可能是由黄色区域（氮致色）和蓝色区域（硼致色）在视觉上结合导致的绿色外观，或者经辐照产生。

(a) HPHT合成彩色钻石　　　　　　　(b) HPHT合成黄色钻石

(c) 重达10.02ct，颜色等级为E色的
HPHT合成无色钻石

(d) 俄罗斯 New Diamond Technology 公司生
产的HPHT合成蓝色钻石，重10.08ct，颜色
达到 Fancy Deep Blue

图5-12　不同颜色的HPHT合成钻石

5.1.4.3　包裹体

（1）金属包裹体

在HPHT钻石内部可含有金属镍和铁等金属催化剂的包裹体（图5-13）。此类包裹体不透明，在反射光下具金属光泽，外表大而圆并显示有磁性，常呈"沙漏"状或"马耳他十字"状（图5-14）或不规则片状、尘点状。随着合成技术的发展，HPHT合成钻石内部具有典型形态的金属包裹体的数量大大减少，在切割过程中也会特地除去明显的金属包裹体。新型HPHT合成钻石中还存在形态各异的金属催化剂熔体包裹体（图5-15）。

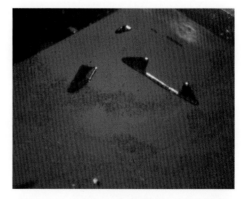

图5-13　早期HPHT合成钻石中的金属催
化剂包裹体

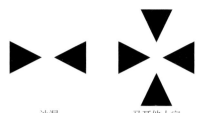

沙漏　　　　　　　马耳他十字

图5-14 "沙漏"状及"马耳他十字"状金属包裹体

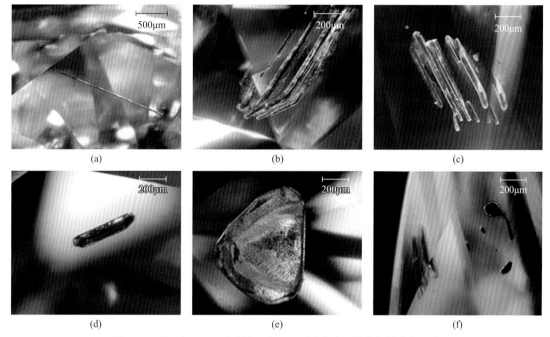

(a)　　　　　　　　　(b)　　　　　　　　　(c)

(d)　　　　　　　　　(e)　　　　　　　　　(f)

图5-15 新型HPHT合成钻石中不同形态的金属催化剂熔体包裹体

(a)~(d)：棒状；(e)板状；(f)不规则形状

　　HPHT合成钻石内的金属包裹体均具有磁性，可被磁铁吸引（图5-16）。磁性检查常作为一种鉴别HPHT合成钻石的方法，在检查过程中，将钻石系在一条线上，挡住气流，将磁铁靠近，然后摆动磁铁。HPHT合成钻石会随着磁铁的摆动而摆动，而天然钻石毫无反应。

（2）生长结构

　　HPHT合成钻石生长结构常表现为与表面的八面体和立方体有关的"沙漏"式样的颗粒状生长纹理（立方-八面体生长线）。

（3）颜色分带

　　HPHT合成钻石的颜色一般分布不均匀，常显示与内部生长结构有关的"沙漏"或"马耳他十字"式样的色带。

图5-16 HPHT合成钻石被磁铁吸引

5.1.4.4　异常消光

天然钻石在形成过程中常受到各种应力作用，在正交偏光镜下观察常具弱到强的异常消光，干涉色颜色多样，多种干涉色聚集形成镶嵌图案。而HPHT合成钻石在均匀的压力下生长，异常消光很弱，干涉色变化不明显。

5.1.4.5　发光性

（1）紫外荧光

大多数HPHT合成钻石在长波紫外线下呈惰性，在短波紫外线下有荧光反应，或短波紫外线的荧光强度强于长波紫外线的荧光强度。HPHT合成钻石在长短波紫外线下的荧光颜色类似，多为黄色、黄绿色、橙黄色。荧光分布常呈十字形或八边形，出现立方–八面体式样（图5-17），这是由不同的生长区域之间杂质的浓度不同所致，使用DiamondView能更清楚地观察紫外荧光分布情况。HPHT合成钻石经过短波紫外光照射后也可能看到磷光，而天然钻石的磷光则是在长波紫外光照射后出现（图5-18）。

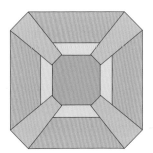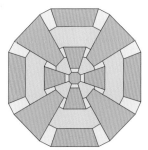

图5-17　HPHT合成钻石的特殊发光式样

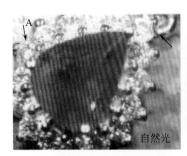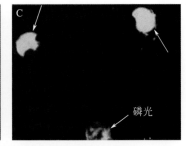

图5-18　红宝石配镶钻石吊坠中的无色HPHT合成钻石和天然钻石的紫外荧光和磷光特征

箭头所指处为HPHT合成钻石

（2）阴极发光

当用阴极射线照射时，HPHT合成钻石显示特征的立方–八面体发光式样（与其紫外荧光图案相似），在天然钻石中只见八面体等单形式样。

5.1.4.6　光谱特征

（1）紫外–可见光光谱

大多数天然钻石已发现在可见光谱的415nm处有吸收带（N_3中心），HPHT合成钻

石未曾发现有此吸收带。但缺乏415nm吸收线并不能说明该钻石一定是合成钻石，还要根据其他特征进一步验证。几乎所有的无色－近无色HPHT合成钻石都具有270nm吸收宽峰，主要与孤氮有关，但高色级（D-E色）的CVD合成钻石在270nm处没有吸收或具有弱吸收峰。有些HPHT合成钻石在470 ～ 700nm产生宽吸收带，这是由合成过程中使用的金属熔剂镍引起的光谱特征。

（2）红外光谱

红外吸收光谱通常用来确定钻石中氮、硼等杂质的类型及含量。天然无色钻石多为Ⅰa型钻石，而HPHT合成无色钻石多为Ⅱa或Ⅱb型。因此，利用红外光谱区分钻石的类型，可以筛选样品是否为HPHT合成钻石。

黄色、绿色、粉红色的HPHT合成钻石在红外光谱中都显示出$1344cm^{-1}$峰。该特征表明存在单个氮取代碳原子（即Ⅰb型钻石），同时说明该钻石在地质方面可能非常年轻。天然钻石在数百万年的时间内，氮原子互相聚集，几乎不存在孤立的氮，因此在大多数天然钻石中无法检测到这一红外光谱特征。

（3）光致发光光谱

光致发光光谱是一种非常灵敏的分析技术，可以检测到微量由光学缺陷产生的吸收。当钻石内缺陷浓度很低以至于许多光谱仪检测不出时，光致发光光谱是非常有用的分析手段。天然钻石存在NV^0（575nm）、NV^-（637nm）等与氮相关的缺陷导致的谱峰。HPHT合成钻石的特征是H_3（503.2nm）、NV^0（575nm）、NV^-（637nm）、H_2（986nm）等谱峰，可存在镍导致的883/884nm双峰，有些可具由SiV^-导致的弱737nm发光峰。

以上几个方面是鉴定高温高压法合成钻石的要点，经常要综合起来考虑。有的HPHT合成钻石并不具有上述特征，因而需要进行更细致、全面的观察。此外、利用钻石确认仪（DiamondSure™）、钻石观测仪（DiamondView™）等专用排查仪器可快速检测出HPHT合成钻石，具体检测原理、方法及步骤见5.3节。

5.2 化学气相沉积法（CVD）合成钻石

5.2.1 化学气相沉积法（CVD）的发展历史

在20世纪50年代，美国和苏联的科学家在不同于高温高压法的条件即相对较低的温度和压力条件下实现了金刚石多晶膜的化学气相沉积。这种方法采用一定方法激活碳源气体（如甲烷和氢气），使其中的碳原子在基底（种晶）上过饱和沉积，生长钻石。碳源气体被激活以及碳原子的沉积过程伴随着一系列化学反应，因此这种合成钻石的方法被称为化学气相沉积法（chemical vapor deposition），简称CVD法。

1952年3月，美国联邦碳化硅公司（UnionCarbide）的William Eversole 首次获得了CVD合成钻石。日本无机质材料研究所在1982年将CVD合成钻石的生长速度提高至1μm/h。这一突破性进展在世界范围内掀起CVD方法合成钻石材料的科技研发浪潮，我国863计划也立项资助了一些科研单位和高校，取得了可喜的成果，部分实现工业化生产。

进入21世纪，多种用途的CVD合成钻石材料及其相关产品已经开始工业化生产并不断扩大产业化规模，CVD合成钻石的应用领域不断拓展，涉及首饰、机械、电子、通信、航空航天等多学科的高端领域，应用前景和潜在市场极为广阔，被认为是未来最具发展前景、能够实现钻石全方位功能的新型钻石。2003年，美国阿波罗（Apollo）钻石公司生产出首饰用CVD合成单晶钻石，并在市场上销售。2005年，美国卡内基实验室（Carnegie）使用CVD法生长出5～10ct的单晶钻石，速度达到100μm/h，是当时HPHT法的5倍。2017年，德国奥格斯堡大学的研究人员在大约1/10大气压下生长出一个直径92mm、厚度1.6mm的钻石圆盘，重达155ct，是目前世界上最大的合成钻石。2018年，

图5-19　Lightbox推出的
合成钻石系列首饰

戴比尔斯公司旗下品牌Lightbox正式宣布推出合成钻石系列首饰（图5-19），其合成钻石全部由元素六公司（Element Six）提供。由此可见，CVD合成技术在理论和工艺上已经相当成熟，首饰用高品质宝石级CVD合成钻石进入了商业化批量生产阶段。2015年以来，中国的CVD合成钻石技术突飞猛进，产量和质量均位于世界前列。

5.2.2　CVD合成钻石的原理和方法

CVD法合成钻石由含碳气体转化而来，所用温度、压力条件为：800～1000℃，大约1atm(101325Pa)至接近真空。常见的过程是，低压下在反应室中用微波形成高温等离子体，气体分子（如甲烷）在等离子体中解离为活性相，被解离成自由基（碳原子和氢原子或者甲基CH_3和氢原子），并于一定的温度压力条件下在基底（种晶）上沉积形成钻石（图5-20）。

作为工业用途的CVD合成钻石多沉积在非钻石（Si、SiO_2、Al_2O_3、SiC、Cu等）衬底上，形成多晶金刚石薄膜。由于微粒钻石无定向沉积，导致这种材料的表面难以抛磨，一般不可能磨成刻面材料。如果使用单晶钻石作生长模板的衬底，CVD合成钻石材料达到足够的厚度，则可抛磨成刻面宝石。

以单晶钻石衬底生长钻石的CVD方法也叫作外延生长法，它按照钻石种晶的晶面参数不断地堆积生长。CVD外延生长法能实现金刚石单晶的低温沉积，且合成晶体的结晶性和质量均较好。CVD外延生长法是将微波发生器产生的微波用波导管经隔离器导入反应器，并通入甲烷与氢气的混合气体，从而产生CH_4-H_2等离

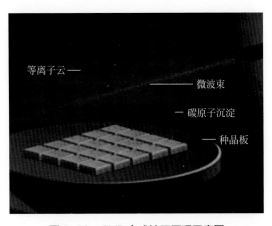

等离子云

微波束

碳原子沉淀

种晶板

图5-20　CVD合成钻石原理示意图

子体，在钻石种晶片上沉积得到钻石（图5-21）。由于CVD法生长出的晶体内通常有具sp^2结构的非金刚石氮，致使原石多呈褐色，生长后的样品需要经过后处理工序，使之呈无色或近无色。

CVD法合成钻石的工艺步骤如下：

第1步：在基座上放置钻石基底（种晶），并将反应舱内的压力降到0.01013MPa。

第2步：在反应舱内注入甲烷气体和氢气，并用微波束加热使之形成等离子体。

第3步：碳原子在钻石基底上沉积。

第4步：钻石像微小的砖块一样生长成长方形，一天能生长0.5mm。

第5步：打开反应舱，取出片状钻石晶体，切成薄片作为半导体材料或者切割抛光成宝石级钻石。

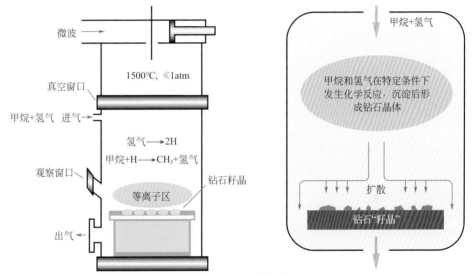

图5-21　CVD外延生长法示意图

传统的HPHT法合成钻石不仅设备庞大、工艺复杂、合成条件苛刻，而且合成过程需要使用催化剂，使得合成钻石晶体不可避免地引入了铁、钴、镍等杂质，影响了钻石品质，而CVD法合成钻石正好能弥补HPHT法操作难、要求苛刻和多杂质的缺点，应用前景极为广阔。CVD法不需要高压，对化学杂质的控制也更为精细，设备的灵活性和简单性使得这种方法在实验室中普及度更高（图5-22）。

图5-22　CVD外延生长装置

5.2.3　CVD合成钻石的特征和鉴别

5.2.3.1　晶体形态

CVD合成钻石是在基底上逐渐沉积生长的，因此CVD合成钻石大都呈片状或板状，一般{111}和{110}面不发育，单晶体由大的{100}面和较小的{111}面构成。CVD合成钻石原石的边缘常被石墨包裹（图5-23）。

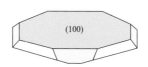

图5-23　CVD合成钻石的晶体形态及原石

5.2.3.2　颜色及类型

CVD合成钻石由于工艺上不可避免地存在微量N杂质，由N引起的各种缺陷同样存在，使得钻石的颜色同样具有多样性。CVD合成钻石中微量的杂质N对钻石颜色也起着主导作用。宝石级CVD合成钻石主要有以下几种颜色：

① 褐黄色　掺N的CVD合成钻石（Ⅱa型钻石）。早期大部分宝石级CVD合成钻石属于此类，带有明显褐色调。如果在CVD合成原料中含碳氢混合气体的纯度和反应舱内残余空气中的微量N的比例合适，可以使生长出的CVD合成钻石含有微量N缺陷而显示出深浅不同的褐黄色［图5-24(a)］。

② 无色-近无色　高纯度CVD合成钻石（Ⅱa型钻石）。目前，CVD合成钻石多数为含极少N的Ⅱa型钻石。如果将CVD生长有关的原料、设备中彻底地把N排除，理论上可合成出高纯度的CVD合成钻石。最常用的方法是将褐黄色的含有微量N元素的CVD合成钻石再经过HPHT退火处理，可以消除部分褐色甚至可完全除去，得到无色透明的钻石，最高可达D、E、F的色级［图5-24(b)］。

(a) 无色（左）与带有褐色调（右）的CVD合成钻石

(b) 无色CVD合成钻石(0.24～0.29ct)

(c) CVD合成粉色钻石The Pink Rose，重达3.99ct

图5-24　不同颜色的CVD合成钻石

③ 浅蓝－深蓝色　掺B的CVD合成钻石（Ⅱb型钻石）。在高纯度Ⅱa型钻石的基础上注入B元素，则可以得到蓝色的Ⅱb型CVD合成钻石。Ⅱb型蓝色CVD合成钻石极其稀少，2012年GIA实验室检测到一粒0.25ct的蓝色CVD合成钻石。相信随着合成技术和工艺的提高，今后此类钻石会大量出现。部分蓝色CVD合成钻石是由辐照产生GR$_1$吸收（741nm）致色。

④ 其他颜色　如果对CVD合成钻石进行辐照处理等多重综合处理，可以使CVD合成钻石产生新的缺陷从而改变钻石的颜色，例如粉红色CVD合成钻石，就是由HPHT退火、辐照（产生741nm缺陷致色）、低温退火处理产生的［图5-24(c)］。

5.2.3.3　包裹体

CVD合成钻石的包裹体较少，净度很高。CVD合成钻石中可见针点状包裹体、云雾状包裹体、近表面的开放性裂隙（羽状纹）和黑色固态包裹体，与天然钻石相似。但是CVD合成钻石中的固态包裹体多数是大小不一的黑色石墨颗粒，而天然钻石中常见各类天然晶体，少见石墨包裹体（图5-25）。CVD合成钻石中没有HPHT法合成钻石带有的铁、钴和镍等催化剂，不具有磁性。CVD合成钻石毛坯边部有时存在小的八面体面和菱

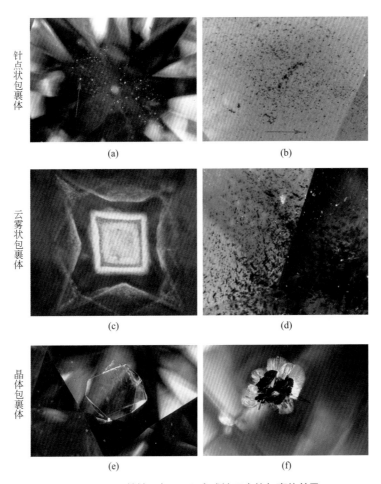

图5-25　天然钻石与CVD合成钻石中的包裹体差异
(a)，(c)，(e)为天然钻石；(b)，(d)，(f)为CVD合成钻石

形十二面体面，但不常见。一些CVD合成钻石制造商会在成品的腰部用激光标记"某厂家制造"等字样（图5-26）。

5.2.3.4　异常消光

CVD合成钻石在正交偏光显微镜下可见明显的异常消光现象，常显示出比Ⅱa型天然钻石更高的干涉色。异常消光也能将CVD与HPHT合成钻石区分开来，HPHT合成钻石往往显示出极低的应变特征（图5-27）。

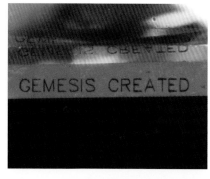

图5-26　CVD合成钻石腰部的激光标记

 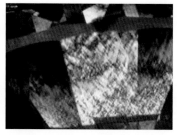 

(a) 天然钻石　　　　　　　(b) CVD合成钻石　　　　　　(c) HPHT合成钻石

图5-27　正交偏光镜下天然钻石与合成钻石的异常消光现象

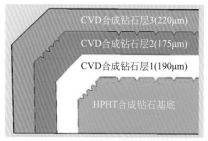

(a) CVD合成钻石生长层断面的示意图

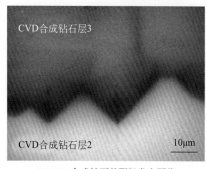

(b) CVD合成钻石的阴极发光图像显示层与层之间的锯齿状边缘

图5-28　CVD合成钻石的层状生长结构

样品以一个表面经腐蚀处理的HPHT合成Ⅰb型钻石做基底（种晶），每个CVD生长层厚度约为200μm

5.2.3.5　发光性

（1）紫外荧光

大多数近无色的CVD合成钻石在长波紫外光下呈惰性，少数呈极弱-弱的橙色、黄色、绿色荧光。长波紫外光下呈弱至强的上述荧光色黄色至橙色荧光主要归因于NV中心，绿色荧光由H_3缺陷产生。

（2）阴极发光

CVD合成钻石的阴极发光（CL）图像中可以见到细致排列的生长纹理和层状结构。CVD合成钻石会因反复生长而出现层状结构，层与层之间呈现不规则的锯齿状结构（图5-28）。

5.2.3.6　吸收光谱

（1）紫外-可见-近红外光谱

近无色CVD合成钻石的紫外-可见-近红外光谱全部缺失天然钻石常见的415nm吸收线，只有一小部分在737 nm处显示出SiV^-峰。无色-近无色CVD合成钻石常具有孤氮引起的270nm吸收峰。粉红色CVD合成钻石的氮相关光谱特征较明显，包括NV⁻（637nm）、NV⁰（575 nm）和H₃（503.5nm）。

（2）红外光谱

掺N的CVD合成钻石在合成过程中会引入微量H产生的缺陷，在HPHT处理前具有与H相关的吸收峰，如3123cm⁻¹（NVH）、3323cm⁻¹、5564cm⁻¹、6425cm⁻¹、6856cm⁻¹、7354cm⁻¹、8753cm⁻¹等特征峰，经过处理后这些吸收峰消失，同时出现3107cm⁻¹（N₃VH）处的吸收峰。天然钻石与H相关的特征吸收峰通常位于3309cm⁻¹、3237cm⁻¹、3189cm⁻¹、3153cm⁻¹、3107cm⁻¹、3051cm⁻¹、2785cm⁻¹和1405cm⁻¹等位置，经HPHT处理可只留下3107cm⁻¹的C—H峰而将其他部分吸收峰除去。所以，通过检测钻石样品中的微量H元素产生的吸收峰可用来鉴定CVD合成钻石和天然钻石。

（3）光致发光光谱（PL）

含微量N元素的Ⅱa型CVD合成钻石，具有NV⁻（637nm）、NV⁰（575nm）和H₃（503.5nm）等吸收峰。未经处理的CVD合成钻石具596nm/597nm双峰，而天然钻石不具有这一特征。经过HPHT退火处理的CVD合成钻石的637nm和575nm特征峰减弱，596nm/597nm双峰消失。SiV⁻缺陷造成的736.6nm和736.9nm双峰是CVD合成钻石的典型特征，在天然钻石中几乎不存在，在HPHT合成钻石中极少发现。在HPHT合成钻石或CVD钻石合成过程中（MPCVD合成装置中使用了石英罩，合成过程可能会引入这一缺陷），当Si出现在合成的气氛中时会被带入钻石的晶格中产生这一缺陷，合成钻石后经HPHT处理也无法消除这一缺陷。如果我们观察到光谱图由N空穴中心NV⁰和NV⁻产生的最大峰（零声子线）在575nm和637nm，同时存在737nm吸收双峰时可以确定为CVD合成钻石。

5.3　合成钻石的实验室鉴定

5.3.1　使用排查仪器筛选合成钻石

（1）钻石确认仪DiamondSure™

筛选不具有N₃中心（415nm）吸收的钻石。使用DiamondSure钻石检测仪对所有HPHT或CVD合成钻石样品进行测试，所有样品均显示"REFER FOR FURTHER TESTS"（需要进一步测试）。大多数天然钻石（具有N₃中心）显示通过测试。

（2）钻石观察仪DiamondView™

使用高能短波紫外线照射样品，观察样品表面荧光图谱显示的生长结构。天然钻石一般是八面体为主的环带状或网格状生长结构，HPHT合成钻石多为立方体与八面体的分区生长结构，CVD合成钻石多为平行层状生长结构（图5-29）。

① HPHT合成钻石在DiamondView测试下多呈蓝绿色、绿蓝色荧光，强蓝色磷光，可见八面体和立方体分区生长特征（呈四边形、十字形、沙漏状等）。

② CVD合成钻石在DiamondView测试下可以出现各种颜色的荧光颜色和生长特征。大多数样品显示层状纹理，从亭部观察易见。

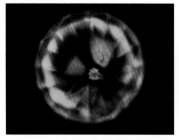
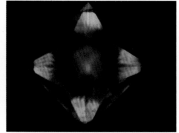
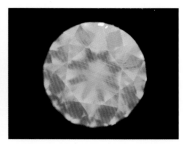

(a) HPHT合成钻石　　　　　(b) HPHT合成钻石　　　　　(c) CVD合成钻石

图5-29　DiamondView下合成钻石的荧光图案

CVD合成Ⅱa型钻石在DiamondView测试下最常见的荧光有三种：第一种为蓝色或蓝绿色荧光，从钻石亭部观察可见钻石内部有平行生长纹或呈斑点状，强磷光；第二种为具有不规则分布的橙红色荧光，从钻石亭部观察可见细致纹理，无磷光；第三种呈现出蓝色和紫红色交错分布的斑块状现象，无磷光。

掺B的CVD合成钻石在DiamondView下通常为橙红色或亮蓝色荧光，伴有不规则分布的紫色或绿蓝色区域，有异常的强磷光效应。

高纯度的CVD合成钻石在DiamondView下通常有蓝色夹杂斑驳的紫色、橙红色或蓝绿色荧光，有些具有强蓝绿色磷光，这应该与钻石中微量的杂质N和晶格中的位错有关。

Apollo公司掺N的CVD合成钻石在DiamondView下通常呈现与NV^0心有关的强橙色－橙红色的荧光，在垂直{100}方向的切面上可看到细致的纹理，一般无磷光。经HPHT处理后，可以使CVD合成钻石产生空穴色心，从而减少其褐色调而变得更白，在DiamondView下荧光可以变成鲜艳的绿色或蓝绿色，其细致的特征纹理依然清晰。

（3）DiamondPlus™测试

能够判断出HPHT处理的天然Ⅱ型钻石，但是大约1%的未经处理的Ⅱ型钻石也会被怀疑，需要借助更灵敏的光致发光光谱检测。CVD合成钻石一般会提示"建议进一步检测或疑为CVD合成钻石"。

DiamondPlus结果显示为"CVD SYNTHETIC 737nm"（CVD合成钻石737nm）和"REFER IRRADIATED 741nm"（需进一步检测，辐照处理741nm），说明钻石具有737nm和741nm吸收峰，为CVD合成钻石并经辐照改色处理，DiamondPlus能够鉴别这种辐照改色的CVD合成钻石。

（4）小颗粒钻石自动排查仪AMS

来自戴比尔斯公司，原理与DiamondSure相同。小颗粒钻石自动排查仪中的光纤探头连接着红外光谱仪和紫外－可见－近红外光谱仪，可有效地区分钻石、合成钻石以及钻石仿制品，对天然钻石的通过率>98%（图5-30）。AMS可对整包钻石进行自动连续测试，单颗钻石重量应在0.0033 ~ 0.2ct之间，每小时最多可检测3600粒样品。不能测试已镶嵌的钻石。

图5-30　AMS

（5）M-Screen

来自HRD，使用紫外吸收光谱自动筛选颜色D-J、单颗重量为0.005 ~ 0.2ct的整包钻石，可以区分天然钻石、合成钻石、钻石仿制品、人工处理钻石。每小时最多可检测15000粒钻石。同样不适用于镶嵌钻石（图5-31）。

（6）多波段诱导钻石发光仪GV5000

由NGTC研发，采用紫外线透射光宽频诱导发光成像分析法，以无色HPHT合成钻石具有强磷光、天然钻石极少有强磷光的差异为排查原理。适用于0.002 ~ 8ct的裸钻和镶嵌钻石，每小时可检测12000粒，尤其适用群镶钻石。但只依赖该仪器可能造成有磷光的天然钻石被误判为合成钻石，或部分磷光弱－无的CVD合成钻石被漏检。2017年最新型GV5000仪器增加了荧光光谱和磷光光谱测试功能，首次将图像观察和光谱测量结果结合（图5-32）。

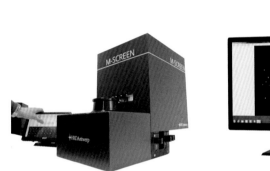

图5-31　M-Screen

图5-32　GV5000

5.3.2　合成钻石的一般鉴定步骤

合成钻石的鉴别首先需要通过常规检测项目，尤其是从其结晶习性和发光性等现象入手，判断钻石是否具有合成钻石特有的生长结构、包裹体、异常消光、荧光或者激光切割痕迹。

然后可以通过DiamondSure和傅里叶红外光谱仪等设备确定钻石的具体类型，目前已知的CVD合成钻石都为Ⅱ型钻石，不能由DiamondSure测试通过，红外测试在1000 ~ 1500cm^{-1}范围内无特征吸收峰。

其次需要对已经明确具体类型的钻石进行紫外可见光谱测试，观察钻石是否具有270nm、737nm等特征吸收峰，同时可以使用DiamondPlus进行测试分析。

最后再结合DiamondView荧光和磷光图像验证或判定钻石是否为HPHT合成钻石或CVD合成钻石。钻石的荧光颜色、特征的生长纹理和强磷光等可作为合成钻石的鉴定特征。

有条件的宝石实验室可进行光致发光光谱测试，检测钻石中是否存在微量N、Si或Ni元素所产生的特征峰等特征，判断钻石是否为合成钻石或是否经过再处理。

HPHT合成钻石及CVD合成钻石和天然钻石的区别见表5-1。

表5-1　HPHT合成钻石及CVD合成钻石和天然钻石的区别

类型		天然钻石	HPHT合成钻石	CVD合成钻石
钻石类型		Ⅰa、Ⅰb、Ⅱa、Ⅱb	Ⅰb、Ⅱa、Ⅱb	Ⅱa、Ⅱb
放大检查	结晶特征	以八面体、立方体和菱形十二面体为主，棱角分明或圆滑，晶形常呈不规则状	立方体和八面体聚形，偶尔有菱形十二面体聚形，晶面平坦，晶棱锐利	片状或板状，{100}面发育，边缘被石墨包裹
	生长带	只有八面体内部生长带存在，偶尔有云状立方体生长区在晶体中心构成花型图案	出现多种内部生长带，如八面体、立方体、菱形十二面体	层状生长
	内部颜色分带	绝大多数均匀	混合型：偶尔轻度不匀的颜色分布，因存在小范围的Ⅰb型（黄色）和Ⅱb型（蓝色）的生长区。它们在刻面成品中产生极浅的灰色、蓝色、黄色或绿色调	绝大多数均匀
	纹理	纹理层（有时带色）常平行于八面体晶面，也可构成十字型影线或席状结构，晶面有三角凹痕，生长台阶	Ⅱa型：极少数或无纹理层出现，因为内部生长区中无杂质元素，不同生长区间折射率无差别　混合型：有时见轻微纹理	层状生长结构导致的平行纹理
	异常消光	弱-强的异常双折射，干涉色多样。平行于八面体晶面成层分布，呈十字型。当从其他方面观察时，呈多种干涉色镶嵌的图案	弱异常双折射，有时呈黑十字型	异常消光明显，出现比天然钻石更高的干涉色
	包裹体	天然矿物包裹体，如钻石、橄榄石、石榴子石、尖晶石、辉石等矿物或白色雾状包裹体。裂理或解理发育，可见蚀象或其他蚀痕	常见催化熔剂和金属包裹体，反射光下金属光泽，透射光黑色不透明，呈"沙漏"状、"马耳他十字"状及其他各种形态，或孤立或成群出现，常分布于晶体表面或内部生长带边界。见星散状包裹体，但对鉴定无诊断意义，通常无裂隙和解理	不规则的深色包体、点状包体和羽状纹
导电性和磁性		大多数不导电（Ⅱb型除外）；不受磁铁吸引	若存在硼，则有导电性；因含Fe、Ni等催化熔剂，受磁铁吸引	若存在硼，则有导电性；不受磁铁吸引
紫外发光	长波	极少数惰性，多数为蓝色荧光，偶见黄色、橙色荧光；弱-强	大多数惰性	大多数惰性
	短波	惰性，或有蓝色、黄色、橙色荧光；弱-强	黄色、黄绿色、橙黄色；弱-强	蓝色、蓝绿色、橙色；弱-强
	紫外荧光相对强弱	一般长波强于短波或长、短波相同，极少时短波强于长波	短波强于长波	短波强于长波
	磷光	长波下有时出现黄色磷光，一般弱，持续30s或更短	短波下出现黄色或绿黄色磷光，中等到强，持续时间很长，可持续60s以上	多为中等至强磷光
DiamondView		多数为均匀分布的蓝白色荧光，可见天然生长特征（四边形环带、网格状、带状等）	蓝绿色、绿蓝色荧光，可见八面体和立方体分区生长特征（四边形、十字形、沙漏状）。可见蓝色磷光	荧光颜色种类多样，常见蓝色、蓝绿色、橙色荧光，或蓝、紫斑杂状荧光。具层状生长纹理
阴极发光		常为蓝色，Ⅰa型可出现与八面体内部生长区排列相关的图案，Ⅱa型可出现十字交叉状图案	分布不均匀，成双排列的八面体内部生长区有不同颜色的发光，其他的不发光	细致排列的生长纹理和层状结构
紫外-可见-近红外光谱		Ⅰa型有一条（415nm）或多条吸收线，Ⅱa、Ⅱb型无清晰吸收线	缺失415nm吸收线，常见270nm吸收峰，有时存在Ni引起的470~700nm宽吸收带	缺失415nm吸收线，常见270nm吸收峰，只有一小部分在737nm处显示出SiV⁻峰
光致发光光谱		常见575nm、637nm等	多数有883nm双峰，有些具弱737nm发光峰	几乎都有736.6nm、736.9nm双线，575nm和637nm峰，部分可见596nm、597nm双线和625.6nm峰

6

钻石的仿制品及其鉴别

由于钻石稀少并具有昂贵价值，一些人产生了用廉价材料来仿冒钻石的想法。早在古代印度，就有用与钻石有相似外观的其他宝石来仿冒钻石。到了技术更为发达的当今世界，能够仿冒钻石的材料也日益增多，仿制品与钻石也越来越相似。

仿冒钻石中用得最多的是人工材料如铅玻璃。早在18世纪铅玻璃就被用作钻石仿制品。如今被错误地称为奥地利钻石的材料，即为一种色散率与折射率都比较高的铅玻璃。而人造钇铝榴石、人造钆镓榴石、合成立方氧化锆、合成碳硅石等则比玻璃更适合做钻石仿制品，也是目前为止使用最多的钻石仿制品。

在众多的仿钻中，合成立方氧化锆和合成碳硅石的外观与钻石最为相似，问世之初，不仅一般消费者，甚至业内人士也受其蒙骗。实际上，每一种仿钻，都具有一些与钻石相似的外观或性质，因此，必须了解仿钻的全部性质和特点，掌握识别仿钻的技能，才能将其与钻石区别开来。

6.1 钻石的仿制品

钻石仿制品是指任何具有天然钻石外观，但不具有天然钻石的原子结构、物理性质和化学成分的材料。钻石仿制品的外表或许与钻石相似，但两者的物理性质和化学成分却不同。从理论上说，任何透明的材料，包括天然的宝石，都可以作为钻石的替代品来仿冒钻石。例如水晶、无色托帕石、白钨矿、锡石和闪锌矿等。但是由于一些材料在外观上与钻石相距太远，或者不宜切磨与佩戴，实际上较少用作钻石的仿制品，在仿冒钻石、制作廉价仿钻首饰方面应用最多的是各种各样的人工材料。

钻石仿制品的身份必须如实公开，采用其本身的矿物或化合物名称，或注明为"钻石仿制品"或"仿钻石"。如果未加任何说明，则不能把"钻石"一词用于"钻石仿制品"。

6.1.1 天然钻石仿制品类别

常见的用于仿制钻石的天然宝石有蓝宝石、黄玉、绿柱石、锆石、石英等。它们的宝石学特征如表6-1所示。

表6-1 用于仿制钻石的天然无色宝石

宝石	H（硬度）	RI（折射率）	DR（双折射率）	BG（色散值）
蓝宝石	9	1.762~1.770	0.008	0.018
黄玉	8	1.619~1.627	0.010	0.014
绿柱石	7.5	1.577~1.583	0.006	0.014
锆石	7.5	1.93~1.99	0.059	0.039
石英	7	1.544~1.553	0.009	0.013

锆石是天然宝石中可作为钻石仿制品的最好的一种材料。切磨后，锆石仿钻的亮光和火彩都比较好，与人造钆镓榴石及合成立方氧化锆仿钻相似。但是锆石具有较大的双折射率（0.059），刻面棱重影现象相当明显。另一个鉴别特征是锆石的脆性极大，通常可见

破损状的面棱，依据这些特征不难与其他的仿钻区别开。

6.1.2 人工仿制品

（1）人造钇铝榴石

人造钇铝榴石（图6-1），简称YAG（Yttrium Aluminum Garnet），是一种具有石榴石结构的氧化物，于1960年见于珠宝市场，成为当时常见的钻石仿制品。人造钇铝榴石是用助熔剂法或提拉法生产的人造晶体，用于首饰的人造钇铝榴石多采用生产成本较低的提拉法。人造钇铝榴石的硬度较大，莫氏硬度约为8。虽然硬度较大，但折射率仅为1.83，色散值为0.028，几乎只有钻石的一半，所以亮度和火彩远不及钻石。目前，在市场上较为少见。

另一些与人造钇铝榴石相似的材料，例如氧化钇（Y_2O_3）、铝酸钇（$YAlO_3$）和铌酸锂（$LiNbO_3$）等，也都有很高的折射率和色散值，与钻石接近。但这些材料均为双折射，有的硬度也较低，较少用作仿钻。

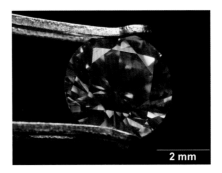

图6-1　人造钇铝榴石

（2）人造钆镓榴石

人造钆镓榴石（图6-2）是一种与人造钇铝榴石一样具有石榴石结构的氧化物，简称GGG（Gadolinium Gallium Garnet），是用提拉法生产的人造晶体，折射率为2.03，色散值为0.038，与钻石相当接近，切磨成圆明亮式琢型之后，具有与钻石相似的外观，而且硬度也较大，莫氏硬度为6.5。但是，人造钆镓榴石也没有成为钻石仿制品的主要材料。其中一个重要的原因是，人造钆镓榴石在紫外光的照射下会变成褐色，并产生雪花状的白色内含物现象。这种现象会由阳光中所含的紫外光而诱发，成为制造仿钻的一项不利因素。

图6-2　人造钆镓榴石

（3）合成立方氧化锆

合成立方氧化锆（图6-3）（简称CZ）是一种比较常见的钻石仿制品。它的折射率（2.15左右）和色散值（0.056）与钻石都比较接近，并且不像人造钆镓榴石易于在紫外光下变色。硬度也较高，莫氏硬度为8.5，切磨和抛光性能好。切磨成圆钻琢型，其亮光和火彩与钻石相近，成为当今最佳的钻

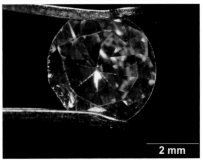

图6-3　合成立方氧化锆

石仿制品。合成立方氧化锆制作的仿钻，有时被称为"俄国钻""苏联钻"等，极易与产自西伯利亚的天然钻石相混淆。

（4）合成金红石（TiO_2）

合成金红石（图6-4）是由1948年引入的，它具有很高的亮度，平均折射率为2.8，色散值为0.33，超过了钻石的折射率和色散，切磨后比钻石具有更强的亮光和火彩。合成金红石在10倍放大镜下，很容易看到大小面棱重影。琢磨成标准圆钻型的合成金红石，表面五彩缤纷，被称为"五彩钻"。但在合成立方氧化锆大量生产应用后，合成金红石已经很少使用。

图6-4　合成金红石

（5）人造钛酸锶

在1953年合成问世，其化学成分为$SrTiO_3$，为等轴晶系的无色晶体，折射率为2.41，更接近钻石的折射率。人造钛酸锶（图6-5）的色散值为0.19，是钻石的四倍。人造钛酸锶的合成方法为焰熔法，若在其成分中加入微量的Cr、Co、Fe、Mn、Ni等元素，可形成不同颜色的人造钛酸锶。

（6）合成碳硅石

合成碳硅石（图6-6）也称碳化硅（SiC），是目前新型钻石仿制品，其实SiC在100多年前就被研制出来了，颗粒很小，作为磨料在工业中得到广泛应用。天然的碳化硅稀有，仅以微米级的微粒形式存在。天然碳化硅是由莫桑（Henri Moissan）教授发现的，莫桑从采自美国亚利桑那州魔鬼峡谷

图6-5　人造钛酸锶

（Diablo canyon）的陨石标本中发现了碳化硅的微晶体，因此碳化硅也称为莫桑石。目前，市场上仿钻的碳化硅是非均质体，但很多性质与钻石十分相似。还有一种β-SiC具

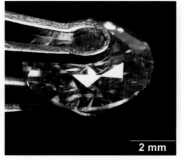

图6-6　合成碳硅石

有3C的晶体结构，属等轴晶系，在结构上更接近天然钻石，但目前还不能大颗粒生长，并且颜色呈浅黄色，还不能作为很好的钻石仿制品。其硬度、折射率、色散值、热导率均与钻石相近，用常规的方法难以鉴定。

（7）铅玻璃

铅玻璃（图6-7）也是一种常见的仿钻品种，折射率常在1.70～1.85之间，色散率可高达0.060左右。其外观与钻石相似，也与其他品种的仿钻相似，鉴别上较为困难。主要的鉴定特征是：

图6-7　铅玻璃

① 铅玻璃的硬度较低，故常出现磨损或圆化的面棱，依此可与硬度较高的仿钻种类如合成蓝宝石、合成立方氧化锆等相区别。

② 铅玻璃仿钻可能带有模压的特征，这是其他仿钻所没有的。

③ 铅玻璃的热导率很低，触感温暖，用热导仪测试反应极弱，依此可以与合成蓝宝石、人造钇铝榴石、合成尖晶石等相区别。

此外，铅玻璃仿钻还可能存在气泡和流纹等特征的内含物，色散值中等，比合成金红石、人造钛酸锶小，火彩也相对较弱。对铅玻璃仿钻的鉴定，要通过各种性质的比较，方可达到目的。

（8）拼合石

拼合石（图6-8）是一种或几种材料组成的小型宝石，二层石的排列是多种多样的，最常见的仿钻拼合石有以下几种：

① 无色合成蓝宝石的冠部黏合到人造钛酸锶的亭部上。在这种二层石中，坚硬的蓝宝石覆于软质的钛酸锶上，形成比较"耐久"的宝石。由于冠部为蓝宝石，人造钛酸锶的强火彩也被降低到看起来更像钻石的火彩。

② 钻石作为冠部黏合到水晶或无色合成蓝宝石的亭部上，其中亭部是二层石的主体，而薄层钻石则赋予二层石金刚光泽和硬度。

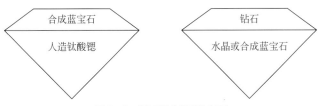

图6-8　钻石仿制品拼合石

拼合石的鉴别方法：

① 侧面可见拼合缝；

② 内部可能存在气泡及流动构造等；

③ 上下层光泽、包体、折射率、荧光差异；

④ 将样品浸于水中侧视，观察其分层现象，谨慎使用有机浸油观察；

⑤ 对圆多面型钻石的全内反射现象及比例的观察亦会得到有益的启示。

6.2　钻石仿制品鉴别

仿钻的品种虽然很多，包括天然的和人工的替代品，但是与钻石相比，在各方面还有很大的区别。用10倍放大镜仔细观察可为鉴别无色宝石提供许多线索。钻石的高折射率、高色散值、高反射率以及极高的硬度使钻石具有与众不同的外观。具体有以下几种鉴别方法。

6.2.1　十倍放大镜下鉴定

（1）切工特征

① 比例　切磨钻石，特别是品级较高者，通常有很好的精确性和对称性。如多条面棱总是相交于一点，各个小面的形状与大小及比例基本一致。但钻石仿制品的切磨常较差。

② 抛磨　钻石不同刻面上的抛光痕的方向往往不一致。而仿钻各刻面的抛光痕的方向较一致。

③ 腰棱　由于钻石硬度很大，在加工时，绝大多数钻石的腰部不抛光而保留粗面，呈毛玻璃状，又称"砂糖状"。钻石仿制品由于硬度小，虽然腰部亦不精抛光，但在粗面上仍能看到打磨时的痕迹，如平行排列的钉状磨痕等。此外，天然钻石腰围及其附近常保留三角形（图6-9）、阶梯状生长纹或原始晶面。

④ 刻面棱线　天然钻石硬度大，刻面之间的棱线平直而锐利。而仿制品硬度小，棱线呈圆钝状。

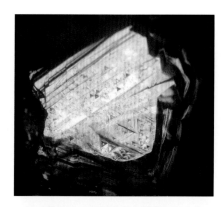

图6-9　钻石的三角形生长纹

（2）硬度和磨损

钻石在所有天然材料中硬度最大，所以，钻石的磨损痕迹要比仿制品少得多。硬度使切磨的精确度（即刻面棱的尖锐程度）和完美的抛光能保持几个世纪。大多数仿制品在使用一段时间后将显示穿戴和磨损痕迹。即使仿制品是新的，其刻面棱也不会有钻石中所见的那么尖锐。

钻石可因猛烈敲击而受损，导致腰棱上出现"V"形缺口（图6-10）。钻石还可被其他钻石刻划。由于结晶过程中的内应力，环绕矿物包裹体也可出现解理纹。

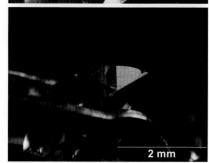

2 mm

图6-10　钻石腰棱上的"V"形缺口

（3）光学特征

钻石的高反射率是其金刚光泽的原因之一。钻石被切磨成具有正确光学比例的圆形明亮琢型，以显示最佳的光泽、明亮度和火彩（色散）效应。对于切磨完好的圆形明亮琢型钻石，一个简便的检测方法是把钻石台面朝下放在打印的点或线上。钻石由于全内反射使其下方的图像不能透过，而仿制品则能让图像透过。这是区分钻石与仿制品的一个好方法，但只适用于切工完好的圆形明亮式琢型钻石（见线条试验）。

但是并非所有的仿制品都显示这一效应；如人造钛酸锶、合成金红石和合成碳硅石有与钻石相似或更高的折射率，也不能让图像透过。但是，所有上述三种仿制品的色散值都高于钻石，人造钛酸锶和合成金红石中的火彩明显强于钻石。

注意：如果用偏光镜检查宝石是单折射还是双折射的，钻石应透过侧面检查。这是因为一个切工好的圆形明亮琢型钻石，当台面朝下时，全内反射将阻挡任何光线透过。

（4）双折射

钻石是单折射宝石。不论光从何方向进入钻石并折弯（折射），始终保持为单一"光线"。锆石、合成碳硅石和另外一些仿钻材料是双折射材料，当光进入宝石时不仅折射而且分解为两条光线。在锆石和合成碳硅石这样的高双折射材料中，双折射可用放大镜检测出。透过宝石看另一侧，将看到刻面棱（图6-11）、灰尘或划痕的重影。

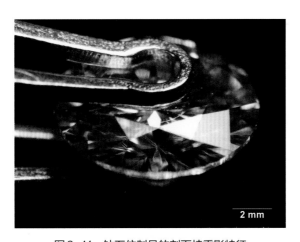

图6-11　钻石仿制品的刻面棱重影特征

注意：在锆石和合成碳硅石中，由于惯用的切磨方向，透过台面直接朝下看时可能看不到双折射，但透过冠部主刻面和其他刻面通常容易看到。

（5）线条试验

将样品台面向下放在一张有线条的纸上，如果是钻石则看不到纸上的线条，否则为钻石的仿制品。因为钻石在一般情况下，几乎没有光能够通过亭部刻面，所以看不到纸上的线条（图6-12）。

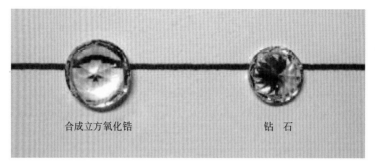

合成立方氧化锆   钻 石

图6-12 线条试验

（6）倾斜试验

将样品台面向上，置于暗背景中，从垂直于台面方向开始观察，将样品从观察者处向外倾斜，观察台面离观察者最远的区域，如果出现一个暗窗，则该样品不是钻石。但合成立方氧化锆、人造钛酸锶等人工材料折射率很高，切割完美亦可能不出现暗窗，应注意加以区别。

（7）亲油性试验

天然钻石具有较强的亲油能力，用油性水笔在钻石表面划过时可流下清晰连续的线条，而在钻石仿制品表面常常会聚集成一个个小液滴，不能出现连续的线条。

（8）托水性试验

将小水滴点在样品上，如果水滴能在样品表面保持很长时间不散开，则说明该样品为钻石，反之则为钻石仿制品。

6.2.2 仪器测试

（1）紫外灯

当置于紫外（UV）光下时，某些宝石会发出荧光。当把一个白色物品例如白纸放在检验纸币的灯下，可看到这种效应。当检查宝石的紫外荧光效应时，一般使用两个特定的波长即波长为253.7nm的短波（SW）和波长为365.0nm的长波（LW），将待测宝石放在紫外灯下并观察其荧光。在表6-2中列出了钻石仿制品典型的荧光。

这种测试对镶有若干无色宝石的首饰是很有用的。因为没有两颗钻石会发出完全相同的荧光。天然钻石荧光效应的典型变化是从惰性（即无反应）至强蓝色或黄色，长波下的荧光强度强于短波下的荧光强度。反之，在镶仿钻材料如合成尖晶石的首饰中，所有宝石会发出同样强度和颜色的荧光或完全不发荧光。

（2）热导仪

热导仪（图6-13）是一种小的便携式仪器，主要用于区分钻石与其仿制品。钻石的导热性高于合成碳硅石外的钻石仿制品。

热导仪的金属尖端含有一个用于与待测宝石表面相接触的微型加热元件。控制盒中的电流可检测出当接触钻石时金属尖端的温度显著下降的现象。大多数其他宝石，不论是天然的还是人造的，都检测不到同样的温度下降情况。所以，可将热导仪标定以区分钻石和这些仿制品。小心不要让金属尖端与宝石的金属镶座相接触，因为金属镶座会给出与钻石相似的结果。在检测时，应使待测宝石处于室温，未因超声波清洗而变暖。注意定期检查仪器的标度，在测试刚玉时需检查标度。合成碳硅石在热导仪上会得出与钻石同样的读数。

图6-13　热导仪和合成碳硅石检测仪

（3）反射仪

宝石的光泽可描述为金刚光泽、玻璃光泽等。光泽在很大程度上取决于入射光从表面反射的程度。反射仪是一种用于检测表面反射能力的便携式仪器。该仪器用红外光发射二极管（LED）作为入射光源。检测和标定由宝石表面反射的光量以确定表面的相对反射能力。反射仪的主要用途是检测钻石和折射率高于标准宝石折射仪范围（约1.3 ~ 1.8）的钻石仿制品。有些反射仪的测试下限较低，可用于检测其他宝石。

灰尘、油脂和表面瑕疵会影响宝石的光泽和反射能力，故当使用反射仪时，一定要保证所测的宝石表面是平的、洁净的、无划痕的。反射仪既不能给出如折射仪那样精确的读数，也不能像折射仪那样提供大量的信息，但它能用于测试较宽折射率范围的宝石。

大多数钻石仿制品的反射率比钻石低，合成碳硅石的反射率通常高于钻石。但合成碳硅石经处理后可具有与钻石相同的反射率，故反射仪只能用作一种指示器。

不要把钻石放在标准折射仪上，会损伤折射仪的玻璃棱镜，而且也不会有任何帮助，钻石的折射率远超出这种折射仪范围。

（4）合成碳硅石检测仪

由C3公司生产的590型检测仪利用了钻石和合成碳硅石在光谱紫外区的不同特性。该仪器应与热导仪配合使用，只有当热导仪提供可能是钻石的结果时才使用合成碳硅石检测仪。使用该仪器时应小心，有些宝石的亭部刻面漏光，以致没有足够的光返回仪器以供测试。

其他一些合成碳硅石检测仪利用了合成碳硅石的导电性；除含硼的蓝色钻石外，钻石不具导电性。尽管并非所有合成碳硅石都具同等的导电性，但大多数是可测出的。此外测不到导电性的合成碳硅石，如在测试过程中置于长波紫外光下，可诱发出导电性。要避免皮肤长时间裸露于长波紫外光下。

钻石与其仿制品的鉴别特征如表6-2所示。

表6-2　钻石与常见钻石仿制品的比较

材料	光泽	色散	RI	DR	SG	硬度	紫外荧光
钻石	金刚光泽	高	2.42	无	3.52	10	变化的：由惰性至强蓝或黄色；长波下强于短波下
合成碳硅石	亮玻璃光泽	很高	2.65~2.69	强	3.22	9.25	变化的
合成金红石（少见）	亮玻璃光泽	很高	2.61~2.90	很强	4.25	6.5	惰性
人造钛酸锶（少见）	亮玻璃光泽	很高	2.41	无	5.13	5.5	惰性
合成立方氧化锆（CZ）	亮玻璃光泽	高	2.17	无	5.56~6.00	8.5	变化的：短波下由弱黄橙色到黄绿色
人造钆镓榴石（GGG）（少见）	亮玻璃光泽	高	1.97	无	7.00~7.09	6.5	短波下橙色
锆石	亮玻璃光泽	中到高	1.92~1.98	强	4.7	7.5	无到弱黄色
人造钇铝榴石（YAG）	亮玻璃光泽	中	1.83	无	4.58	8.5	无到弱橙色
合成刚玉	亮玻璃光泽	低	1.76~1.77	微	4.00	9	无到弱
合成尖晶石	玻璃到亮玻璃光泽	低	1.727	无	3.63	8	短波下浅蓝绿白色
玻璃	玻璃到暗淡光泽	低到高	1.5~1.7	无	2.00~6.00	5	变化的：短波下可较强或呈惰性
拼合石（可以是各种材料）	性质取决于所使用的材料，10×放大镜下可见拼合面						

第2篇
钻石分级

7

钻石原石分级

7.1　钻石原石分级条件

7.1.1　简介

钻石原石分级是钻石商贸中很重要的一部分，它为宝石商贸提供了一个标准参考体系。钻石原石的分级与成品钻石4C分级与评估类似，但是两者的侧重点不完全一致。成品钻石的分级对象是最终产品，而钻石原石评估的是天然钻石的潜在品质及价值。因此，出成率是钻石原石分级考虑的最重要的参数。

天然钻石几乎有着各种形状、大小和颜色。这些钻石小至粉末级，大至3106ct（库里南钻石，迄今发现的最大的钻石），净度可由无瑕级到工业级，颜色可由无色变化至黑色。从矿山得到的成包钻石原石，通常包括所有种类的钻石，也可能是世界各地不同钻石矿山的混合样，其形状、质量、颜色和大小变化很大，有高质量的宝石级钻石，也有最低质量的工业级钻石（图7-1）。

2mm

(a) 宝石级钻石原石　　　　　　　　　　(b) 工业级钻石原石

图7-1　宝石级钻石与工业级钻石

所以在钻石原石销售之前，需对钻坯进行详细的分级。首先分出工业用金刚石和首饰用钻石原石。钻石原石的分级可确定加工后成品钻石出成率的高低，进而直接影响成品钻石的质量；可了解钻石切磨的难易程度；可确定成品钻石的琢型；可大致确定成品钻石的品质等。对钻石原石进行定价时，要考虑到由其制成的成品钻石的价值及加工费。对于宝石级钻石，其分级的主要依据参数是出成率（成品钻石占钻石原石的重量比例）、分选工序费用以及钻石本身尺寸、颜色和净度（通常与钻石品质密切相关）。

为了对不同品级的钻石进行更为准确的定价，戴比尔斯（De Beers）机构（DTC）对钻石原石分级制定了最为详细的准则。钻石贸易商和制造商经常会使用不同于DTC系统所制定的描述钻石原石的标准，拥有一套他们自己的分级体系。钻石原石分级需要考虑原石形状，加工技术，以及包裹体位置和原石大小、颜色等属性。目前还未制定出一套统一规范的关于不同品质的钻石原石描述、分级及定价体系，但是有一些被大众接受的描述原石的术语，如尺寸、品质（净度）、形状和颜色。

7.1.2 分级条件

钻石原石的分级需要使用一些特定的工具。为了得到可信、可核对的分级结果，它们必须符合许多标准。

（1）标准照明

钻石（原石和成品钻石）分级工作中，最重要的一个原则是使用标准照明体系。不同的光源会导致完全不同的分级结果，如颜色的分级。

钻石分级的标准光源是日光灯，它是由C.I.E（国际照明委员会）推荐使用的，D65照明是其中最常见的一种。D65光源表示色温为6500K。D65光源所发出的光和北方的白昼光最为接近（图7-2）。

图7-2　D65光源

（2）放大镜

放大镜是最重要的工具。用来分选钻石和研究单颗钻石的包裹体或其他特征。在分选的初级阶段运用头部放大镜是非常合适的，尤其是对于小钻石的初步分选，分级者可以腾出双手从而更自由、更快地进行工作（图7-3）。运用头部放大镜首先将钻石原石粗略地分成一大类，然后运用10倍的手持放大镜对这些原石进行进一步的细分（图7-4）。放大镜是每一个钻石商人的基本工具。放大镜必须没有球形像差和色差。已矫正其球形像差和色差的放大镜，被称为完全矫正的放大镜。由三个不同的棱镜组成，因此也被叫作"三组合棱镜"。使用10倍手持放大镜进行钻石分级必须有一定经验，只能通过长时间的练习获得。连续使用放大镜很快会导致视觉疲劳，因此如何正确使用放大镜非常重要。

图7-3　头部放大镜

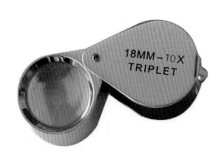

图7-4　10倍手持放大镜

7.1.3 分级前的称重或计数

在对一批原石进行分选之前，需要进行一些基本的操作。最重要的是要确保在分选过程中没有钻石的丢失，所以在分选前后要对一批原石进行称重或者计数。

（1）称重

将一批钻石置于某个容器中，如钻石台或钻石杯，放置于数字天平上对其进行称重，称重前确保放入空杯后对天平调零。

（2）计数

为了能快速而准确地对钻石进行计数可以使用以下方法：使用镊子将钻石分成三堆

后，将每小堆钻石按直线排列成10×3，即一小堆钻石分为3列，每列10颗钻石，然后它们重新归组，则一小堆共30颗钻石，那么三堆就有90颗钻石了。同样，使用5×2的方法累计就可以得到100颗的钻石。将这100颗钻石重新归入大组，重复这一步骤直到数完所有的钻石。

7.2　钻石原石的分级

7.2.1　钻石原石的尺寸（大小）分级

原石的尺寸（大小）是影响钻坯价格的重要因素，尽管钻石的大小基本都以克拉来表示，但对于一些尺寸非常小的而数量又极多的钻石则需要用专门的筛子进行筛选和分级。

（1）重量单位

重量单位为公制克拉（ct），相当于0.2g，大致为1/142盎司。也可采用单位格令（grain），它是公制克拉的1/4，即1克拉=4格令。还可以用分（point）作单位，1克拉=100分。

（2）筛子

对各种大小的钻石原石，筛分是一种非常有用的分类方法。钻石筛是由一个带孔洞的圆盘和圆柱套组成，是用来分选钻石原石的工具（图7-5），按照其孔径大小编号为1号至23号。编号越大，则表示孔径越大。1号筛的孔径为1.09mm，而最大的23号筛的孔径为10.2mm。钻石的筛分大小按照是否能通过一特定筛子的筛孔来确定。例如，不能通过9号筛的一颗钻石将记为+9，而能通过的记为-9。对于钻石原石的分选，有两种最著名的钻石筛，即DTC钻石筛和安特卫普钻石筛。两者都具有圆形的孔洞，均可将不

图7-5　钻石筛

同大小的钻石原石从筛孔中分离。一般钻石重量在0.66ct以上的，要对其进行称重，这在评估系统中较为严格。

（3）筛分大小

筛分大小的通常表示方法是给出的所有钻石都能通过的上限孔径和所有钻石都不能通过的下限孔径，如-5+3。当处理小颗粒钻石，如每克拉4颗，或更小的钻石如每克拉31颗时，过筛给出筛号分别为+9或-4+3，要比一颗颗地给钻石称重方便得多。表7-1给出的是钻石筛的编号与钻石的平均大小或是每克拉中（可锯形）钻石数量的对应关系。

表7-1　钻石筛编号与钻石大小的对应关系

钻石筛编号	平均大小/ grain	重量/ct	直径/mm
-23+21	3ct	2.8~3.8	
-21+17	8	1.8~2.8	
-17+16	7	1.7~1.79	
-16+15	6	1.4~1.69	
-15+14	5	1.2~1.39	
-14+13	4	0.89~1.19	
-13+12	3	0.66~0.89	
-12+11	2	0.40~0.65	3.45~（0.66ct）
-11+9		4.5颗/ct	2.84~3.45
-9+7		8颗/ct	2.46~2.84
-7+6		11颗/ct	1.83~2.46
-6+5		16颗/ct	
-5+4		24颗/ct	1.47~1.83
-4+3		32颗/ct	
-3+1		50颗/ct	1.09~1.47

　　用更多不同编号的钻石筛可以将原石细分为大小更为相似的多批。由于每颗小钻的重量是已知的，所以对整批钻石进行称重，便可知道这批钻石的大概数量。

（4）钻石原石大小分级

　　表7-2列出了钻石原石的大小分级情况。

表7-2　钻石原石的大小分级

重量等级	分级方法
超大钻 （large stone）	重量大于10.80ct，每一颗均单独称重定价。这一重量等级的钻石，不包括在DTC正规看货的包裹内，只给有销售能力的少数看货人报价
大钻 （large diamonds或sizes）	重量在2~10.80ct之间的钻石，此等级较大者称重分级，偏小者机械或人工筛分，其间每一等级的钻石都有账面价格
格令钻 （grainers）	重量在0.75~2ct之间的钻石（3格令到8格令），通常是市场上常见的成品钻的原石的重量
小钻 （smalls）	是指筛号+11到3grain之间的钻石，分级方法采用筛分
混合小钻 （mixed smalls）	筛号11以下的所有小钻石，其重量范围可以从8颗/ct到4颗/ct

7.2.2　钻石原石的品质分级

钻石的品质主要取决于其内部包裹体的表现形式。自然界很少形成完美的宝石，大多数钻石都会存在一些瑕疵。钻石内部有时较干净，有时会出现大量的包裹体。包裹体的数量、位置和属性与钻石本身的反差决定了钻石的品质和品级。很明显，包裹体含量越多，钻石品质越差，其价格越低。钻石原石的品质分级方法通常是在6倍或10倍放大镜下检查钻石内含物的数量、大小及在钻石中的位置。分级师通常把钻石晶体分为中心区、中间区和边缘区三个区。若边缘区出现内含物可在切磨中除掉，若中心区出现内含物会大大影响钻石成品的品质。钻石原石的内含物主要指矿物包裹体、裂隙、云状物及妨碍光线穿过钻石的任何明显的特征。为了更加准确地进行钻石原石的分选，通常按其不同品质分为以下几类：宝石级、近宝石级和工业级。

① 宝石级　钻石中质量最好者，是几乎不含包裹体的单晶体，非常适合抛磨成宝石，应用于珠宝首饰行业。

② 近宝石级　这类钻石在20世纪70年代被安特卫普工厂认为是废弃的原石材料，却被印度人拿来进行抛磨加工成宝石，它是一个新的种类。这个类别的钻石介于宝石级和工业级钻石之间。这类钻石中会包含一些小块的透明干净的钻石，它们经过加工后可以成为装饰用宝石，而那些品质较差的则被当作是工业用钻石。根据整批钻石的主要用途对其进行价值评定。

③ 工业级　品质很低的钻石，被广泛应用于工业，其净度不重要，对这类钻石的分选主要是依据其工业目的，如钻头手术刀或拉丝模或只适合于碾碎成研磨粉。对于品质较差的钻石，可将其分为废弃钻石（rejection）和劣等钻石（boart）两类。

④ 废弃钻石　这个级别的钻石，正如其名字的含义一样，它总是被拒于首饰行业之外。它们有各种形状，含有大量包裹体，从某个晶面观察，几乎不能透过光线。其中一些较好的细小的碎片状钻石会被运至一些低成本的加工中心被分离出并加工成宝石用钻石，有时还会根据需要将其筛选出不同级别。

⑤ 劣等钻石　是钻石中品质最差者，只适合于制成工业上用来粉碎其他物质的磨料。这类钻石体积大小不一，并有大量的包裹体和裂纹，可应用于不同的工业领域，如制成磨料用来抛磨其他宝石级的钻石。

对于可切割的钻坯，可以粗略地分为5个净度等级：

a.干净透明的钻坯；

b.含小内含物但容易被切磨去除的钻坯；

c.含较大明显的内含物，但可以被切磨去除的钻坯；

d.含分散状小包裹体，其外观较暗的钻坯；

e.含明显黑色内含物，外观色暗的钻坯。

7.2.3　钻石原石的颜色分级

钻石原石的颜色分级较困难，有时钻石晶体的内外颜色不一样。通常颜色易集中在晶体表面，这就需要丰富的分级经验。钻石原石颜色的分级与成品钻石颜色分级十分类似，是将钻石放置在一个没有反光的白色表面上进行颜色的判断，与钻石品质分级时使用带底光的照明方式不同。在北半球的分级室，通过安装在北面的大玻璃窗，让阳光透过而不直接照射在大的分级台板上，分级师面北而坐，进行颜色分级；在南半球则将玻璃窗安装在南面，分级师朝南而坐，进行颜色分级。

一批钻石原石的色级可能包含其对应的成品钻石中的多个色级。例如一包在市场上可达到收藏级别的高品质钻石原石，其加工后成品钻石的色级可能会包括D级、E级和F级。大多数钻石原石的颜色为无色到黄色或无色到褐色（图7-6）。通常无–浅黄色的钻石原石可粗略地分为五大级别：

1级最高级白钻坯，颜色极白；

2级高级白钻坯，颜色很白；

3级次高级白钻坯，白色中微带黄色；

4级开普钻类，带黄色色调；

5级暗的开普色。

(a)　　　　(b)

图7-6　钻石原石的不同颜色

黄绿色、褐色的钻石需要另行分类。

与原石品质分级一样，颜色分级暂时也还没有一个国际公认的标准体系，所以同一批原石的颜色级别在不同的机构给出的结果可能有所不同。与钻石原石品质分级相似的是，它所评价的是钻石原石潜在或是可能的色级，而并非最终的成品钻石的色级。因此，钻石原石的颜色分级达不到有比色石作为参考的成品钻石的颜色分级的准确度。

还有许多黄色钻石被进一步划分为不同的级别，如浅黄色、暗黄色等。此外还包括对褐色钻石以及一些稀少的黄色、粉色、绿色和蓝色等彩色钻石系列的颜色分级。

彩色钻石和高级白的无色钻石价值最高，因此需要一个更加准确而详尽的分选标准对这些颜色进行分级。彩色钻石的价值取决于其颜色的稀有性及本身的饱和度，其价格通常高出特白钻石好几倍。

另一个在钻石颜色分级中起重要作用的特征是钻石的荧光性。荧光是指物体在紫外灯光的激发下发出可见光的现象。所发出的可见光颜色由物体的本身属性决定。

　　当暴露于紫外光源下时，大多数钻石都会产生荧光。蓝色是最常见的荧光颜色，黄色或绿色较为少见。大约50%的钻石荧光，强到可以在特殊的条件下肉眼能直接观察到；还有10%的荧光可使人眼直接察觉到荧光对钻石颜色的影响。

7.2.4　钻石原石的形状分级

　　钻石原石的形状是自然形成的，而非钻石加工者的技术决定的。原石的自然形状与最终的成品钻石形状越接近，其出成率就越高。这意味着在加工过程中晶体的损失量较小，得到的钻石成品更大，更具价值。因此，一些特定的形状比其他形状的钻石价值更高，进行分选时必须按照它们相应的切磨工序来进行。钻石原石的形状直接影响着成品钻石的形态和出成率及加工的难易程度。质量相等，净度和色级相同的两颗不同形状的钻石晶体，其价值可相差几倍。完整的八面体或菱形十二面体钻石晶体最贵。

（1）可锯形钻石（sawables）

　　可锯形钻石是指生长完全的钻石晶体，通常为八面体或呈浑圆状，锯成两块后再切磨，通常出成率较高。经过锯开后，通常会得到两块石头，接近所期望的成品钻石的形状，因此被叫作可锯形。它们是最有价值的一类钻石原石，出成率约为45%。这意味着在加工过程中损失大约一半的原石晶体的重量。可锯形钻石晶形通常为八面体和菱形十二面体（图7-7）。

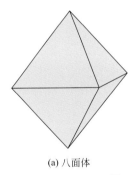

(a) 八面体　　　　　　　　　　　(b) 菱形十二面体

图7-7　可锯形钻石的晶形

（2）可制形钻石（makeables）

　　这类钻石的形状不规则（图7-8），为块状，不需预先劈或锯便可见完好晶面。出成率取决于其形状，通常为20%～30%，也可能高达60%。由于原石本身的形状与最终的成品钻石形状十分接近，所以这类钻石无需经过预先的劈或锯的加工过程，可对其进行直接抛磨。但在有些情况下，还是有必要对其进行预处理。

　　① 劈开片（chips）　是指一些细小的碎块钻石，在生长和再生的过程中被破坏了的晶体，它们可用来生产小的成品钻石，通常是在低成本的切磨中心进行加工的。如果底尖至晶面的厚度足够大，便能直接被抛磨成圆形明亮式琢型的钻石。

　　② 三角薄片钻石（macles/nat）　通常被认为是三角形的，其外形为结合在一起的两

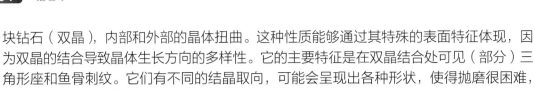

块钻石（双晶），内部和外部的晶体扭曲。这种性质能够通过其特殊的表面特征体现，因为双晶的结合导致晶体生长方向的多样性。它的主要特征是在双晶结合处可见（部分）三角形座和鱼骨刺纹。它们有不同的结晶取向，可能会呈现出各种形状，使得抛磨很困难，需要特殊的抛磨工艺。

③ 扁平钻（flats） 是指从其整体外观上观察，钻石非常的扁平，通常被多次锯或劈开，以得到更多适合于抛磨成圆钻或花式琢型钻石的小块。它可作为医学用具，或者被用于其他特殊的工业。

④ 双晶（twins） 通常是由生长过程中两个不规则状的独立的晶体结合生长所形成的晶体。

⑤ 立方钻（cubes） 是指具有立方体外观的钻石，它可以是完整无缺的，也可能是破损的，被称为"桶状（barrels）"。

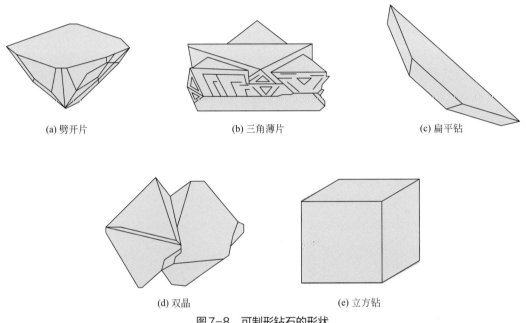

(a) 劈开片　　　　(b) 三角薄片　　　　(c) 扁平钻

(d) 双晶　　　　(e) 立方钻

图7-8　可制形钻石的形状

（3）劈裂钻（cleavages）

这类钻石含有（较大的）裂纹，通常为块状或者不规则形状；结晶取向以及裂隙和包裹体的存在使得其需要进行一次或多次的锯割来去除杂质部位，出成率往往很低。本身裂隙多导致劈裂钻出成率比可制形钻石低，且在原石被劈过程中会分裂成许多单独的小块，最终的成品钻石也会比较小。有一个或多个羽状裂纹的钻石品质较低，在切磨和抛光之前需要对其进行规划设计再劈开。劈裂钻可以当作宝石级钻石，但通常更多被划分为近宝石级钻石。

钻石一般是采用传统的锯或劈的切割方式进行分割。使用现代科技的激光，切割钻石时不再需要考虑锯或割的平面，这使得加工者能够制造出任何形状的特殊琢型钻石。

钻石原石的形状分级如表7-3所示，形状示意图见图7-9。

表7-3 钻石原石的形状分级

重量等级	形状分级	描述及意义
大钻 （大于1.8ct）	规则钻	完好的八面体或菱形十二面体钻石晶体。成品钻石出成率高，多切磨成圆形明亮式琢型
	成形钻	从规则到较规则形状的晶体。对出成率有一定影响，若变形较明显时，也可影响成品钻的切工比例
	劈裂钻	不规则形状的破裂钻石晶体，通常沿解理面破裂，常见大缺口，出成率低
	三角薄片钻石	外观呈三角形的三角薄片钻石双晶。多切磨成花式钻石，加工难度大
	扁平钻	扁平状钻石碎块晶体，多切磨成花式钻石以最大限度保重
	立方钻	立方体晶体（包括浑圆状立方体，破裂但尚存轮廓的立方体，凹面立方体）
小钻 （小于1.8ct）	规则小钻	具规则或较规则形态的钻石晶体
	劈裂小钻	不规则形态有缺口的小钻石晶体
	扁平小钻	扁平或三角形具双晶的小钻石晶体
	劈开片	一些小劈裂片的钻石晶体，小于1.8ct到+9号的劈开小钻
	劈开小钻	加工前必须劈开的一种低质量钻石
混合小钻	可制形	可直接按形状切磨出成品小钻石的钻坯，出成率由形状而定，一般为20%～30%，最高可达60%
	可锯形	可锯开或劈开后加工成小成品钻石的钻坯，出成率可达45%

(a) 三角薄片钻石

(b) 扁平钻

(c) 劈开片

(d) 劈开小钻

(e) 可制形

(f) 可锯形

图7-9 钻石原石的形状示意图

8

切磨钻石质量评价

8.1 钻石质量评价——4C分级

钻石具有悠久的历史，一直以来就受到人们的喜爱。与钻石的历史比较，钻石品质的评定方法即常言的4C分级却是相当年轻，直到20世纪50年代才形成系统的理论和方法。在我国，80年代以来，钻石4C分级也日益为人们所了解。4C评价是对钻石所具有的宝石属性的全面评价，也是钻石价值的一个重要决定因素。在钻石商贸中发挥着重要的作用。

钻石的4C分级是20世纪中期才发展起来的一种新技术。在这之前，钻石的品质是根据其形态和重量来确定的。具有完好的八面体、光亮的晶面和完整的面棱及尖端的钻石最为昂贵。在16世纪记载的钻石价格表中，钻石的价格根据形态和重量而定，颜色和净度对价格没有什么影响。

直到1724年巴西钻石的发现，打破了几百年来钻石一直来源于印度的格局。钻石的供应量从原来的每年最多3万克拉上升到近30万克拉。钻石供应量的增加使人们逐渐认识到，无色透明的钻石要比带有浅黄色的钻石少得多。内含物少、纯净的钻石也很稀少。而且，内含物还影响钻石的美观。颜色和内含物成为钻石品质的又一指标。

在大量钻石问世的情况下，详细准确地区别每粒钻石的品质，以确定它的稀有程度与货币价值已成为非常重要的任务。评价钻石品级的用语也发生了变化，形成了钻石4C品质概念。例如，颜色等级的术语基本上演变成南非钻石矿山的名称，并按颜色的优劣分成Jager、River、Top Wesselton、Wesselton、Top Crystal、Crystal和Topcape、Cape等。其中Jager派生于南非Jagersfontein钻石矿，用来指带有蓝色调的白钻。Wesselton是南非的另一个钻石矿山的名称，指略带黄色调的钻石。Cape即南非好望角省（The Cape of Good Hope），该地区产出的钻石常为浅黄色，所以Cape系列用来指带有明显黄色调的钻石。尽管所用的名词派生于钻石的产地名称，但现在已经成为描述颜色的专用词，而不再特指某一矿山的钻石。与此同时，钻石净度、切工的概念也得到了发展。首先在钻石消费量最大的美国，产生了4C概念，并得到了国际上的响应。重量、净度、色级和切工已成为国际通用的概念。20世纪50年代，美国宝石学院提出了现代钻石分级的术语和概念，适应了钻石生产和商贸的国际化。现代术语迅速地取代了"旧术语"。在此基础上，各个机构建立了许多大同小异的钻石4C分级规则或标准。

所谓4C，是由以下四个方面组成：

① 克拉重量（carat weight） 钻石的重量。重量越大就越稀有，价值越高。

② 颜色（colour） 颜色的饱和度。

③ 净度（clarity） 内含物对钻石透明度的影响程度。透明度越高越稀有。

④ 切工（cut） 钻石的切磨样式和质量。钻石显示其光亮、火彩的美丽程度。

由于这四项指标的英文字母都是由"C"开头，所以简称4C。4C分级就是对钻石的重量、颜色、净度、切工进行分级。4C分级反映钻石的品质、外观、稀有性和价值。是对钻石质量的全面描述。

钻石和所有的宝石一样，都具有作为宝石必须具备的条件：美丽、稀少和耐久。钻石重量的大小，和钻石的价值有着重要的联系。尺寸过小的钻石缺乏首饰价值。只有具有相当尺寸的钻石，才能充分展现出钻石强烈的火彩。另外，大重量的钻石远比小钻石要少得多。因此，重量不仅是钻石美的基础，也是其稀有性的标志。在钻石贸易中，习惯用"克拉（ct）"作为重量单位，裸钻用准确度是0.0001g以上的天平称重，换算为克拉值时可保留至小数点后第二位或第三位。镶嵌钻石的重量无法直接称量，但可以通过各种测量工具得到数据，用公式来计算钻石的重量。

钻石的颜色可分为两大类：无色–浅黄色（灰色、褐色）系列和彩色系列。无色–浅黄色系列包括无色和微黄色、微灰色、微褐色。彩色系列包括红色、蓝色、紫色等颜色。在无色–浅黄色系列中，颜色越接近无色，其价值越高。各颜色等级中的颜色差别很小，经过训练的分级师才能观察得到，但对钻石的价值却有很大的影响。彩钻的颜色大多比较暗，色泽明亮者极为罕见，至少与无色钻石一样稀有，甚至比无色钻石的价值还要高。

钻石的净度级别是用来描述钻石外部和内部瑕疵种类、大小、多少和明显程度的。对低净度级别的钻石，瑕疵会影响到钻石的耐久性和美观。但对高净度级别的钻石，其内部或外部的瑕疵并不影响钻石的耐久性和美观。因此，钻石的净度级别不仅可以描述钻石的美观和耐久性，而且还包含着稀有程度的比较意义。

钻石的切工分级在所有的分级中是最为复杂的，也是现今钻石分级标准中有争议的部分。切工是指钻石的琢型以及刻面的大小、分布、相对比例、角度、对称程度、抛光等多方面，是评价钻石质量的重要因素。经过几百年的演变发展，人们发现只有按一定的比例切磨出来的钻石，才能最大程度地体现出钻石的亮光、火彩和闪烁效应，体现出钻石固有的美观。

4C概念发展到现在，逐渐形成了一种以4C评价钻石的宝石品质的实用技术，基本上一致的分级标准和较为统一的品质术语，一张具有权威机构出具的钻石4C分级证书，在世界各地都被专业人员所认可。4C分级变得越来越普遍，带有4C分级证书的钻石，不仅会让购买者增加信任，而且也促进了钻石行业公平的发展。总的说来，4C分级客观地反映出钻石的品质和外观，反映钻石的稀有性和价值，是对钻石价值的全面描述。4C分级在钻石的商贸中也起着重要作用。

8.2 国际上较有影响的钻石分级标准

国际上比较知名的钻石分级标准有：美国宝石学院的钻石分级体系（简称GIA钻石分级体系）、国际珠宝首饰联合会的钻石分级规则（简称CIBJO钻石分级规则）、国际钻石委员会的钻石分级标准（简称IDC钻石分级标准）等。除此以外，比利时的钻石高层议会（简称HRD）、德国的国家标准联合委员会（简称RAL）、北欧斯堪的纳维亚委员会（简称Scan.D.N）也制定过钻石分级标准。我国国家质量监督检验检疫总局也颁布了钻石分级标准。这些分级标准都以4C为基础，在概念和内容上都比较接近。

8.2.1　GIA钻石分级体系

美国宝石学院（GIA）是最早最具有影响力的制定钻石分级体系的机构。GIA在20世纪30年代就提出了4C分级规则。50年代建立了世界最早且定义最严格的钻石分级体系。修改了原有的术语，改用字母，从D到Z表示颜色由浅到深的级别，把色级划分成了23个级别，取代了原来的旧术语和色级划分。新的颜色分级规则，成为欧洲国家钻石颜色分级规则的原型。在净度分级上，规定了每一净度级别的定义，并把净度划分成11个级别，比欧洲的级别详细，且把在其他钻石分级规则中认为是外部特征的部分现象或缺陷，作为内含物看待，从而在净度级别的评定中考虑了这些特征的作用。尤其是对FL净度级别的评判中，外部特征起非常重要的作用。在切工分级方面，以美国理想圆钻为基础，对标准圆钻型切工的比例进行测量，并提出了系统的评价优劣的观念和方法。不过，GIA的宝石贸易实验室在切工分级时，只测量出圆钻的比例，不作等级和优劣的评价。GIA是世界上出钻石证书最多的机构。

8.2.2　CIBJO钻石分级规则

国际珠宝首饰联合会（CIBJO）是一个国际性组织，成立于1961年，有二十几个国家参加，包括美国、墨西哥、加拿大和几乎所有的欧洲国家。虽然包括美国、墨西哥和加拿大等美洲国家，但是CIBJO的主要影响在欧洲。1970年又成立了CIBJO钻石专业委员会，并在1974年通过了CIBJO钻石分级规则。经CIBJO认可的珠宝鉴定实验室，必须具备CIBJO所规定的条件，执行CIBJO的钻石分级标准、宝石定名标准和珍珠定名标准。这些标准分别称为钻石手册、宝石手册和珍珠手册。钻石手册在1979年作了重要修改。修改之后的CIBJO钻石颜色色级界限与GIA色级的界限一致。CIBJO钻石分级标准对钻石切工中的圆钻比例不作评价，并认为不同比例的组合同样可以产生很好的效果。对比例特别不好的情况，则在备注中说明，例如"鱼眼石"的情况。

8.2.3　IDC钻石分级标准

国际钻石委员会（IDC）是世界钻石交易所联盟（WFDB）和国际钻石制造商协会（IDMA）于1975年成立的联合委员会。成立这一联合委员会的目的是要为钻石商贸制定一个在国际上普遍适用的钻石品质评价的统一标准，并且在全世界保障这套标准的实施。为了达到这一目的，国际钻石委员会与比利时钻石高层议会，在CIBJO钻石专业委员会的参与下，于1979年提出了"国际钻石分级标准"。该标准与其他的钻石分级标准基本一致，最为显著的特点是"5微米"规则和外部特征在净度级别评价中的作用。"5微米"规则的核心是用标准样品来界定IF与VVS两个净度级别：对IF级的钻石，即可视为无内含物的钻石，其外部特征不再影响净度级别，而只是在备注中描述或记录所存在的外部特征。但是，同样的外部特征，却可能把从内含物上看属于VVS级的钻石，下降为VS，甚至SI级。

目前，执行IDC钻石分级标准的主要实验室有：位于德国宝石城（Idar-Oberstein）的钻石与宝石检测实验室，在以色列Tel Aviv城的以色列国家宝石研究所，南非珠宝首饰委员会设在Johannesburg的钻石鉴定实验室，位于比利时Antwerp的钻石高层议会的钻石鉴定实验室等。国际钻石委员会非常致力于推行IDC标准，积极进行钻石分级的各种研究，并根据实际情况修改标准。

8.2.4 德国的钻石分级标准（RAL）

德国国家标准联合委员会在1935年颁布的交易与保险的质量术语规范（RAL）首次对钻石的术语作了规定，但是到1963年的第五版（RAL560A5）才对这些术语作了定义。1970年以补充条款（RAL560A5E）的形式，加入了钻石切工评价的内容。

8.2.5 斯堪的纳维亚钻石委员会的钻石分级标准（Scan.D.N）

包括了丹麦、芬兰、挪威和瑞典4个北欧国家的斯堪的纳维亚钻石委员会于1969年通过了一项钻石分级标准，称为"斯堪的纳维亚钻石命名规则"，通常简写成Scan.D.N.（Scandinavian Diamond Nomenclature）。1980年更新了原有版本。新版本对钻石分级的方法作了很好的阐述。该标准的颜色分级与净度分级与GIA标准比较接近，其差异只在详略上有些区别。在切工评价上，以Scandinavian标准圆钻为依据。Scan.D.N.是欧洲问世最早的系统的钻石分级标准，对欧洲各国的钻石分级标准的建立和改进起到了促进作用。

8.2.6 比利时钻石高层议会钻石分级标准（HRD）

比利时钻石高层议会是代表比利时钻石工商业的非营利性机构。在钻石的加工技术、商业贸易、钻石鉴定分级、人才培训等方面提供服务，并且开展国际交流，在国际上也颇有知名度。在钻石分级方面，HRD有独特的地方，尤其是在净度分级上，强调定量性。但是，自从与国际钻石委员会共同起草了"国际钻石分级标准"之后，就采用了IDC标准。IDC标准净度分级与国际上其他分级标准的方法基本一致，不强调对净度特征的定量测量。HRD的宝石学院在钻石分级的教学上，仍保留了净度定量分级的特有理论和方法。

8.2.7 我国的钻石分级标准（GB/T 16554—2017）

中国最早的钻石分级标准（国标GB/T 16554—1996）是由中国国家质量技术监督局在1996年10月7日发布，于1997年5月1日正式实施。自国家标准实施以来，促进了我国珠宝市场的规范化，2003年、2010年、2017年分别在原来国家标准的基础上作了一些修改。目前现行有效的为2017年修订的标准。

新标准与IDC钻石分级标准接近。但是部分具体内容又接近于GIA标准。在技术条件的要求上，比国际上的标准要宽松一些，以适应我国现有的情况。与国外的钻石分级标准最大的不同之处是，建立了镶嵌钻石的简略分级标准。

钻石的4C标准，作为钻石分级评价的依据，在钻石评估中占有重要的地位。在运用中，除了要掌握分级方法外，还必须对所采用的分级系统有全面具体的了解，特别是对国际上已经有较完整体系的分级标准或分级规则的异同，要很好地掌握。要注意，由于各种分级系统根据实施情况常进行修订，会出现一些变动，在钻石评价分级或评估报告中都要指明分级所采用的分级标准或分级规则的名称。

表8-1列举了国际上有影响的钻石分级标准对比。

表8-1 国际钻石分级标准对比

标准	颜色		净度	切工	说明
GB/T 16554—2017	D E F G H I J K L M N <N	100 99 98 97 96 95 94 93 92 91 90 <90	用十倍放大镜分成: 镜下无瑕(LC)(FL、IF) 极微瑕(VVS$_{1+2}$) 微瑕(VS$_{1+2}$) 瑕疵(SI$_{1+2}$) 重瑕(P$_{1+2+3}$)	比率标准 根据偏移程度分成: 极好、很好、好、一般、差 修饰度:根据抛光和部分对称性特征综合评价,分成:极好、很好、好、一般、差	净度级别由瑕疵的大小决定。瑕疵包括内部瑕疵和外部瑕疵。颜色色级的2种术语都同时有效
GIA	Colorless Near colorless Faint Very Light Light 彩钻	D-F G-J K-M N-R S-Z	用10倍放大镜分成: FL IF VVS$_{1+2}$ VS$_{1+2}$ SI$_{1+2}$ I$_1$ I$_2$ I$_3$	比率:只测量,不评价 标准琢型:Tolkowsky圆钻 修饰=对称性+抛光,并分别评价 对称性:极好、很好、好、一般、差 抛光:极好、很好、好、一般、差	外部特征影响净度,切工中不含外部特征
HRD	Exceptional White$^+$ Exceptional White Rare White$^+$ Rare White White Slightly Tinted White Tinted White Tinted Colour 1 Tinted Colour 2 Tinted Colour 3 Tinted Colour 4 彩钻	D E F G H I ~J K ~J M ~N O ~P O ~R S ~Z	用带标尺显微镜放大10倍测量内含物的大小, 分成: IF VVS$_{1+2}$ VS$_{1+2}$ SI$_{1+2}$ P$_1$ P$_2$ P$_3$	比例标准 台面大小:56% ~66% 冠部高度:11% ~15% 亭部深度:41% ~45% 腰棱厚度:薄~中 底尖大小:小于1.9% 根据偏离程度评价 不偏移:优 小于2%:好 大于3%:出乎寻常 修饰=对称性,分成: 优、好、中、差	外部特征影响净度,抛光痕也影响净度
CIBJO (1991)	Exceptional White$^+$ Exceptional White Rare White$^+$ Rare White White Slightly Tinted White Tinted White Tinted Colour	D E F G H I ~J K ~L M ~Z	用10倍放大镜分成: LC VVS$_{1+2}$ VS$_{1+2}$ SI$_{1+2}$ P$_1$ P$_2$ P$_3$	比例:一般不评价 特差比例在备注中描述 修饰=对称性+抛光,分别评价: 对称性:优、好、中、差 抛光:优、好、中、差	除大的外部缺陷外,外部特征不影响净度。从冠部一侧可见的外部特征在备注中描述
IDC (1979)	Exceptional White$^+$ Exceptional White Rare White$^+$ Rare White White Slightly Tinted White Tinted White Tinted Colour 1 Tinted Colour 2 Tinted Colour 3 Tinted Colour 4	D E F G H I ~J K ~L M ~N O ~P O ~R S ~Z	用10倍放大镜分成: LC VVS$_{1+2}$ VS$_{1+2}$ SI P$_1$ P$_2$ P$_3$	比例标准 台面大小:56% ~66% 冠部高度:11% ~15% 亭部深度:41% ~45% 腰棱厚度:薄~中 底尖大小:小于1.9% 根据偏离的程度分成:优、好、中、差 修饰=对称性+抛光,分别评价: 对称性:优、好、中、差 抛光:优、好、中、差	除了放大镜下洁净(LC)以外,外部缺陷影响净度,对LC级别,外部缺陷应在备注中描述,并且在切工中进行评价。VVS与LC的区别应用"5微米"规则

续表

标准	颜色		净度	切工	说明
RAL560A 5E（1970）	Blau Weiss Feincs Weiss Weiss Schwach Getontes Weiss Getontes Weiss Schwach Gelblich Gelblich Gelb	D～E F～G H I～J K～L M—N O～P S～Z	用10倍放大镜分成： IF VVS VS SI P_1 P_2 P_3	比例标准 台面大小：52%～64% 冠部高度：12%～18% 亭部深度：42%～45% 腰棱厚度：3% 根据偏离程度评价 不偏离：优 偏离5%：好 偏离大于10%：差 修饰＝对称性＋外部缺陷＋抛光，综合评价并分成： 优、好、中、差	净度仅由内含物决定，外部特征不影响净度，但在修饰中评价
Scan.D.N.（1980）	Rarest White Rare White White Slightly Tinted White Tinted White Slightly Yellowish Yellowish Yellow	D～E F～G H I～J K～L M Z	用10倍放大镜分成： FL IF VVS_{1+2} VS_{1+2} SI_{1+2} P_1 P_2 P_3	比例标准 台面大小：52%～65% 冠部高度：11%～17% 亭部深度：42%～45% 腰棱厚度：很薄～中 底尖大小：点状～中 标准以内：好 偏离标准：中～差 修饰＝对称性＋抛光 根据对亮度的影响分别评价： 对称性：优、好、中、差 抛光：优、好、中、差	外部特征影响净度。放大镜下洁净级要用显微镜鉴定

9

钻石的重量

9.1　钻石重量的意义

钻石的重量是衡量钻石价值的一个重要标准，标志着钻石的稀有程度。自然界产出的钻石，无论是从原生矿床还是次生矿床开采出的绝大多数都较小，超过1ct的钻石只占总产出量的一小部分。据不完全统计，全世界已发现的重量超过100ct的钻石总数为1900多颗，其中超过1000ct的仅有两颗，500～1000ct的有20颗，200～500ct的有228颗。目前世界上最大的原石库里南产于南非，重3106ct，发现于1905年。世界上十大成品钻石如表9-1所示。

表9-1　世界十大成品钻石

序号	重量/ct	名称	琢型	颜色	发现时间（年）	收藏者
1	530.20	Cullinan I	梨形	无色	1905	英国皇家珠宝
2	407.48	Incomparable	梨形	黄色	1984	美国钻石商
3	317.40	Cullinan II	垫形	无色	1905	英国皇家珠宝
4	280.00	Great Mogul	玫瑰形	无色	1650	未知
5	277.00	Nizam	圆形	无色	1835	印度
6	250.00	Great Table	长方形	粉红色	1642	未知
7	250.00	Indien	梨形	无色	未知	未知
8	245.35	Jubilee	垫形	无色	1895	法国
9	234.50	De Beers	圆形	黄色	1888	印度
10	228.50	Vicotoria	不详	黄色	1880	印度

1977年，在中国山东省临沭岌山镇常林村的农田中，一位女士发现一颗迄今为止中国最大的钻石（重158.786ct），在世界上排名250位以后，被命名为"常林钻石"。

钻石越大就越稀有，价值也越高。所以，在钻石经济评价中，重量是首要因素，在钻石分级中，钻石质量是指原石经切磨后的成品重量。

钻石的重量除了具有稀有性的重要意义外，同时也是展现亮光、火彩和闪烁的基础。小钻石由于其单个的体积太小，表现不出足够的明亮度，只得采用群镶的方式，使多个小钻集合在一起，来补偿这一不足。但是，小钻通常只能表现出亮光，而火彩不足。能表现较强亮光的单个钻石，其直径要在4.5mm左右，重量在0.30ct左右。要体现较明显的火彩，钻石的重量要在0.70ct以上才行。所以，重量又是钻石赖以展示美丽的基础。

钻石价格与重量的关系并不是简单的线性关系，而是在重量处出现明显的台阶，称为"克拉溢价"（图9-1）。

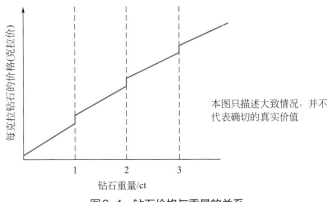

本图只描述大致情况，并不代表确切的真实价值

图9-1 钻石价格与重量的关系
溢价处还可在1/4、1/2、3/4ct处

9.2 钻石的称重方法

9.2.1 钻石的称重及法则

钻石是一种比较贵重的宝石，重量相差一点，价格就会相差很多。因此，必须用十分精确的工具来称量钻石的重量。钻石的国际通用重量单位是克拉（ct）。克拉（carat）一词来源于地中海沿岸所产的一种洋槐树的名称。这种树的干种子具有非常稳定的大约为1/5g的重量，因此被商人用作宝石的重量单位。

1克拉 = 0.2克 1g = 5ct

分（point）1ct = 100pt

1格令（grain）≈ 0.25ct（近似重量）

重量大约在0.2ct以下的小钻称为"melee"（小钻）。

钻石的重量，可用天平直接称量确定。常用钻石克拉天平直接称量，精度可达到0.001ct。称量数值要求保留到小数点后两位，第三位实行逢九进一的规则，其他忽略不计。例如，称重得0.578ct计价时只按0.57ct计算，而称重得0.579ct则可按0.58ct计价。

我国的标准规定：用分度值不大于0.0001g的天平称量，质量数值保留至小数点后第4位。换算为克拉重量时，保留至小数点后第2位。克拉重量小数点后第3位逢9进1。使用分度值不大于0.00001g的天平称重时，数值可保留至小数点后第5位，换算为克拉重量时，保留至小数点后第3位。第4位逢9进1。如：

0.5789ct—0.579ct 0.5786ct—0.578ct

9.2.2 钻石重量的估算

钻石重量的估算是通过测量钻石尺寸获得钻石重量的方法。这种方法在交易过程中常用，并用于识别仿钻。测量钻石常用的量具有摩尔卡尺、钻石卡尺和千分尺等，常用的方法有以下几种。

（1）镶嵌钻石的重量估计

钻石的切工大多为圆形明亮式琢型，是按照标准比例切磨的，腰棱尺寸与重量成正比关系。测量圆钻的腰棱直径即可粗略地估算出钻石的大概重量，这种方法特别适用于切工标准的圆钻型。钻石直径与重量的关系，见表9-2。

表9-2　圆钻的腰棱直径与重量的关系

腰棱直径/mm	重量/ct	腰棱直径/mm	重量/ct	腰棱直径/mm	重量/ct
1.4	0.01	4.0	0.25	7.8	1.74
1.7	0.02	5.1	0.50	8.0	1.88
2.0	0.03	5.8	0.75	8.1	2.00
2.2	0.04	6.4	1.00	8.2	2.02
2.4	0.05	6.6	1.05	8.7	2.50
2.6	0.06	6.8	1.15	9.2	3.00
2.7	0.07	7.0	1.26	9.8	3.50
2.8	0.08	7.2	1.36	10.2	4.00
2.9	0.09	7.4	1.49		
3.0	0.10	7.6	1.61		

（2）钻石尺寸的测量

测量钻石的尺寸是估算钻石重量的基础。准确测量出钻石的几何尺寸，不仅为估重的准确性提供基础，而且还可以用作证明钻石身份的指纹材料。

测量钻石的尺寸时，要获得钻石在长度、宽度和高度方向上的最大尺寸。对于圆钻，没有宽度方向，而是测出腰棱的最大直径和最小直径。以三角形款式切磨的钻石，则要测量出三角形最长的边的尺寸和这条边到相对顶点的垂直距离，作为长和宽。高度是钻石台面到底尖的距离，对各种琢型都一样。图9-2列出了各种常见花式琢型应测量的长与宽。

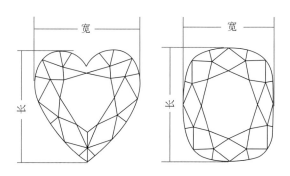

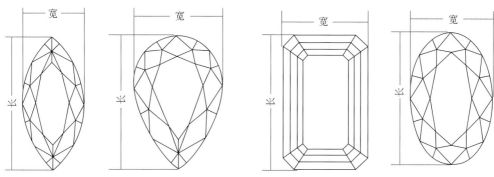

图9-2 常见花式琢型的长与宽

（3）测量钻石的量具

测量钻石常用的量具有孔型量规、现代量规、摩尔卡尺、摩式量规等。

① 孔型量规　孔型量规是用塑料或金属做成薄板，其上有与圆形明亮琢型钻石的标准直径相对应的孔。因为这种量规只是针对按理想比例切磨的钻石，所以它的精度十分有限。

② 现代量规　现代量规是一种比较精确的仪器。它是由一对钳牙组成，一个是固定的，另一个是弹簧承载的。这种设计使量规能够度量大多数镶嵌类型的钻石的尺寸。读数从度盘或显示屏上读出。不但可以方便地测量裸钻的各种尺寸，而且还设计成能够测量镶嵌钻石的尺寸。

③ 摩尔卡尺　摩尔卡尺是较简单的一种，轻便易于携带，准确度在0.1 mm左右。

④ 摩式（Moe）量规　摩式量规是一种测量规，测量规能度量钻石的尺寸，用于估计较大的已镶嵌钻石的重量。根据度量的结果可计算出钻石的重量。从它的标尺上可得出钻石尺寸的任选单位的读数，再参照所提供的换算表得到钻石的重量。

⑤ 钻石量尺　钻石量尺的准确度高，在0.02mm左右，最新式的电子式钻石量尺，数字显示测量结果，准确度可达0.01mm。其使用方法如图9-3所示。

测量钻石时，一定要小心，因为卡尺所接触到的部分，如底尖、腰棱、腰棱的尖端等，都是钻石最易受损的部位，要避免造成损伤。

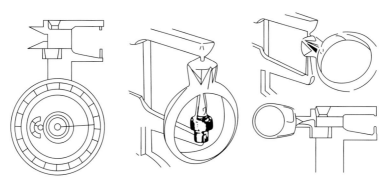

图9-3 钻石量尺的使用方法

（4）不同琢型的估重公式

由于钻石琢型的比例和相对密度相对固定，当测量出琢型的主要尺寸后，就可估测该钻石的重量，各种琢型均有经验估重公式，不同琢型的估重公式中，钻石的尺寸均以毫米为单位，计算得出的重量以克拉为单位。

① 圆钻的估重公式：

$$估算重量(ct)：W = 直径^2 × 高 × k \qquad (9-1)$$

式中，系数k取0.0061～0.0065之间的数值，与圆钻的腰棱厚度相关，腰棱越厚所取的数值越大。当腰很厚时，取0.0065；厚时，取0.0064；中等时，取0.0063；薄时，取0.0062；很薄时，取0.0061。

② 椭圆明亮式琢型的估重公式：

$$估算重量(ct)：W = 平均直径^2 × 高 × 0.0062$$

即：$W = [(长+宽)/2]^2 × 高 × 0.0062 \qquad (9-2)$

③ 心形明亮式琢型的估重公式：

$$估算重量(ct)：W = 长 × 宽 × 高 × 0.0059 \qquad (9-3)$$

④ 三角形明亮式琢型的估重公式：

$$估算重量(ct)：W = 长 × 宽 × 高 × 0.0057 \qquad (9-4)$$

⑤ 水滴多面形、橄榄多面形、祖母绿琢型的估重公式：

$$W = 长 × 宽 × 高 × k \qquad (9-5)$$

k值随长宽比不同的取值如下表9-3所示。

表9-3　k值随长宽比值不同的取值

长：宽	水滴多面形	橄榄多面形	祖母绿琢型
1.00：1	0.0062	0.0057	0.008
1.50：1	0.0060	0.0058	0.009
2.00：1	0.0059	0.0059	0.010
2.50：1	0.0058	0.0060	0.011

式（9-2）至式（9-5）中的系数，适用于腰棱厚度在中至薄的钻石。如果钻石的腰棱偏厚，则要对计算出的重量作少量的修正。修正的程度与钻石的大小及腰厚的情况有关，修正的参数见表9-4。

表9-4　花式钻估算重量的腰厚度修正系数表

宽度/mm	稍厚	厚	很厚	极厚
3.80～4.15	3%	4%	9%	12%
4.15～4.65	2%	4%	8%	11%
4.70～5.10	2%	3%	7%	10%
5.20～5.75	2%	3%	6%	9%

续表

宽度/mm	稍厚	厚	很厚	极厚
5.80~6.50	2%	3%	6%	8%
6.55~6.90	2%	2%	5%	7%
6.95~7.65	1%	2%	5%	7%
7.70~8.10	1%	2%	5%	6%
8.15~8.20	1%	2%	4%	6%

表中百分数的使用方法是，对按公式计算得到的估算重量，再乘上（1+修正系数），用公式表示为：

$$修正后重量(ct)：W = 估算重量 ×（1+修正系数） \qquad (9-6)$$

[例] 一颗长6.05mm、宽3.02mm、高2.42mm的水滴多面形琢型的钻石，其腰棱稍厚，查表9-4，宽度接近于3.80 ~ 4.15mm的一行，腰棱稍厚的修正系数为3%，重量计算如下：

$$估算重量(ct)：W = 长 × 宽 × 高 × k$$
$$= 6.05 × 3.02 × 2.42 × 0.0059 = 0.26$$
$$修正后重量(ct)：W = 0.26 ×（1+0.03）= 0.27$$

10

钻石颜色分级

钻石的颜色十分丰富，通常人们把钻石的颜色划分成两大系列，即无色－浅黄色系列和彩钻系列。颜色分级是针对无色－浅黄色系列透明钻石的分级，是界定近于无色系列钻石品质的一项指标。存在于大多数钻石中的黄色系列可以看成是一个颜色连续系列，这个系列常称为开普系列（cape series）或好望角系列（因最早多数无色和浅黄色钻石产在南非的好望角地区而得名，该系列是颜色分级的主要对象）。但在钻石商贸中，除了带黄色调系列的钻石以外还有带褐色、灰色，甚至绿色等色调的钻石，也要对其进行颜色分级。彩色钻石（fancy colored diamond）由于数量极其稀少，价值很高，特别是色调鲜艳，饱和度高者，更是价值连城，至今无成熟的规则对其进行分级，目前国内外的钻石颜色分级标准和规则，都不适用于彩色钻石。

　　在浅黄色系列钻石中，颜色一方面可以影响到钻石的外观，尤其是颜色比较深的情况，浅黄色、浅褐色、浅灰色或其他色调，往往不为人们所喜爱。另一方面颜色还可反映稀有程度，愈是无色的钻石愈是稀有，尽管在很接近无色的钻石之间的色调差异对钻石的外观已没有实际的影响，但仍然被划分成不同的色级。

　　当今所见的大部分成品钻石看上去是无色的，实际上仍带浅黄色调，颜色分级就是试图运用比色的方法来确定黄色的色调，是以目视比较为基础的。这种方法虽然是人为的、主观的、经验的，但仍是目前最好的方法。

10.1　颜色分级的条件

　　到目前为止钻石颜色分级方法仍然采用传统的比色法，其原理是首先建立一套完整的钻石标准比色石，将待定样品与之对比来确定钻石的等级。由于钻石的颜色分级是以目视比较为基础的，通过比较待分级的钻石样品与标准样品（比色石）的颜色深度的接近程度来确定钻石的色级。因此，需要建立一个特定的平台，即要求具有一个相对一致的条件。在这个条件下，经过严格训练的钻石分级师能够对分级中所遇到的各种问题进行综合分析，准确定出钻石样品所属的色级。钻石的颜色分级应具备以下几方面的条件。

10.1.1　标准比色石

　　比色石需达到下列要求：
　　① 比色石不得带有除黄色以外的色调；
　　② 比色石不得含带有颜色的或肉眼可见的内含物，其净度等级应在SI_1以上（含SI_1）；
　　③ 比色石的琢型必须是切工良好的标准圆钻型，最好是抛光腰棱；
　　④ 比色石要大小均一，同一套比色石的重量差异不得大于0.10ct，每粒比色石的重量不应小于0.25ct；
　　⑤ 比色石不得有强荧光反应；
　　⑥ 比色石必须进行严格的色级标定，并位于所要求的色级界限上或某种统一的位置上。
　　如果比色石不满足以上要求，就可能在钻石分级中产生分歧，影响分级结果。标定比色石的色级最为重要，一套合格的比色石，必须保证每一粒比色石在其所代表的色级中的位置一致。比如，所有的比色石都处于每一色级的上限或者下限。不同的钻石分级标准，对比色石的色级位置的规定不同。我国的钻石分级标准要求比色石应代表该颜色级别的下限，比色石颜色级别可以溯源至钻石颜色分级中的比色石国家标准样品。GIA钻石分级标准要求比色石为每一色级的上限，比色石从E级开始。CIBJO中则规定比色石为每一色级的下限，比色石从D级开始。原则上，比色石与待测钻石的大小越接近，比色越容易。从经济角度上考虑，一般比色石要小一些。

　　关于比色石的大小，一般不作严格的要求。但比色石的重量不应小于0.25ct。选择比色石大小的原则是，根据实际工作中经常遇到的样品的大小，来确定比色石的大小。比色石与样品越接近，比色就越容易。在CIBJO和IDC的标准中，建议使用0.70 ct大小的比色石。我国的钻石分级标准，没有对比色石的大小做出具体的规定。但是，比色石不是越大越好，因为比色石越大，价格越高。应该根据实际情况，来选择合适的比色石。

　　我国的钻石分级标准中色级共分12级，一套完整的比色石需要10颗或11颗比色石，每颗比色石代表该色级的下限（图10-1）。GIA（美国宝石学院）的标准比色石是由9颗比色石组成，每颗比色石代表该色级的上限（图10-2）。而CIBJO的比色石是由7颗比色石组成，每颗比色石代表该色级的下限。

![image with letters D E F G H I J K L M N]

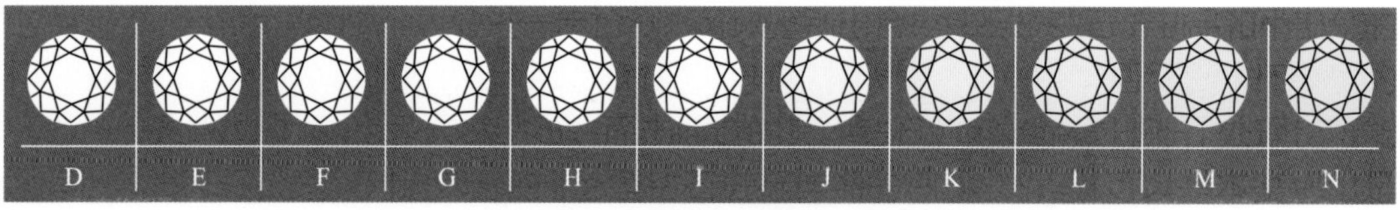

图10-1　国内标准比色石

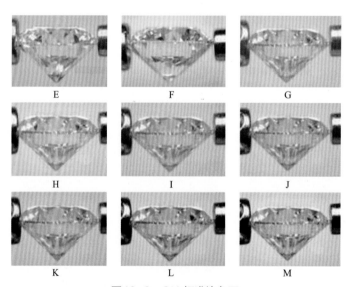

图10-2　GIA标准比色石

　　使用立方氧化锆（CZ）作为比色石，不可能得到精确的钻石颜色级别。因为CZ的颜色不够稳定，长期使用后，颜色会发生变化，使比色石失效。而且，CZ色散比钻石强，比色时容易出现火彩，影响比色。再者，CZ的折射率低于钻石，按标准圆钻型切割的CZ比色石，对光线的反射与折射不同于钻石，这也会影响比色的效果。美国宝石学院所属的GIA宝石商业实验室也不会用CZ比色石作色级鉴定。尽管如此，在美国宝石学院所属的GIA宝石仪器有限公司1996年的产品中，还是增加了CZ比色石，并保证，由其独家出售的CZ比色石，是经过严格的挑选和鉴定的，即使经长波紫外光长时间的辐照，也不会改变颜色。

CZ比色石会有市场，有两个方面的原因。首先，CZ是当今所有的仿钻材料中与钻石最相似的材料，用作比色石能起到比色的作用。其次，CZ比色石比钻石比色石便宜很多，其价格只有钻石比色石的几十分之一。尽管CZ不能提供精确的色级，但还是可用于判断钻石的大致色级。国际上专业的钻石分级机构都反对使用CZ比色石。许多专家也认为，CZ比色石可用于许多方面，但不宜用于正式的钻石分级报告的工作中。

10.1.2　合适的光源

合适的光源是指不含紫外线的、光谱能量曲线分布平滑的白色人造光源。国际上不同国家对钻石分级所采取的光源色温有不同的限定。我国国标规定，色温在5500～7200K，且无紫外光的荧光灯。使用消色的镊子，把比色石和待分级钻石放置在用无荧光的厚白纸折成的V形槽或以白色无荧光的塑料为基底，上面开有大小及角度不同的V形槽比色板内，观察比较定出色级（图10-3）。美国宝石学院规定的色温为5500～7200K；比利时钻石高阶层会议使用D65的日光灯作为光源。

图10-3　钻石分级师在合适的光源下进行颜色分级

10.1.3　理想的分级环境

由于钻石的颜色分级是以"cape"系列（黄色系列）为基础的。虽然从无色到黄色的变化比较容易辨认，但相邻级别的颜色变化是极微小的，故要通过比色石准确地确定待测钻石的色级，要求环境只能为具有白色或者灰色等中性色的分级环境。实验室还应避免杂光的照射，要排除分级使用光源外的其他光线。暗室或半暗的实验室是理想的分级环境。此外，还可以使用一些特殊的工具以减少环境因素的影响。最好在比色的工作台上铺一张光滑的白纸，V形分级纸槽颜色更应纯白、无荧光、无反光，使分级工作具有良好的环境条件。

10.1.4　人员要求

从事颜色分级的技术人员应受过专门的技能培训，掌握正确的操作方法。由2～3名技术人员独立完成同一样品的颜色分级，并取得统一结果。

10.2　钻石颜色级别及其判定

钻石的颜色分级是人们在长期的实践中，为了满足钻石贸易的需要，摸索总结而建立起来的。最初的钻石颜色是用矿山的名字来命名的，如最白的钻石被命名为"Jager"。Jager是南非的一个著名的钻石矿山，这个矿山产出的钻石颜色大多数都很白，且具有很强的荧光。颜色较黄的钻石则被定名为"Cape"，因为Cape矿山产出的钻石绝大多数带黄色调。南非著名的钻石矿山Jagersfortein，盛产"蓝白钻"，就将带有明显类似颜色的钻石称为"Jagers"。这种颜色分级带有很大的主观性和随机性，不同的钻石商对钻石的颜色有不同的认识和命名方法，缺乏统一的颜色定名标准，这对钻石交易和钻石的颜色研究都很不利。随着钻石国际贸易的发展，这种以著名矿山名字来划分颜色等级的方法，逐渐被一些更系统更科学的分级方法所代替。目前，在国际上主要的分级标准中颜色分级标准已日趋统一。

10.2.1 钻石颜色级别

国际上主要的颜色分级标准的术语与我国钻石颜色分级标准见表10-1，从表中可以看出，不同的色级标准已没有本质的区别。我国2017年颁布的钻石颜色分级标准则规定了2种同级有效的色级术语，取消了文字描述。

表10-1 国际色级对照表

CIBJO	GIA	IDC(HRD)		中国 香港/台湾	GB/T 16554-2017		旧名词 (old terms)
Exceptional White+ 特白+	Colorless	D	Exceptional White+ 特白+	100	100	D	Jager
Exceptional White 特白		E	Exceptional White+ 特白+	99	99	E	River
Rare White+ 上白+		F	Rare White+ 上白+	98	98	F	Top Wesselton
Rare White 上白	Near Colorless	G	Rare White+ 上白+	97	97	G	Wesselton
White 白		H	White 白	96	96	H	Top Crystal
Slightly Tinted White 较白		I	Slightly Tinted White 较白	95	95	I	Crystal
		J		94	94	J	
Tinted White 次白	Faint	K	Tinted White 次白	93	93	K	Top Cape
		L		92	92	L	
Tinted Colour 带色调		M	Tinted Colour 1 带色调1	91	91	M	Cape
	Very Light	N		90	90	N	Low Cape
		O	Tinted Colour 2 带色调2	89	<90	<N	Very Light Yellow ↓ Fancy Yellow
		P		88			
		Q	Tinted Colour 3 带色调3	87			
		R					
	Light	S-Z	Tinted Colour 4 带色调4	86			

GIA的颜色分级体系将钻石的颜色划分为23个级别，分别用英文字母D～Z来表示，其中D～N这11个级别是最常用的（图10-4）。欧洲的颜色级别体系保留了传统的简单文字描述特色，但也不断修改，并在主要级别上与GIA的体系相对统一。内容相近的CIBJO和IDC标准，对0.47ct以下的钻石不细分EW⁺和RW⁺，Scan.D.N标准对0.47ct

以下的钻石采用简化色级。我国的标准借鉴了国外的经验，结合中国人的习惯，将颜色划分为12个级别，并限定标准适用于0.20ct及以上的未镶嵌抛光钻石，及0.20～1.00ct的镶嵌抛光钻石，而GIA标准则没有对被分级钻石的大小或重量做相应的规定。表10-2列出了GIA标准专业人员对钻石各颜色的定义。

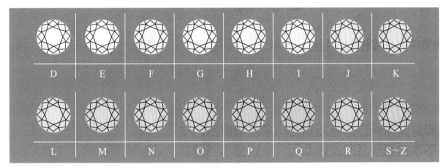

图10-4 钻石的色级

表10-2 在GIA标准中给出了专业人员的颜色定义

D E F	G H I J	K L M……Z
有经验的专业人员从冠部看为无色	从冠部看0.2ct以上的钻石呈黄色调	有黄色调
有经验的专业人员从侧面看为无色	从侧面看为浅色	明显带色 O～Z明显的黄色

钻石的每个色级都代表了一个颜色变化范围，而不是只代表颜色系列中的一个点。在任何一个颜色分级体系中，色级之间的分界点完全是任意的点，只是为了简化钻石颜色的质量评价，才将颜色划分成经选择确定区间的点。其实颜色之间没有明确的界限。是由一些连续的点组成的。

10.2.2 色级判别规则

不同的比色石系列，使用时要注意其不同的规则，当待测钻石的颜色深度介于相邻的比色石之间时：

① 位于色级上限的比色石，待测钻石与色级较高的比色石属同一色级。

② 位于色级下限的比色石，待测钻石与色级较低的比色石属同一色级（图10-5）。

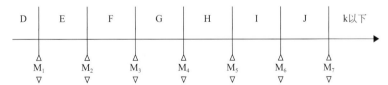

图10-5 在国标分级中，标准比色石位于每一色级的下限（M为比色石）

需要注意的是，每个色级范围间距是不等的，这是因为色级颜色深度的变化是不等距的，随着色级的降低，色级之间颜色深浅的差异也就越大。所以，当钻石位于两个色级的中点时，并不是位于两个色级的界限。例如，如果钻石样品位于H和I颜色深度的中间，并不是位于H和I色级的中点，而是在H色级（比色石为上限比色石）或I色级（比色石为下限比色石）的范围之内。

10.2.3　颜色分级的实际操作及步骤

（1）钻石分级前的准备工作

① 在移动或摆放钻石和比色石时，不可用手直接持拿钻石或比色石，以避免手上的油脂污染钻石或比色石。要使用镊子，同时也要保持镊子的清洁。

② 待比色的钻石，在比色之前要清洗，避免因污染造成错误分级。比色石也要定期清洗，并要注意腰棱的清洗。

③ 待比色的钻石，在比色之前要进行观察和记录，测量出钻石的大小和重量，描述内含物和其他净度特征。比色完毕后，再加以检查，以证实其为原来的样品，以免与比色石弄混。比色石与待比色钻石混淆，在同时比较多粒钻石时最易于发生，这种操作要加以禁止，或采取特别的防范措施。比色石的证书须妥善保存，一旦产生怀疑，要根据比色石证书来确认比色石。

（2）颜色分级的实际操作及步骤

① 在拿到比色石之后，首先要知道此套比色石为上限石，还是下限石，然后将比色石清洗干净，把比色石按色级从高到低（从无色到带色）的顺序，从左到右，台面朝下，依次排列在比色纸或比色板的"V"形槽内。比色石之间相隔1～2cm。

② 观察、描述和记录待比色钻石的内含物和净度特征，测量重量并清洗干净。

③ 把排列好的比色石放到比色灯下，与比色灯管距离10～20cm，视线平行于比色石的腰棱或垂直亭部（图10-6），观察比色石，识别颜色由浅到深的变化，同时注意比色石颜色集中部位（底尖，腰棱的两侧，如图10-7所示）。

④ 把待分级的钻石放在两颗比色石之间，如E和F，并与左右两边比色石进行比较。若待测钻石的颜色比左边比色石深，也比右边比色石深，则把钻石向右移动一格放到F和G之间进行比较，直到待测钻石的颜色比左边的比色石深，又比右边比色石浅为止，就可

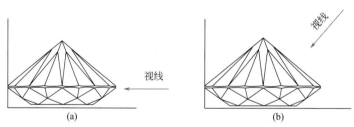

图10-6　钻石颜色的观察方法

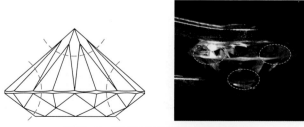

图10-7　钻石的颜色集中在画虚线部位

判断出该钻石所属的色级。

⑤ 如果钻石反光太强，可对钻石进行哈气，以消除反射光。也可采用微小移动比色槽或稍微改变比色槽倾斜度的方法，消除反光。

⑥ 对带有灰、褐色调的钻石进行比色，最好采用透射光比色法，即让光线从比色槽的后面或下面透出（图10-8）。此时灰、褐色调减弱，更容易比较其颜色的浓淡。

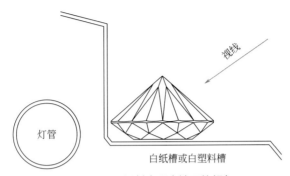

视线

灯管

白纸槽或白塑料槽

图10-8　用透射光观察钻石的颜色

⑦ 比色时间不宜过长。如果产生视觉疲劳，应立即停止工作，直到恢复视力。

⑧ 检查钻石，确定其为原待分级的钻石样品，没有与比色石混淆，记录测试结果。

10.2.4　颜色分级中的常见问题

（1）视觉疲劳

颜色分级是相当主观性的判断，要做到分级符合样品的实际特征，需经过严格且大量的训练。另外个人的视力及样品的切磨标准等情况，也对分级产生影响。分级时无论是初学者还是有经验的分级师，长时间观察会出现视觉疲劳，这时应马上停止分级工作，休息几分钟，待视力恢复后再进行分级工作。实际上，快速做出决定的颜色印象比长时间观察后得出的结论更准确。

例如，当待分级钻石与比色石的颜色非常接近时，总觉得该钻石放在比色石左边时颜色深，放在比色石右边时颜色浅，表明该钻石和比色石的颜色相同。这时有可能与视觉疲劳相混淆。应稍作休息后再进行判定。

（2）待分级样品与比色石大小不一

大钻石所体现的颜色集中比较容易观察，经验不足者容易将它列为较低的色级。对大小悬殊的钻石比色时，可通过比较亭尖部分的颜色，来尽量减少因大小不同引起的误差；也可比较冠部，注意冠部与比色板接触的部位颜色深度。也可以用较小比色石的底部与大钻石底部向上1/3处相比较。

（3）花式钻石的比色

对于花式切工钻石应多比较几个方向，一般以斜对角方向比色较准确，总的原则是尽量选择花式钻石的刻面分布与比色石相似的部分或方向进行比色。长短轴方向相差较大的也可采用长短轴颜色平均的方法判断，如一粒马眼形切工的钻石，长轴、短轴方向分别为J和H色，那么，它的色级应判定为I色（图10-9）。

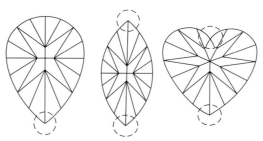

图10-9 花式钻石的比色

（4）带有其他色调钻石的比色

钻石不仅带有黄色调，有时还带有褐色、灰色等其他的色调，由于比色石只带黄色调，所以必须对其他色调的影响加以排除。必须明确的一点，比色是对颜色浓度的判定，而不是颜色色调的比较。

（5）无比色石时，待确定钻石分级的估测

先将清洗好的钻石放入比色槽内，然后凭经验的积累估测大致色级，估测要十分小心，尽量在与记忆颜色相同的环境下进行，各色级的颜色级别定义简表见表10-3。

表10-3 颜色级别定义简表

颜色级别	说明
D、E色级	无论从任何角度观察都没有颜色，（即不带任何色调，特别白）
F、G色级	从腰棱观察，对钻石进行呵气测试可感觉到钻石带色调，其余角度无色
H、I、J色级	从台面观察无色，腰棱观察略带黄色，哈气测试黄色调明显
K、L色级	从台面观察略带黄色，腰棱明显黄色
M、N……色级	从台面观察明显黄色

10.2.5 钻石的荧光及其分级

通常情况下，荧光是指当物质暴露于紫外光下，发出可见光的现象。在可见光的照射和激发下荧光也有可能发生。根据物质的不同性质，发出的可见光可呈现几乎所有的颜色。大多钻石（和其他贵重宝石）在置于紫外光下时具有这种现象。大约50%的钻石显示的荧光在特殊条件下肉眼可见，其中的10%的钻石荧光强烈到足以使钻石颜色产生感觉上的变化。

所有的射线都是能量的一种形式。当物体暴露于紫外光下时，会吸收紫外光能量，从而引起某些电子跃迁到高能带。这就导致了一个空缺位，只能通过另外的电子从高能带跃回来弥补。电子跃回将能量以可见光的形式释放出来，便产生发光现象。钻石中的氮（N）的存在是导致产生荧光的原因。

钻石的荧光效应是非常重要的，因为它能影响钻石颜色。钻石的荧光有多种颜色，但大多数钻石发蓝色荧光。我们都知道，90%～95%的钻石（Ⅰa型）带淡黄色调。在太阳光谱中紫外线的影响下，钻石会有淡蓝色荧光。这个蓝色的光与淡黄色结合，给我们的

印象就是钻石变得更白了。荧光的强度通过与样石的视觉比较而决定。

部分钻石在长波紫外光（365nm）的照射下会发光，这种性质称紫外荧光（图10-10）。钻石的荧光要独立地加以检测和评定。我国的钻石分级标准与CIBJO钻石分级标准一致，将荧光强度分为强、中、弱、无四个等级（图10-11）。GIA则分成极强、强、中、弱、无五个等级。如果钻石发蓝白荧光，将会增进其颜色的白度，提高其外观色级；如果钻石发黄色荧光，将会降低其外观色级。因此，蓝白荧光对钻石有利。但是，过强的荧光又会带来其他方面的不利影响。"超蓝钻"由于过强的荧光，产生乳白色的外观，使钻石的透明度降低，影响到其净度级别的判定。

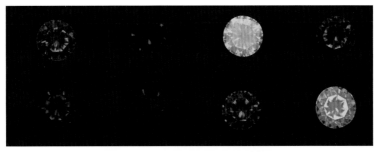

图10-10　不同钻石的荧光强度级别

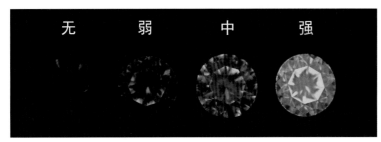

图10-11　标准荧光强度级别

荧光强度级别：2017版国标规定，用一套以标定荧光强度级别的标准圆钻作为样品，按钻石在长波紫外光下发光强弱，用三颗样石依次代表强、中、弱三个级别的下限，来判断钻石的荧光强度。

荧光强度划分规则：

① 待分级钻石的荧光强度与比对样品中的某一粒相同，则待分级钻石的荧光强度为该样品的荧光强度级别。

② 待分级钻石的荧光强度介于相邻的两粒比对样品之间，则以较低级别代表该钻石的荧光强度级别。

③ 待分级钻石的荧光强度高于比对样品中的"强"，仍用"强"代表该钻石的荧光强度级别。

④ 待分级钻石的荧光强度低于比对样品中的"弱"，则用"无"代表该钻石的荧光强度级别。

⑤ 待分级钻石的荧光级别为"中""强"时，应注明其荧光颜色。

观察钻石荧光时应垂直于钻石的亭部刻面，钻石慢慢显出其荧光浓度。样石放置好以后，钻石荧光分级的顺序应从左至右进行比较。

10.2.6 测定钻石颜色仪器的发展

多年以来就有使用仪器来进行客观分级的研究和探索。最早的研究成果是1955年美国ER.Shipley研制成的电子色度仪（electronic colorimeter）。该仪器应用的原理是钻石的黄色体色是由于蓝光被钻石吸收而产生的，而且蓝光被吸收得越多，体色就越黄。但是，这一仪器并不成功，无法对颜色作精确的评定。1967年德国宝石学家Schlossmacher教授和Perizonirs用分光光度计对钻石的颜色进行了客观的测量。他们研究了整个可见光区，350～700nm之间钻石的吸收特征，得出结论：钻石的黄色体色，取决于钻石在黄光区和蓝光区的吸收。根据这一成果，德国的Lenzen博士研制了称为"钻石光度计"（diamond photometer）的仪器，用于钻石色级的测量。该仪器测量出钻石对黄光的透过率（T_1）与对蓝光的透过率（T_2），依据两者的比值来准确确定钻石的色级。这种仪器的制造成本比分光光度计低，成为一种商业用的钻石比色仪。但是，钻石光度计也有局限性，当钻石具有荧光或者带有其他色调的颜色时，就得不到正确的结果。同时，每一台仪器的参数都不一样，测量出的数值也都不一样，必须用各自的工作曲线校正。

近年来，计算机技术也被应用到钻石比色的领域。Gemchrom公司、以色列克朗计算机工业公司（Gran Computer Industries Ltd）等，生产了称为"钻石比色仪"（Diamond Colorimeter DC 2000）（图10-12）的仪器，与五六十年代的仪器比较有了较大的进步，用途更为广泛，可以测量0.25～10ct大小的钻石，不仅对标准圆钻，还可对花式钻甚至原石进行测量，而且还可以测量已镶嵌钻石和带有其他色调的钻石。

尽管仪器的发展给钻石颜色分级带来了很大的帮助，但到现在为止，还没有比较完善、精确的仪器。因此，目前钻石颜色分级还是靠人的眼睛来判断。

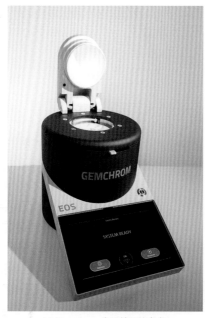 

(a) Gemchrom 公司钻石比色仪　　　　(b) DC2000 型钻石比色仪

图10-12　测定钻石色级的仪器

11

钻石净度分级

净度分级是在10倍放大镜下，对钻石内部和外部特征进行等级划分。钻石的净度是钻石纯净无瑕的程度。由于钻石是在自然界生长的，在不同时期，由于温度、压力的变化，钻石产生了如云状物、结晶包裹体和针状物等异相物质，我们称之为内含物或包裹体。不含异相物质几乎是不可能的，所以纯净的钻石美丽且稀有。这些内含物的存在可以证明是天然钻石，以区别于钻石仿制品。也可以从钻石中所包含的矿物去了解其生成的环境，进一步探索新的钻石矿源。

从理论上讲，这些异相物质（或瑕疵）会影响透过钻石的光，降低它的亮度和净度。但实际上，从首饰角度来看，细小的瑕疵，对钻石装饰效果的影响很小或几乎不影响。净度不仅是决定钻石质量的一个重要参数，也是决定钻石稀有性的重要因素。

在钻石分级中，是否"纯净"必须有一个衡量的尺度。肉眼看不见的瑕疵，在十倍放大镜的帮助下会变得非常清晰。即使在十倍放大镜下看不到的瑕疵，在显微镜下放大到更高的倍数时也会变成可见的。所以，是否存在瑕疵，还必须有一个条件，即观察的方式，这是钻石净度分级中明确规定的条件：用十倍放大镜或者放大十倍观察。

根据十倍放大镜（或十倍显微镜）下钻石瑕疵的程度，用钻石分级标准评定其净度等级称为净度分级。珠宝行业里，放大十倍仍见不到瑕疵，被认为是完美钻石。

19世纪末开始有钻石净度分级的概念。当时在钻石的交易中心——法国巴黎，为了区分那些稀有的比较纯净的钻石，用"纯净"（pure）和"瑕疵"（pique，法语）粗略地划分钻石级别。到20世纪初，新术语"镜下洁净"（loupe clean）开始取代"纯净"，在低放大倍数的放大镜下不能看到瑕疵的钻石称为"镜下洁净"，形成了现代净度分级概念的萌芽。

美国宝石学院GIA于20世纪20年代最早提出了系统的钻石分级方案，包括净度分级的概念和方法，得到了珠宝界的响应和采用。80年代以后，欧洲的钻石分级也开始有了较大的发展，并制订了钻石分级的方案及定名标准，例如国际珠宝首饰联合会的钻石手册、斯堪的纳维亚钻石命名法等，对GIA钻石净度分级的术语做了修改，使用中性措辞"内含物"（inclusion）取代GIA术语中贬义词"瑕疵"（imperfect），并提出了相应的概念。实际上这些物质是反映钻石自然形成的特征，并不一定是影响钻石美观的瑕疵。"瑕疵"是一个贬义词，用来描述钻石中的天然性质也不恰当。这种观点也得到珠宝业界的广泛认同，影响越来越大。后来GIA也接受了这一观点，修改了净度分级的用语和定义，把中高净度级别的"瑕疵"一词改用"内含物"，对低净度级别仍保留原来的术语——"瑕疵"，但在定义上用"内含物"来加以说明。到20世纪末，GIA才将净度分级做了详细的区分，以在十倍放大镜下看到的特征的数目和大小作为分级的依据，目前这是国际上已普遍采用的一种标准分级方式。

11.1　钻石的内、外部特征

11.1.1　钻石的内、外部特征种类

内部特征和外部特征是钻石净度划分的依据，内部特征和外部特征的划分也会对净度分级产生影响。

11.1.1.1 内部特征

内部特征是包含或延伸至钻石内部的天然固态包裹体、液态包裹体、气态包裹体、裂隙、双晶面（线）、生长面（线）以及人工处理的痕迹等，统称为内部特征。内部特征是内含物的同义词，是决定钻石净度的重要因素。可分为以下几种。

（1）晶体（crystal）

指被包含在钻石内的固态异相物质。在钻石净度评定工作中，对于钻石中包裹体的种类、成分不作分析研究，只观察它的大小、数量、形态、颜色及分布位置，作为净度评价的依据。根据包裹体的颜色和形态，大致可分为无色或浅色的包裹体、黑色或深色的包裹体和点状物（图11-1）。

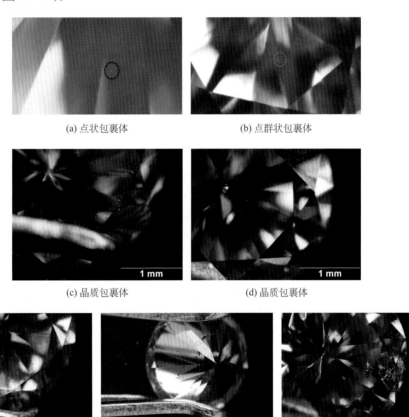

(a) 点状包裹体　　　　　　(b) 点群状包裹体

(c) 晶质包裹体　　　　　　(d) 晶质包裹体

(e) 晶质包裹体　　(f) 暗色包裹体　　(g) 暗色羽状包裹体

图11-1　钻石的包裹体

（2）双晶网（twins wisp）

钻石晶体的双晶会形成面状或线状的界限，在钻石双晶生长的地方形成的一系列针尖、云或晶体，与晶体畸变和孪生平面有关（图11-2）。

（3）云状物（cloud）

钻石中微小包裹体的集合体。呈朦胧状、乳状外观，无清晰边界，会降低钻石的透明

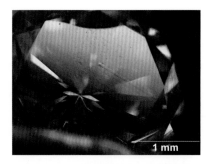

图11-2　钻石的双晶网（可见表面凹坑）

度（图11-3）。云状物的组成较复杂，可以是由许多细小固体颗粒组成，也可以是由晶体的缺陷或错位造成，也可以是一系列微小的裂隙。总之，云状物是由许多微小的包裹体聚集在一个区域内形成的。

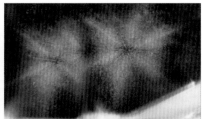

图11-3　钻石中的云状物

（4）羽状纹（feather）

钻石内由于解理或其他张力造成的裂隙，其外观形似"羽毛"（图11-4）。其大小、形状千差万别。羽状纹可以是封闭在钻石内部的，也可从内部触及到钻石表面。当光线与视角处于适当角度，羽状纹的裂隙面有较强的反光，此时羽状纹的颜色为乳白色，移动光源或者转动钻石观察，羽状纹的亮度又会变暗，甚至发暗。大的、面状的羽状纹对净度级别影响极大。

（5）须状腰（毛边）（beard）

从钻石腰棱伸向内部的细小裂隙。它是在钻石打圆过程中，由于过激的粗磨造成的，形如胡须（图11-5）。

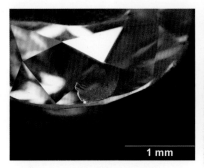

图11-4　钻石中的羽状纹　　　　图11-5　钻石的须状腰

（6）内部纹理（internal graining）

钻石内部的天然生长痕迹，也称生长线或面、生长结构、内部生长纹等，由原子排列不规则所造成，常呈平直线状。内部纹理如果是反光的、有色的或稍带白色的，将会对钻石净度产生影响（图11-6）。

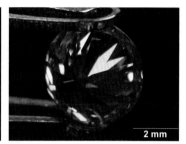

图11-6　钻石的内部纹理

（7）破口（chip）

破口是指从表面一定程度地深入到钻石内部的各种凹陷，包括有凹坑、角状破口、破口和破损等（图11-7）。

（8）内凹原始晶面（extended natural）

从表面凹入钻石内部的原始晶面（图11-8）。成因是部分钻石晶体原石的表皮凹陷于已切磨钻石刻面下。内凹原始晶面上常保留有阶梯状、三角锥状生长纹，多出现在钻石的腰部。

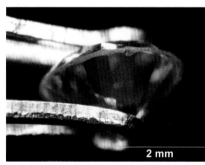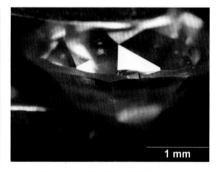

图11-7　钻石的破口　　　　　　图11-8　钻石的内凹原始晶面

（9）激光痕（laser mark）

激光痕是人为地用激光束造成的管状通道，目的是除掉深色的包裹体，提高钻石的净度（图11-9）。

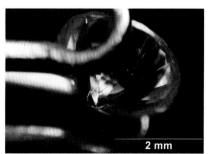

图11-9

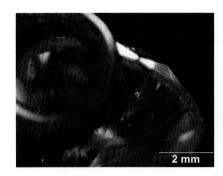

图11-9　钻石的激光痕

11.1.1.2　外部特征

外部特征指仅存在于钻石外表的天然生长痕迹和人为造成的特征。

（1）原始晶面（natural facet）

钻石抛磨后保留下来的钻石晶体原始表面的一部分。如果原始晶面凹入钻石内部，则是内部特征，称为内凹原始晶面。如果这个特征相对于成品钻石的表面是平的，被称为原始晶面。当原始晶面仅位于腰棱时，不影响钻石的净度（图11-10）。绝大多数原始晶面边棱不是平直的，这也是与额外刻面的区别之一。原始晶面也是辨别钻石真伪的重要证据。

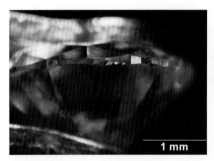

图11-10　钻石的原始晶面

（2）额外刻面（extra facet）

在规定的刻面之外多余的刻面。一般是用来掩盖钻石表面的瑕疵而被迫切磨出来的刻面，也可能是由于切磨后两相邻刻面未相交而造成的。多见于亭部刻面紧靠腰棱之下的地方（图11-11）。

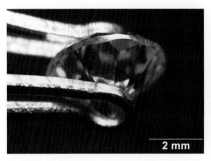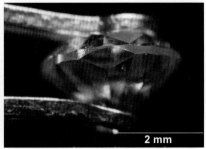

图11-11　钻石的额外刻面

（3）表面纹理（线）（surface grain line）

钻石表面的天然生长痕迹，是双晶结合面与生长面在钻石抛光表面的表现。与内部纹理的成因基本相同，内部纹理出露在钻石的表面即为表面纹理。表面纹理与抛磨方向无关并可横穿刻面接合线，在刻面之间是连续的（图11-12）。

（4）划痕（scratch）

钻石刻面上的表面损伤，伤痕未深入钻石内部。通常是存在于钻石表面的一条很细的白线，如同玻璃被利器划过一样。是在钻石保存和佩戴中形成的，也可能是钻石存放不妥，许多粒放在一起，钻石之间相互摩擦碰撞的结果（图11-13）。

 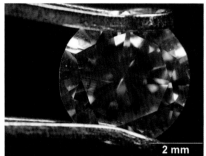

图11-12　钻石的表面纹理　　　　图11-13　钻石的划痕

（5）棱线磨损（abrasion）

钻石刻面的棱线处出现的呈白色外观的表面损伤，使其由原来的一条锐利的细直线变成较粗的、磨毛状的线条。这种磨损没有深入钻石内部（图11-14）。

（6）抛光纹（polish lines）

因抛光差而在同一刻面内产生细的平行线，透明或稍带白色。抛光纹的特点是在同一刻面内的抛光纹是平行排列的，相邻刻面上见到的抛光线呈不同方向，彼此有一定夹角，以此与外部生长纹进行区别（图11-15）。

图11-14　钻石的棱线磨损

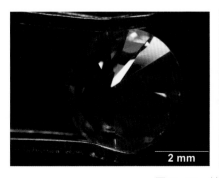 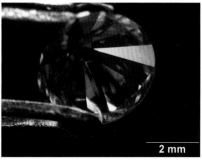

图11-15　钻石的抛光纹

（7）烧痕（burn mark）

因抛光过程中过热而造成的在钻石表面见到的乳状外观（图11-16）。

（8）黏杆烧痕（dop burn）

钻石与机械黏杆相接触的部位，因高温灼伤造成"白雾"状的疤痕（图11-17）。

图11-16　钻石的烧痕　　　　　　图11-17　钻石的黏杆烧痕

（9）"蜥蜴皮"效应（lizard skin）

已抛光钻石表面呈现透明的凹陷波浪纹理，其方向接近解理面的方向（图11-18）。

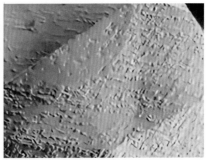

图11-18　钻石的"蜥蜴皮"效应

（10）缺口（nick）

钻石腰或底尖上细小的撞伤。通常呈现"V"字形，缺口的破损程度远小于钻石内部特征中破口的破损程度（图11-19）。

外部特征与内部特征的缺口有相似之处，两者之间的区别主要在于程度上的不同。外部特征在十倍放大镜下，看不出深入到钻石内部的迹象。因此，为消除这些外部特征而进行的修磨所损耗的重量极小。对于破口则相反，在十倍放大镜下能看到深入钻石内部的现象，重磨所损耗的重量较大。

11.1.1.3　内、外部特征的标记方法

在钻石分级中，将钻石的各种瑕疵统称为净度

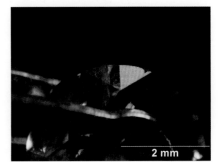

图11-19　钻石的"V"字形缺口

特征，净度特征又分为内部特征与外部特征，内部特征有时又称内含物。由于内部与外部特征在净度评定中的作用不同，内部特征对净度的影响远大于外部特征，所以，如何确定净度特征是内部特征还是外部特征，对净度分级规则的影响很大。表11-1和表11-2分别列出了常用的钻石内、外部特征的类型和符号及判定特征。

表11-1 内部特征和内部特征的标记符号（GB/T 16554—2017）

编号	符号	名称	英文名称	说明
01	●	点状包裹体	pinpoint	钻石内部极小的天然包裹物
02	(虚线椭圆)	云状物	cloud	钻石中朦胧状、乳状、无清晰边界的天然包裹物
03	(浅色椭圆)	浅色包裹体	crystal inclusion	钻石内部的浅色或无色天然包裹物
04	(深色椭圆)	深色包裹体	dark inclusion	钻石内部的深色或黑色天然包裹物
05	\	针状物	needle	钻石内部的针状包裹体
06	//	内部纹理	internal graining	钻石内部的天然生长痕迹
07	(三角形)	内凹原始晶面	extended natural	凹入钻石内部的天然结晶面
08	(羽状)	羽状纹	feather	钻石内部或延伸内部的裂隙、形似羽毛状
09	(须状)	须状腰	beard	腰上细小裂纹深入内部的部分
10	∧	破口	chip	腰和底尖受到撞伤形成的小开口
11	(空洞)	空洞	cavity	大而深的不规则破口
12	▣	凹蚀管	etch channel	高温岩浆侵蚀钻石薄弱区域，留下由表面向内延伸的管状痕迹，开口常呈四边形或三角形
13	◎	晶结	knot	抛光后触及钻石表面的矿物包裹体
14	(双晶网)	双晶网	twinning wisp	聚集在钻石双晶面上的大量包裹体，呈丝状、放射状分布
15	⊙	激光痕	laser mark	用激光束和化学品去除钻石内部深色包裹物时留下的痕迹。管状或漏斗状痕迹称为激光孔。可被高折射率玻璃填充

表11-2　外部特征和外部特征的标记符号（GB/T 16554—2017）

编号	符号	名称	英文名称	说明
01		原始晶面	natural	为保持最大质量而在钻石腰部保留的天然原晶面
02		表面纹理	surface graining	钻石表面的天然生长痕迹
03	////////////	抛光纹	polish lines	抛光不当造成的细密线状痕迹，在同一刻面内相互平行
04		刮痕	scratch	表面很细的划伤痕迹
05		额外刻面	extra facet	规定之外的所有多余刻面
06	∧	缺口	nick	腰或底尖细小的撞伤
07	✕	击痕	pit	表面受到撞击留下的痕迹
08		棱线磨损	abrasion	棱线上细小的损伤，呈磨毛状
09	B	烧痕	burn mark	抛光或镶嵌不当所致的糊状疤痕
10		黏杆烧痕	dop burn	钻石与机械黏杆相接触的部位，因高温灼伤造成"白雾"状的疤痕
11	⋀⋀	"蜥蜴皮"效应	lizard skin	已抛光钻石表面呈现透明的凹陷波浪纹理，其方向接近解理面的方向
12		人工印记	inscription	在钻石表面人工刻印留下的痕迹，在备注中注明印记的痕迹

净度特征是判定钻石净度的依据，也是区别每粒钻石的根据，世界上找不到净度特征完全一致的两颗钻石，为了详细记录每颗钻石的净度特征，在净度分级时，按大小比例，将内、外部特征用表11-1和表11-2的符号绘制在琢型投影图（图11-20）的相应位置上，内部特征用红笔标出，外部特征用绿笔标出，这种表示是对钻石无声的评价。

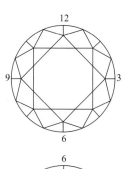
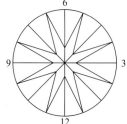

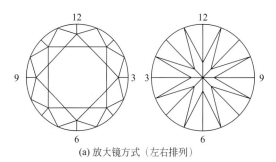

(a) 放大镜方式（左右排列）　　　　　　(b) 显微镜方式（上下排列）

图11-20　琢型投影图

11.1.2 内、外部特征的观察

目前钻石净度分级的方法采用在十倍放大镜下，用比色灯或其他日光灯，对钻石内、外部特征进行观察。

11.1.2.1 常用工具

（1）十倍放大镜

国际上规定确定钻石的净度分级须用经过校正的十倍放大镜（图11-21）。一个校正过球面像差和色像差的放大镜，是由不同曲度的镜片组合的，这样可以使所有不同波长的光聚在一个焦点，以消除像差和色差。检验放大镜质量的方法是，用放大镜观察小方格图案，例如坐标纸，可以根据方格的畸变程度和范围、色差出现的范围来判断放大镜的质量。

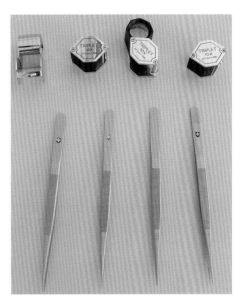

图11-21 十倍放大镜和镊子

在使用放大镜时，通常是右手执镜，紧贴近右眼，左手用镊子夹住钻石，置于放大镜的焦距内，一般十倍放大镜的焦距在2.5cm左右。为了保持眼睛、放大镜和钻石之间的固定距离，要注意以下三点：拿放大镜的手靠在脸上；保持双手相互接触；全身放松，将肘部或前臂靠在桌子上（图11-22）。

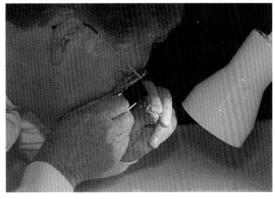

图11-22 握持十倍放大镜的正确姿势

（2）镊子

用于钻石分级的镊子一般长16～18cm，以不锈钢制成，柔软而有弹性，较大型号的镊子适用于大钻石，小的且头部较尖细的适用于小钻石。镊子的头部必须有纵横交错的锯齿，有的型号的镊子还有一条平行镊子的凹槽，这样可以避免夹钻石时打滑。镊子的颜色一般是灰色、黑色的，可以减少反光。

避免镊子过多地遮挡钻石，是使用镊子的一项基本原则。镊子夹持钻石的方式有多种，依据对钻石观察的需要分别加以采用。

① 平行腰棱的夹持方式［图11-23(a)］ 这是最方便，也是最常用的夹持方式，主要

用于通过钻石的台面观察内部特征，观察钻石冠部及亭部的外部特征和切工的评价。

② 倾斜夹持方式［11-23(b)、(c)］ 这种方式中镊子与钻石的腰棱既不平行也不垂直，主要用于透过冠部的倾斜小刻面和亭部的刻面来观察内部特征。采用这种方式的作用是使观察的视线与刻面垂直，消除表面反光。

夹持的方法是，钻石台面向下放在工作台上，手持镊子向下倾斜夹住钻石的腰棱。如果夹好后角度不够合适，可用右手拿着的放大镜的金属框轻轻地推动钻石，调整角度。如果有经验，也可以直接从平行夹持的状态，用放大镜的金属框推到倾斜状态。这时，最好用带锁扣的镊子。

③ 垂直夹持方式［图11-23(d)］ 镊子垂直地夹住钻石的腰棱，主要用于观察腰棱，也可以用来从台面观察内含物。

④ 台面底尖夹持方式［图11-23(e)］ 镊子夹住钻石的台面和底尖，用于观察腰棱，在观察过程中还可以拨动钻石，使之转动，逐段观察整个腰棱，操作快捷。但是，对于点状底尖的钻石，这种夹持方式有可能碰伤底尖，不宜使用。

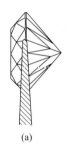
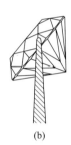
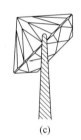
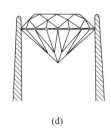
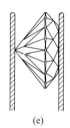

(a)　　　　　　(b)　　　　　　(c)　　　　　　(d)　　　　　　(e)

图11-23　镊子的使用方法

（3）宝石显微镜

十倍立体双目显微镜也可以用来进行钻石的净度分级（图11-24）。用宝石显微镜来观察钻石的内部特征和外部特征具有很多的优点。它不仅可以提供一个舒适的工作条件，使分级师工作数小时不感到疲劳，而且可以放大到几十倍，能观察到微小的内部特征。另外可以用附着于显微镜物台上的夹子把钻石牢固地夹住，这样可以腾出手来，一边做观察，一边记录。

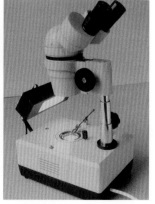

图11-24　宝石显微镜

显微镜的放大能力虽然远远高于十倍放大镜，但不如放大镜携带方便，观察的方向也不如放大镜灵活多变，从而看不到某些部位的微小内部特征。所以宝石显微镜只是净度分级的辅助设备，常用的还是十倍放大镜。

11.1.2.2　照明条件

在十倍放大镜下观察钻石，没有严格的规定使用何种光源，我国规定使用比色灯或其他的日光灯。在钻石净度分级时，要尽可能多地让光进入亭部。钻石应放置在靠近"光锥"的前部边缘，光线从亭部进入（暗域照明），这样可避免表面的强反射（图11-25）。

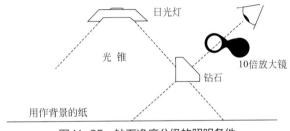

图11-25　钻石净度分级的照明条件

11.1.2.3　人员要求

从事净度分级的技术人员应受过专门的技术培训，掌握正确的操作方法，并由2～3人独立完成同一样品的净度分级，并取得统一结果。

11.1.2.4　清洗

分级之前的清洗是很重要的，先用酒精或其他的油污清洗剂浸泡洗涤，在清水冲洗之后，可自然晾干或烘干。如果用布擦干，则必须用干净并且不掉毛的布料。如果是大批量的钻石，可以用超声波清洗除去污垢；若钻石样品的数量少，也可直接用不掉毛的绒布搓揉擦拭。在观察过程中也可能会粘上灰尘，可用小毛刷、长绒棉签、吹气球或酒精浸泡清除灰尘。要特别注意，清洁后不能用手去拿钻石，而要用镊子。

11.1.2.5　内、外部特征观察的方法

能够详尽地观察到整个钻石，找出钻石中所有内部和外部特征，为正确判定钻石的净度等级打好基础。所以，要有计划、有步骤、循序渐进地进行观察，保证钻石的各个部分都能被充分地观察到。注意不要把镊子的影像与钻石内部的特征相混淆，这时把镊子夹持钻石的位置改变一下，以确保没有包裹体或包裹体因被镊子遮盖或受镊子影像影响而漏掉。

（1）观察钻石的冠部

观察冠部从台面开始，台面是钻石最大的平面，一定要尽可能地利用台面，通过台面寻找各种内部特征。在观察时，视线要逐渐地从台面表层深入，直到底尖，把钻石台面的整个区域中不同深度上可能存在的内含物全部观察到。观察过程中，还要稍稍地晃动钻石，改变光线的照射方向和背景亮度，将台面旋转360°直到台面所有的部分检查完毕。

观察完台面之后，按照同样的方法观察其余的冠部主刻面、星刻面、上腰面。观察时要使视线与刻面垂直，用倾斜夹持法来观察这些小刻面。消除表面反光的影响，才能透过

刻面看到内部。

（2）观察钻石的亭部

绝大多数内含物都可以通过冠部的观察发现，只有紧挨着腰棱下方的内含物，要从亭部一侧观察才能看到。可依次观察8个下主小面，然后再依次观察16个下腰小面。观察时，钻石采用倾斜夹持法，使视线与刻面尽量垂直。

（3）观察钻石的腰棱

用镊子夹住钻石的台面和底面（或底尖），观察腰棱的所有部分，注意寻找小的羽状纹、粗磨须状腰和原始晶面（图11-26）。

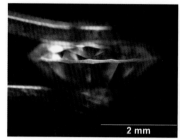 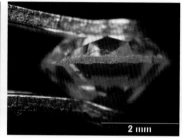 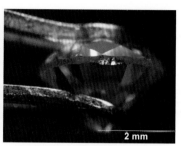

(a) 羽状纹　　　　　(b) 粗磨须状腰　　　　　(c) 原始晶面

图11-26　钻石的腰棱特征

（4）外部特征的观察

外部特征与内部特征的观察相似，所不同的是，观察内部特征时，要透过刻面观察内部，而外部特征的观察，只需把注意力集中在钻石的表面。对部分外部特征，要用反射光观察（这在观察内部特征时，却是要加以避免的），适当地摆动钻石，使刻面反射的光线正好与视线一致，进入眼睛，这时刻面显得特别明亮，刻面上的外部特征比较容易识别。

（5）观察钻石的其他操作方法

当内部特征较小，数量也少时，要有充分的照明才能发现。把台面想象成钟的表面，从12点钟方向开始，从台面穿过钻石到底面依次聚焦观察。而后依次转到1点钟、2点钟、3点钟方向等位置并仔细观察，直到台面的所有部分都观察完毕。钻石在荧光灯下，并不是每一部分的光照条件都一样，只有6点钟位置及其附近，照明条件最好。在这个位置上，亭部刻面能反射出荧光灯的光线（图11-27），同时，也没有镊子倒影的干扰。所以，

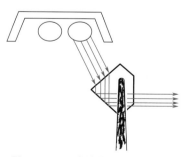

图11-27　6点钟位置的照明条件

把钻石的每一部分都依次放到6点钟位置进行观察，是寻找内部特征的一种重要方法。采用这一方法观察时，可以把钻石分成4个象限，每一个象限先观察冠部，后观察亭部，每观察完一个象限，就把钻石放下，转90°后再夹起观察。观察时，一定要把每一象限中的各个部分都观察到。

这种观察的方法和原则也同样适用于显微镜和肉眼观察。

11.2　净度级别及其判定

钻石的净度级别根据其所含有的净度特征的大小、数量、位置及性质所表现出来的可见性来确定。这不仅给出了划分净度级别的定义，同时也提供了评定样品净度级别的基本依据。

11.2.1　净度级别的划分和说明

净度分为LC、VVS、VS、SI、P五个大级别。

（1）LC级（镜下无瑕级，loupe clean）

在10倍放大条件下，未见钻石具内、外部特征，细分为FL、IF（图11-28）：

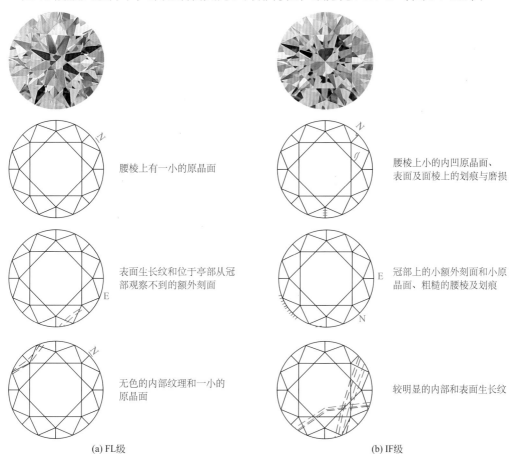

腰棱上有一小的原晶面

腰棱上小的内凹原晶面、表面及面棱上的划痕与磨损

表面生长纹和位于亭部从冠部观察不到的额外刻面

冠部上的小额外刻面和小原晶面、粗糙的腰棱及划痕

无色的内部纹理和一小的原晶面

较明显的内部和表面生长纹

(a) FL级

(b) IF级

图11-28　LC级钻石

① 在10倍放大条件下，未见钻石具内、外部特征，定为FL级（无瑕级，flawless）。下列外部特征情况仍属FL级：

a. 额外刻面位于亭部，冠部不可见；

b. 原始晶面位于腰围内，不影响腰部的对称，冠部不可见。

② 在10倍放大条件下，未见钻石具内部特征，定为IF级（内无瑕级，internally flawless）。下列特征情况仍属IF级：

a. 内部生长线纹理无反光，无色透明，不影响透明度；

b. 可见极轻微外部特征，经轻微抛光后可去除。

（2）VVS级（极微瑕级，very very slightly included）

在10倍放大条件下，钻石具有极微小的内、外部特征，细分为VVS₁、VVS₂（图11-29）。

上主小面下的一组针尖决定了净度

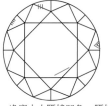
净度由小腰棱凹角、腰棱胡须决定

位于台面中央的针尖决定了净度

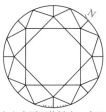
上主小面下的针尖、内凹原晶面和腰棱胡须决定了净度

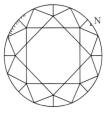
从冠部可见的小内凹原晶面和腰棱胡须决定了净度

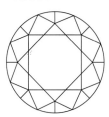
一组在台面边缘的针尖决定了净度

星小面下的针尖和明显的表面生长纹等决定了净度

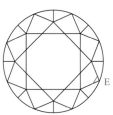
较大的额外刻面影响了净度的评定

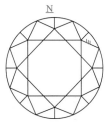
虽然有原晶面和棱面磨损，但程度轻微不影响净度

腰棱胡须，从冠部一侧明显可见的额外刻面决定了净度

(a) VVS₁级

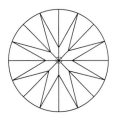
底尖的小破口决定了净度，如果破口明显，还可能低至SI₁

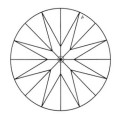
挨着腰棱从冠部一侧不可见的小裂隙决定了净度

(b) VVS₂级

图11-29　VVS级钻石

① 钻石具有极微小的内、外部特征，10倍放大镜下极难观察，定为VVS₁级；

② 钻石具有极微小的内、外部特征，10倍放大镜下很难观察，定为VVS₂级。

VVS级可含有的内部特征为：少量点状包裹体、极轻微云状物、内部纹理、轻微须状腰等，允许有较容易发现的外部特征，如额外刻面、原始晶面、小划痕等。VVS级与IF级的区别是含少量微小的内部特征，而IF级只有不明显的外部特征。

（3）VS级（微瑕级，very slightly included）

在10倍放大条件下，钻石具有极微小的内、外部特征，细分为VS₁、VS₂（图11-30）。

① 钻石具有细小的内、外部特征，10倍放大镜下难以观察，定为VS₁级；

② 钻石具有细小的内、外部特征，10倍放大镜下比较容易观察，定为VS₂级。

VS级典型包裹体有：点状包裹体群、轻微的云状物、小的轮廓不太清楚的浅色包裹

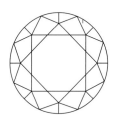 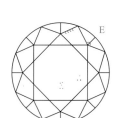  

腰棱上稍大的羽状体决定了净度　　台面内的一组针尖和冠部上明显的额外刻面决定了净度　　台面内的一组针尖和稍大的浅色包体决定了净度　　腰棱附近的微小羽状体和台面内的云雾决定了净度

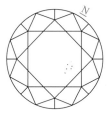 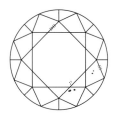 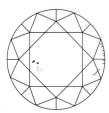

台面内一组浅色的比针尖稍大的包裹体决定了净度　　台面边缘的一组浅色的微小包裹体决定了净度　　台面内微小浅色包体、冠部上的微小羽状体决定了净度　　腰棱上的微小羽状体、凹角等决定了净度

 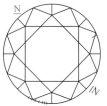 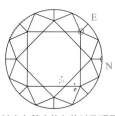 

腰棱上的小凹角和腰棱胡须决定了净度　　腰棱上稍大的羽裂和内凹的原晶面决定了净度　　针尖和稍大的包体以及明显的额外刻面决定了净度　　针尖、浅色微小包体、腰棱胡须和大量的生长纹决定了净度

(a) VS₁级　　　　　　　　　(b) VS₂级

图11-30　VS级钻石

体、短丝状羽状纹等。VS级与VVS级的区别是：在10倍放大条件下，前者可以观察到瑕疵，尽管也比较困难，而后者则几乎观察不到。

（4）SI级（瑕疵级，slightly included）

在10倍放大条件下，钻石具有明显的内、外部特征，细分为SI_1、SI_2（图11-31）。

① 钻石具明显的内、外部特征，10倍放大镜下容易观察，定为SI_1级。

② 钻石具明显的内、外部特征，10倍放大镜下很容易观察，肉眼难以观察，定为SI_2级。

SI级典型包裹体有：较大的浅色包裹体、较小的深色包裹体、云状物、羽状纹等，各种包裹体类型都可能出现。与VS级区别在于SI级钻石用10倍放大镜即可很容易发现内、外部特征，但是用肉眼无法看到内、外部特征。

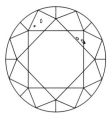
冠部各处的小内含物决定了净度

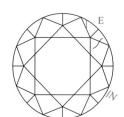
位于上主小面的小羽裂决定了净度

台面内的一组小包体决定了净度

未示出的遍及整个钻石并严重影响了透明度的云雾和少量的内含物决定了净度

台面内的浅色小包体，带色生长纹等决定了净度

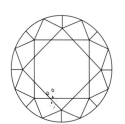
一组浅色的在台面边缘的小包体决定了净度

台面范围内，在亭部底尖附近的小羽裂决定了净度

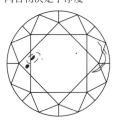
小羽裂和台面边缘的包体决定了净度

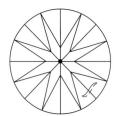
在亭部，从冠部一侧可见的小羽裂决定了净度

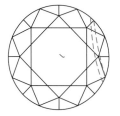
因底尖破损形成的小裂隙决定了净度

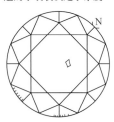
台面中央的浅色内含物决定了净度

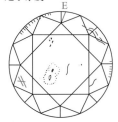
虽然有较多的各种内含物和外部特征，但肉眼仍不可见

(a) SI_1级

(b) SI_2级

图11-31 SI级钻石

（5）P级（重瑕疵级，piqué）

从冠部观察，肉眼可见钻石具内、外部特征，细分为P$_1$、P$_2$、P$_3$（图11-32）。

① 钻石具明显的内、外部特征，肉眼可见，但不影响钻石的亮度，定为P$_1$级；

② 钻石具很明显的内、外部特征，肉眼易见，而且已经影响钻石的亮度，定为P$_2$级；

③ 钻石具极明显的内、外部特征，肉眼极易见并可能影响钻石的亮度、透明度，部分贯穿性的裂隙还可能影响钻石的耐久性和坚固度，定为P$_3$级。

P级典型包裹体：主要为大的云状物、羽状纹、深色包裹体，并且这些包裹体可能影响钻石的耐用性或者影响透明度、明亮度。

带有云雾的深色内含物决定了净度

云雾状的羽状体决定了净度

在台面内较大的羽状体决定了净度

在台面内较大的羽状体决定了净度

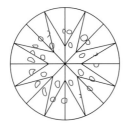

因镜面反射造成内含物的环状映像导致净度下降

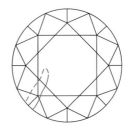

位于亭部较大的羽状体，从冠部一侧肉眼可见，决定了净度

(a) P$_1$级

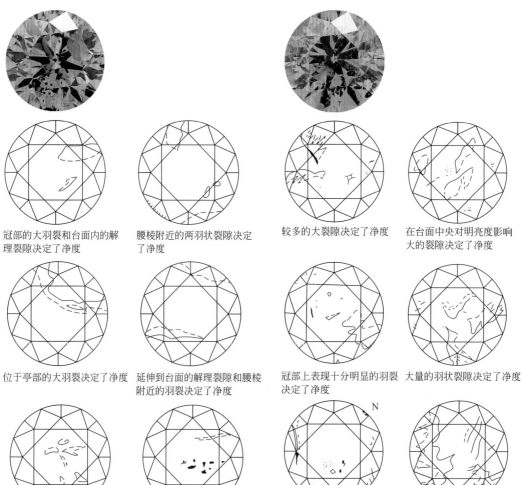

冠部的大羽裂和台面内的解理裂隙决定了净度

腰棱附近的两羽状裂隙决定了净度

较多的大裂隙决定了净度

在台面中央对明亮度影响大的裂隙决定了净度

位于亭部的大羽裂决定了净度

延伸到台面的解理裂隙和腰棱附近的羽裂决定了净度

冠部上表现十分明显的羽裂决定了净度

大量的羽状裂隙决定了净度

台面内的云雾状裂隙决定了净度台面内大量的深色包裹体决定了净度

腰棱附近对耐久性产生影响的裂隙决定了净度

特大羽状裂隙决定了净度

(b) P₂级

(c) P₃级

图11-32 P级钻石

钻石的净度级别，从最高的LC级，到最低的P级，其净度特征的可见性变化很大，从放大镜下不可见到肉眼易见。在这个变化过程中还有一个分界，即从肉眼不可见到肉眼可见。从VVS₁级到SI₁级，肉眼看不见钻石所含的内含物，也可称为"肉眼洁净"，与"镜下洁净"的概念对应。对SI₂级别的钻石，若从亭部观察，肉眼可看见内含物，但是，这些内含物还不至于影响钻石的外观。从P₁级开始，内含物可从正面用肉眼直接看到，开始影响到钻石的外观。P₃级别的钻石，不仅外观受到了很大的影响，而且耐用性也会有不同程度的降低。

11.2.2 净度分级标准差异

净度的术语是国际化的，国际主要钻石分级标准有GIA、IDC、HRD、CIBJO等，我国在1996年首次颁布了钻石分级标准，经2003年、2010年、2017年进行修订。各国在净度标准上基本一致，具体见表11-3，存在的差异可归纳为以下几点。

① 净度的最高级别差异　我国国标中规定最高级别为LC级，GIA将最高级别分为FL（无瑕）和IF（内无瑕）两个级别，强调微小外部特征对净度的影响。而IDC和CIBJO等的净度最高级别是LC（镜下洁净）。

② 观察净度的手段差异　随着显微镜的应用，很多标准已不局限于在10倍放大镜下观察净度，而是强调10倍放大条件下进行净度等级划分，即亦可在10倍显微镜下观察。HRD还采用带有标尺的显微镜，对微小包裹体进行测量，并研究总结出著名的5μm规则，以区分LC级与VVS级。即：存在有直径为5μm并有高明亮度的针尖包裹体的钻石，不能定为LC级。

③ 各级别的定义存在差异　多数分级标准中将加工有关的一些外部特征划归到净度分级的内容中。而一些标准，例如，德国RAL标准将这些外部特征归在切工分级内容里，在净度分级里不予考虑。

④ 分级钻石的大小、种类有差异　国际上所有钻石分级都是对裸石进行分级，中国国标（2017）和CIBJO对0.47ct以下的钻石净度不分亚级。中国国标（2017）对0.20ct以下的钻石不分级，且针对镶嵌钻石制定一个分级标准。中国国标（2017）中规定：在十倍放大镜下，镶嵌钻石净度分为：LC、VVS、VS、SI、P五个大的等级。

表11-3　国际上钻石净度分级标准与我国钻石净度标准比较

GIA		IDC/CIBJO	GB/T 16554—2017
FL级无瑕　10倍放大镜下无缺陷或包裹体，但可以有：位于亭部但通过冠部观察不到的多余小面；不影响腰棱宽度和对称性，从冠部一侧观察不到的原晶面；无色且不反光又不严重影响透明度的内部纹理 IF级内无瑕　10倍放大镜下无包裹体，但有细小可通过重新抛光去除的缺陷		LC（loupe clean）级　10倍放大镜下洁净绝对透明，无内部特征	LC级（FL、IF） FL：额外刻面位于亭部，冠部不可见；原始晶位于腰围，不影响腰部的对称，冠部不可见；IF：内部生长纹不反光，无色透明，不影响透明度；可见极轻微外部特征，经轻微抛光后可去除
VVS₁、VVS₂级 一级极微瑕，二级极微瑕 微小或很不明显的内含物，10倍放大镜下很难发现		VVS₁、VVS₂级 一级极微瑕，二级极微瑕 非常、非常小的内含物，10倍放大镜下很难发现	VVS级（VVS₁、VVS₂） 极微小的内、外部特征，10倍放大镜下极难（VVS₁）、很难（VVS₂）观察
VS₁、VS₂级 一级微瑕，二级微瑕 小的内含物，10倍放大镜下其大小、数量和位置介于难确定和某种程度上易确定之间		VS₁、VS₂级 一级微瑕，二级微瑕 非常小的内含物，10倍放大镜下难发现	VS级（VS₁、VS₂） 细小的内、外部特征，10倍放大镜下难以（VS₁）、比较容易（VS₂）观察
SI₁、SI₂级 一级小瑕，二级小瑕 显著的内含物，10倍放大镜下易见，SI₂级从亭部一侧观察肉眼可见		SI₁、SI₂级 一级小瑕，二级小瑕 小的内含物，10倍放大镜下易见	SI级（SI₁、SI₂） 明显的内、外部特征，10倍放大镜下容易（SI₁）、很容易（SI₂）观察
I₁一级瑕	10倍放大镜下明显，肉眼在冠部一侧可见内含物，级别递增直至解理严重影响钻石的耐久性	pique I 一级不洁 10倍放大镜下立即可见，肉眼观察冠部一侧难于发现的内含物，不影响亮度	
I₂二级瑕		pique II 二级不洁 肉眼观察冠部一侧容易见到大和/或多的内含物，稍许影响亮度	P级（P₁、P₂、P₃） 很明显的内、外部特征，肉眼可见（P₁）、易见（P₂）、极易见（P₃）并可能影响钻石的坚硬度
I₃三级瑕		pique III 三级不洁 肉眼观察冠部一侧很容易见到大和/或多的内含物，降低钻石亮度	

11.2.3 影响净度的因素

（1）"5微米"规则

Scan DN体系对级别的命名虽与CIBJO体系相同，但却认为外部和内部特征都影响分级。国际钻石委员会（IDC）的体系虽采用了与CIBJO相同的术语，但包含了更多的要求。IDC体系认为，从冠部一侧可见的外部特征将影响净度，应遵循"5微米"规则。"5微米"规则可用于将LC级和VVS级分开，它要求对小包裹体的大小进行测量（使用分度镜或对比石）。

若存在直径为5μm并具有高明亮度的针尖包裹体，则该钻石不能称为LC级。10倍放大镜下专家可见8μm以上，部分可见6 ~ 7μm，5μm不可见。在10倍放大条件下，5μm是大多数人肉眼分辨的极限，因此，5μm成为界定LC级与VVS级的界限。用内含物的大小来确定净度级别（表11-4）。

表11-4　不同净度内含物的大小

净度级别	在台面范围内可见的内含物的大小
FL和IF	最大内含物的平均直径≤5μm（不论在何处）
VVS_1	最大内含物的平均直径≤12μm
VVS_2	最大内含物的平均直径≤25μm
VS_1	最大内含物的平均直径≤40μm
VS_2	最大内含物的平均直径≤70μm
SI_1	最大内含物的平均直径≤150μm
SI_2	最大内含物的平均直径≤150μm
P_1	最大内含物的平均直径≤0.5mm
P_2	最大内含物的平均直径≤1.5mm
P_3	最大内含物的平均直径≤3mm

（2）内含物的数量

内含物越多，其净度越低。

（3）可见性加强

如云雾状包裹体，对光线的色散作用加强，影响透明度。

（4）内含物的位置

一般内含物的位置不同，影响钻石级别。位于台面正下方的内含物对净度的影响最大，依次是冠部、亭部近底尖处、腰部和亭部近腰处。例如，一个内含物出现在钻石台面的正下方，钻石净度定为SI$_2$级，如果这个内含物出现在腰部或亭部近腰处，其净度级别可能会是SI$_1$或VS$_2$级，原因就是钻石台面下和冠部刻面下的内含物相对容易被发现（图11-33）。

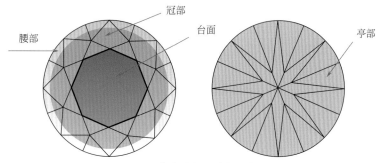

图11-33　冠部与亭部内含物的相对位置

（5）内含物的颜色和反差

内含物如果颜色深而亮，则会降低其净度级别。例如，一个黑色的包裹体在一个白色的钻石背景中，往往会一目了然；一个轮廓十分清晰的无色透明包裹体要比一个云雾状的包裹体更容易被发现，在HRD分级体系中上述这些情况统统归结为对比度。暗色或有色包裹体较无色透明包裹体其对比度要高，对净度影响较大，有清晰边界的包裹体比无明显边界包裹体的对比度要高。

11.2.4　净度分级中常见的问题

钻石分级中会遇到各种各样的因素干扰钻石的正确分级，常见的有以下几种：

（1）镊子的影像

各种琢型的钻石都会对镊子产生映像，在镊子所夹持的附近区域，经常会出现镊子的影子，该影像既容易被误认为是内含物，又常会掩盖其范围内的真正内含物，解决的办法是换一个位置夹持或换一个角度观察。

（2）区分内含物与表面灰尘

对于净度级别较高的钻石，区别表面灰尘和针尖状内含物十分重要。可采用反射光观察的方法解决，这是由于在反射光下，只能见到钻石表面的灰尘，而见不到内含物。也可以采用酒精蒸发法，把擦拭过的钻石浸入干净的酒精中搅拌，在酒精蒸发之前观察。均匀覆盖在钻石表面的酒精既可以减弱表面反光，利于观察钻石内部，又在蒸发的过程中，引起灰尘的跳动。

（3）内含物的映像

由于刻面钻石是一个由多个刻面组成的多面体，一个内含物多次成像的现象十分普遍。有时一个靠近亭尖附近的针尖会出现在亭部一周多次成像，造成在钻石内部有许多针尖的视觉效应，没有经验的人会误认为在钻石内部存有许多针尖包裹体，内含物的成像大大地增加了其可见性，导致净度级别的下降。映像的特点是每一个内含物的像完全一样并具有几何对称性（图11-34，图11-35）。

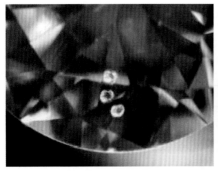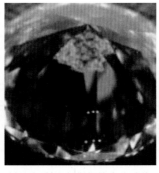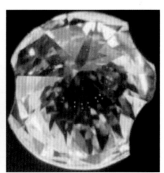

图11-34　钻石包裹体在亭部的多次成像

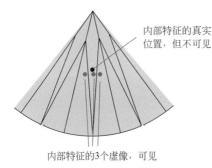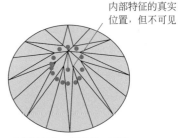

图11-35　钻石包裹体及其成像的位置

（4）花式钻石的观察

观察花式钻石的净度特征，比观察标准圆钻更困难，因此要更细心。特别要重视尖端部位，如马眼形、水滴形和心形的尖端部位，反射作用强烈，不易观察，应从不同的角度，多次观察。祖母绿或阶梯琢型的花式钻石的腰棱附近也是不好观察的部位，要十分注意。

（5）人工处理品的分级

根据CIBJO发表的"钻石贸易规则"，经过激光钻孔的人工方法改变净度的钻石，必须声明，同时还规定钻孔本身应作为包裹体参加分级。

人工裂隙填充的钻石，除必须声明外，目前国内外的钻石分级标准都规定不对这种处理的钻石做4C分级评价，填充钻石是一种不稳定、非永久性的处理方式。如果填充物受损或移除，分级结果将会受到影响。鉴定特点是显微镜下观察，填充部分随钻石移动可呈现特殊的橙色到蓝色闪光，镜下还可见到流动构造或扁平状气泡（图11-36）。

图11-36　充填钻石前后对比

12
钻石切工分级

在钻石分级的"4C"标准中，切工是非常重要的因素。因为钻石切工比净度、颜色等更能显示它的外观，所以在钻石贸易中，切工是影响价格的重要因素。

不论什么琢型，其切工的好坏均可在钻石的色散效应上表现出来。现代圆明亮式琢型（也称为标准圆钻琢型），不仅强调匀称分布的小刻面，而且对小刻面的角度、大小和所占据的比例都有要求，从而使切磨好的钻石能最大程度地展现火彩。钻石的切工分级主要针对标准圆钻切工，也适用部分花式切工。圆钻型切工分级级别主要由比率级别和修饰度级别两方面确定。比率级别由切工比率、超重比例、刷磨和剔磨三项决定，修饰度级别由抛光级别和对称性级别两项确定。

12.1　圆明亮式琢型（标准圆钻型）的评价

12.1.1　圆明亮式琢型概述

12.1.1.1　圆明亮式琢型的组成

钻石切工所要遵循的基本原则是既要最大程度地表现出钻石的亮光、火彩和闪烁，也要尽可能地保留最大重量。

钻石最流行的琢型是标准圆明亮式琢型。理想比例明亮琢型的57个刻面彼此之间以特定角度切磨。标准圆明亮式琢型钻石的轮廓是圆的，由冠部、腰棱和亭部3个部分组成。冠部有33个刻面，亭部有24个刻面。亭部的底终止于底尖。底尖也可磨成一个小的刻面，使刻面的总数达到58个。腰棱是一个很扁的圆柱体，沿腰棱的截面是一个圆形，所以该琢型也称为圆钻琢型。具体如图12-1所示。

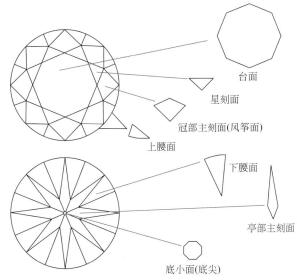

台面
星刻面
冠部主刻面(风筝面)
上腰面
下腰面
亭部主刻面
底小面(底尖)

图12-1　圆明亮式琢型钻石各刻面名称示意图

冠部主要组成部分：1个台面，8个星刻面，8个冠部主刻面，16个上腰刻面。

亭部主要组成部分：1个底尖刻面（有或无），8个亭部主刻面，16个下腰刻面。

总计：58或57个面。

12.1.1.2 圆明亮式琢型的比率

比率（也称比例）是各部分相对于平均直径的百分比。直径是指钻石腰部水平面的直径，其中最大值称为最大直径，最小值称为最小直径，二者的算术平均值称为平均直径。比率是决定钻石切工优劣最重要的因素，切工的比率恰到好处，钻石则璀璨夺目，反之，切割比率不当，将会极大地影响钻石的亮度和火彩，使钻石暗淡失色。圆钻型钻石切工比率及名称如图12-2所示。在切工评价中重点要加以考虑的比率有：台宽比、冠高比、腰厚比、亭深比、全深比、底尖比、星刻面长度比、下腰面长度比、冠角、亭角。

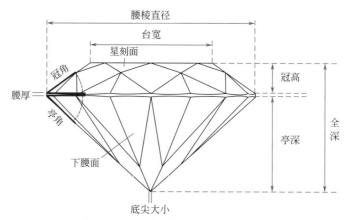

图12-2　圆钻型钻石切工比率及名称

① 台宽比（table percentage）　台面宽度相对于平均直径的百分比（图12-3）。

$$台宽比 = \frac{台面宽度(l_{ab})}{平均直径} \times 100\%$$

台宽比影响钻石的亮度与火彩。若台宽比太大（大于70%），钻石会显得相对较大，亮度很高，但火彩弱；若台宽比太小（小于51%），钻石会显得相对较小，火彩很强，但亮度弱。只有台宽比适中的钻石才可以使亮度和火彩达到完美的均衡。

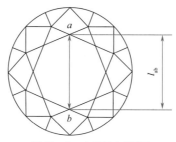

图12-3　台宽比示意图

② 冠高比（crown height percentage）　冠部高度相对于平均直径的百分比（图12-4）。

$$冠高比 = \frac{冠部高度(h_c)}{平均直径} \times 100\%$$

③ 腰厚比（girdle thickness percentage）　腰部厚度相对于平均直径的百分比（图12-4）。

$$腰厚比 = \frac{腰部厚度(h_g)}{平均直径} \times 100\%$$

④ 亭深比（pavilion depth percentage） 亭部深度相对于平均直径的百分比（图12-4）。

$$亭深比 = \frac{亭部深度(h_p)}{平均直径} \times 100\%$$

⑤ 冠角（crown angle） 冠角 α 冠部主刻面与腰部水平面的夹角（图12-4）。

⑥ 亭角（pavilion angle） 亭角 β 亭部主刻面与腰部水平面的夹角（图12-4）。

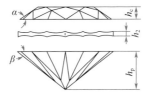

图12-4 标准圆钻切工比率要素

⑦ 全深比（total depth percentage） 全深相对于平均直径的百分比（图12-5）。

$$全深比 = \frac{全深(h_t)}{平均直径} \times 100\%$$

图12-5 全深比示意图

⑧ 底尖比（culet size percentage） 底尖直径相对于平均直径的百分比。

$$底尖比 = \frac{底尖直径}{平均直径} \times 100\%$$

⑨ 星刻面长度比（star length percentage） 星刻面顶点到台面边缘距离的水平投影，相对于台面边缘到腰边缘距离的水平投影的百分比［图12-6（a）］。

$$星刻面长度比 = \frac{星刻面顶点到台面边缘距离的水平投影(d_s)}{台面边缘到腰边缘距离的水平投影(d_c)} \times 100\%$$

⑩ 下腰面长度比（lower half length percentage） 相邻两个亭部主刻面的联结点，到腰边缘上最近点之间距离的水平投影，相对于底尖中心到腰边缘距离的水平投影的百分比［如图12-6（b）］。

$$下腰面长度比 = \frac{相邻两个亭部主刻面的联结点，到腰边缘上最近点之间距离的水平投影(d_l)}{底尖中心到腰边缘距离的水平投影(d_p)} \times 100\%$$

⑪ 建议克拉重量（suggested carat weight） 标准圆钻型切工钻石的直径所对应的克拉重量。

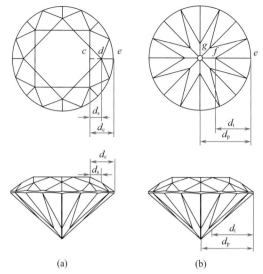

图12-6　星刻面长度比(a)和下腰面长度比(b)

⑫ 超重比例（overweight percentage）：

$$超重比例 = \frac{实际克拉重量 - 建议克拉重量}{建议克拉重量} \times 100\%$$

⑬ 刷磨（painting）　上腰面联结点与下腰面联结点之间的腰厚，大于风筝面与亭部主刻面之间腰厚的现象。详见图12-7(a)中$B > A$。

⑭ 剔磨（digging out）　上腰面联结点与下腰面联结点之间的腰厚，小于风筝面与亭部主刻面之间腰厚的现象。详见图12-7(b)中$B < A$。

刷磨和剔磨可保留切磨钻石的质量，但对钻石的外观有不良的影响。严重的刷磨，使风筝面与相邻的上腰小面间的棱线变得不明显，从台面观察，风筝面与相邻上腰小面看起来就像一个大刻面，在钻石上造成大区域同时闪光，改变其外观或明暗模式；严重的剔磨，使相邻的上腰小面间的棱线变得不明显，从台面观察，使相邻的上腰小面看起来像一个大刻面，大幅度影响闪光模式，造成较大区域同时闪光，也会使上腰刻面的区域变暗。

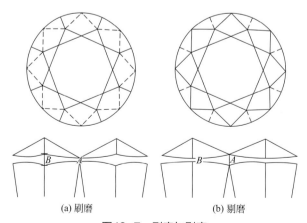

(a) 刷磨　　　　(b) 剔磨

图12-7　刷磨与剔磨

注：虚线表示不明显棱线。

12.1.1.3　圆明亮式琢型的修饰度（finish）

对抛磨工艺的评价，分为对称性和抛光两个方面的评价。

（1）对称性（symmetry）

对称性是对切磨形状、包括对称排列、刻面位置等精确程度的评价。对称性主要包括以下方面：

① 腰围不圆（out-of-round）　最大直径与最小直径之差相对于平均直径的百分比。

$$腰围不圆 = \frac{最大直径 - 最小直径}{平均直径} \times 100\%$$

对于标准的圆明亮式琢型的钻石，其腰棱截面应该是一个圆，在目视评价时，镊子平行夹持在圆钻的腰棱上，在十倍放大镜下，视线垂直地通过台面，并使底尖位于视域的中心。人的眼睛对圆度十分敏感，能觉察出小至0.5%的圆度偏离。但是在钻石分级中，腰棱的圆度偏离在2%以内都属于正常的误差范围。当圆度偏离达到2%或更大时，才作为对称性缺陷看待。要切磨出非常圆的钻石是很困难的，但腰棱目视时应是圆的。当达不到这个标准时，应描述为不圆。

图12-8画出了两种不同的圆度偏离。在实际分级中，目视评价圆度是把握性相对较小的一种操作。主要是因为很难把握视线与台面垂直并通过底尖的要求。

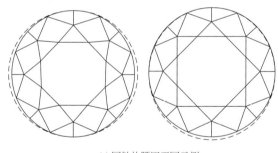

(a) 圆钻的腰围不圆示例　　　　　　　　(b) 腰围不圆实物图

图12-8　圆钻的腰围不圆

② 台面偏心（table off-center）　台面中心与腰围轮廓中心在台面平面上的投影之间的距离，相对于平均直径的百分比。

$$台面偏心 = \frac{台面中心与腰围轮廓中心在台面平面上的投影之间的距离}{平均直径} \times 100\%$$

台面偏心是指圆钻的台面不在腰棱所形成的圆形的中央［图12-9(b)］。目视判断圆钻是否存在台面偏心现象，也是切工评估中最困难的操作。观察时视线与腰棱平面保持垂直，并且使腰棱所围成的圆的圆心（往往用底尖代替）与视域中心重合，比较台面的8个角顶或8条边的中点与腰棱是否等距，判断台面是否偏离。也可以从星刻面的轮廓判断，如果星刻面所见弧度和方向有图12-9（b）中所示的变化，可判断为台面偏心。

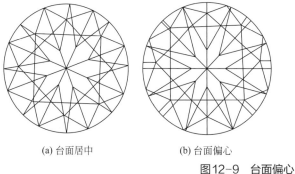

(a) 台面居中　　　　　(b) 台面偏心　　　　　(c) 台面偏心实物图

图12-9　台面偏心

③ 底尖偏心（culet off-center） 底尖中心和腰围轮廓中心在台面平面上的投影之间的距离，相对于平均直径的百分比。

$$底尖偏心 = \frac{底尖中心和腰围轮廓中心在台面平面上的投影之间的距离}{平均直径} \times 100\%$$

底尖偏心是指圆钻的底尖不在腰棱中心的垂线上（图12-10）。底尖偏心较易于观察，可用十倍放大镜透过台面观察亭部几条相交于底尖的主要面棱是否互相垂直；也可以观察亭部刻面相交的点，如果底尖居中，亭部刻面棱呈直线穿过底尖，如果底尖偏心，则棱线折弯或不能交于一点。

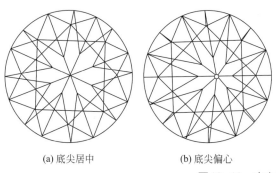

(a) 底尖居中　　　　　(b) 底尖偏心　　　　　(c) 底尖偏心实物图

图12-10　底尖偏心

④ 台面/底尖偏离（table/culet alignment） 台面中心和底面中心在台面平面上的投影之间的距离，相对于平均直径的百分比。

$$台面/底尖偏离 = \frac{台面中心和底尖中心在台面平面上的投影之间的距离}{平均直径} \times 100\%$$

台面与底尖不同方向上的错位造成台面/底尖偏离，如图12-11所示。

⑤ 冠高不均（crown height variation） 最大冠高与最小冠高之差相对于平均直径的百分比。

$$冠高不均 = \frac{最大冠高 - 最小冠高}{平均直径} \times 100\%$$

腰围面与台面不平行造成冠高不均，见图12-12。

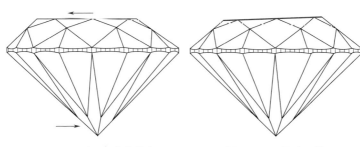

图12-11　台面/底尖偏离　　　　　图12-12　冠高不均

⑥ 亭深不均（pavilion depth variation）　最大亭深与最小亭深之差相对于平均直径的百分比。

$$亭深不均 = \frac{最大亭深 - 最小亭深}{平均直径} \times 100\%$$

亭深不均如图12-13所示。

⑦ 冠角不均（crown angle variation）　最大冠角与最小冠角之差，单位：度（°）。

冠角不均＝最大冠角－最小冠角

钻石8个冠角所测数值有差异。冠角不均如图12-14所示。

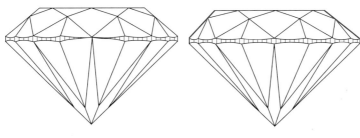

图12-13　亭深不均　　　　　图12-14　冠角不均

⑧ 亭角不均（pavilion angle variation）　最大亭角与最小亭角之差，单位：度（°）。

亭角不均＝最大亭角－最小亭角

钻石的8个亭角所测数值有差异。亭角不均如图12-15所示。

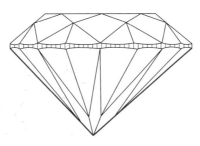

图12-15　亭角不均

⑨ 腰厚不均（gridle thickness variation）　最大腰部厚度与最小腰部厚度之差相对于平均直径的百分比。

$$腰厚不均 = \frac{最大腰部厚度 - 最小腰部厚度}{平均直径} \times 100\%$$

钻石的腰部厚度薄厚不均匀。腰厚不均如图12-16所示。

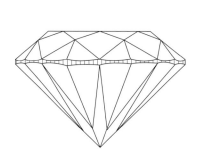
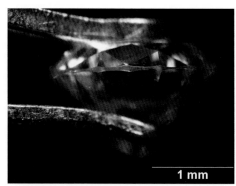

(a) 腰厚不均示意图　　　　　　　(b) 腰厚不均实物图

图12-16　腰厚不均

⑩ 台宽不均（table size variation）　最大台面宽度与最小台面宽度之差相对于平均直径的百分比。

$$台宽不均 = \frac{最大台面宽度 - 最小台面宽度}{平均直径} \times 100\%$$

台宽不均如图12-17所示。

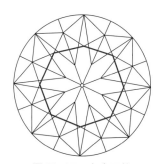

图12-17　台宽不均

⑪ 冠部与亭部刻面尖点不对齐　见图12-18。

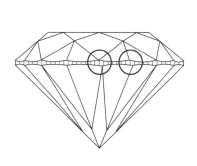
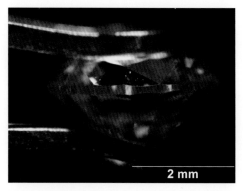

(a) 冠部与亭部刻面尖点不对齐示意图　　　(b) 冠部与亭部刻面尖点不对齐实物图

图12-18　冠部与亭部刻面尖点不对齐

⑫ 刻面尖点不尖　见图12-19。

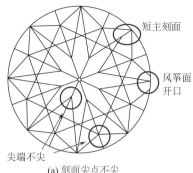

短主刻面

风筝面开口

尖端不尖

(a) 刻面尖点不尖

(b) 尖端不尖

1 mm

(c) 风筝面开口

1 mm

图12-19　刻面尖点不尖

⑬ 刻面缺失　见图12-20。
⑭ 刻面畸形　见图12-21。

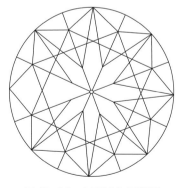

图12-20　刻面缺失示意图

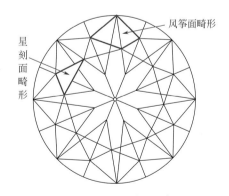

风筝面畸形

星刻面畸形

图12-21　刻面畸形示意图

⑮ 额外刻面　见图12-22。
⑯ 天然原始晶面　见图12-23。

（2）抛光（polish）

对切磨抛光过程中产生的外部特征影响抛光表面完美程度的评价。影响抛光的因

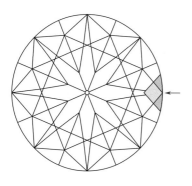

(a) 额外刻面示意图

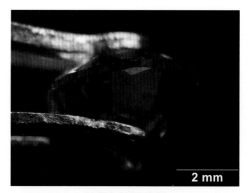

(b) 额外刻面实物图

图12-22   额外刻面

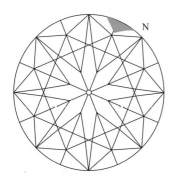

(a) 天然原始晶面示意图

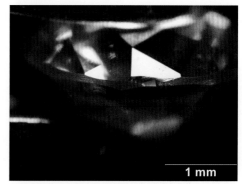

(b) 天然原始晶面实物图

图12-23   天然原始晶面

素如下：

　　① 抛光纹（图12-24）；

　　② 刮痕（图12-25）；

　　③ 烧痕（图12-26）；

　　④ 缺口（图12-27）；

　　⑤ 棱线磨损（图12-28）；

　　⑥ 击痕（图12-29）；

图12-24   抛光纹

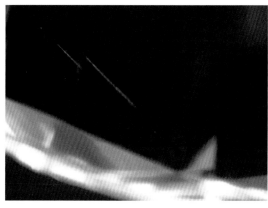

图12-25 刮痕

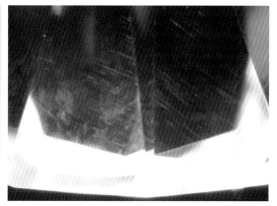

图12-26 烧痕

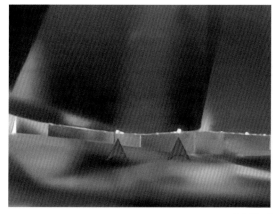

图12-27 缺口

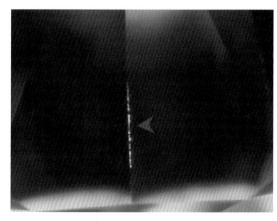

图12-28 棱线磨损

图12-29 击痕

⑦ 粗糙腰围（图12-30）；

⑧ "蜥蜴皮"效应（图12-31）；

⑨ 黏杆烧痕（图12-32）。

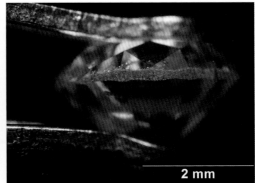

图12-30　粗糙腰围

图12-31　"蜥蜴皮"效应

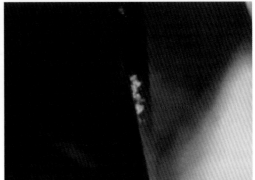

图12-32　黏杆烧痕

12.1.1.4　圆明亮式琢型的理想琢型与评价标准

20世纪以来，随着研究的深入和技术进步，在世界不同的地区先后出现了几种有重大影响的琢型。如1914年德国的爱普洛（Eppler）提出的欧洲琢型，1919年托尔可斯基推出的美国理想琢型，1969年斯堪的纳维亚（ScanDN）地区的国家提出了一套圆多面型琢型的比例标准，1978年国际钻石委员会（IDC）又公布了理想圆多面形琢型的比例范围。它们之间的差别见表12-1。然而，钻石的明亮度与3个基本比例系数（冠角、亭角、台宽比）之间的关系十分复杂，多种比例搭配均可以产生比较好的效果。因此，在钻石的4C分级中，切工分级最具有争议。

表12-1　圆明亮式琢型钻石的理想琢型对比

测量标准	美国琢型	欧洲琢型	斯堪的纳维亚钻石委员会	国际钻石委员会	中国（GB/T 16554—2017）
台宽比/%	53.0	56.0	57.0	56~66	50~66
冠高比/%	16.2	14.4	14.6	11~15	10.5~18.0
亭深比/%	43.1	43.2	43.1	41~45	41.5~45.0
亭角/（°）	40.45°	40.50°	40.45°	39.4°~42.1°	39.8°~42.4°
冠角/（°）	34.30°	34.30°	34.30°	31°~37°	26.2°~38.8°

GB/T 16554—2017的比例标准与IDC的标准相似，不同之处仅在于不再划分出差的级别，也可以说是最为宽松的比例标准。比例级别由全部测量项目中的最低等级表示。实际上，按照该标准衡量，只要切磨师不是刻意保留重量，所切磨的圆钻都能达到优良级别的比例要求。

　　在理论上，只要钻石的比例接近于"理想"钻石琢型，那么它就是"理想"的钻石。实际上，并不是所有符合这一"模型"的钻石都具有理想的视觉效果。每一颗钻石都是独一无二的，具有不同的外部和内部特征，因此不能用统一的数学公式来计算其切磨比例。钻石的表面对光路的影响并不是很大，真正有影响的是钻石的光学对称性、包裹体、应变、结节和纹理等特征。因此，在对一颗钻石进行切工时，要综合考虑钻石的各种特征，来确定钻石的切工比例。

12.1.1.5　心和箭

　　"八心八箭"是出现在圆钻中的一种光学效应，从一定方向观察，钻石可见一个对称的"心"（从亭部观察）和"箭"（从冠部观察）图案（图12-33）。

　　为了达到"心和箭"切工要求，钻石必须满足极其严格的条件。第一且最重要的一点是钻石的对称性必须非常完美，任何一点小的偏差或缺陷都有可能破坏这种效果。此外，比例和角度必须符合一些精确条件（表12-2）。

图12-33　"八心八箭"示意图

表12-2　"八心八箭"所需特定的比例和角度

比例要素	比例和角度
台宽比	54%～58%
冠高比	14%～16%
亭角β	34°～35°
腰厚比	2.5%～3.0%
亭深比	43%
冠角α	40.8°～41.1°

12.1.2　切磨质量

　　在设计明亮琢型时，刻面要设计成能最大限度地体现亮度和火彩的角度。亭部刻面和腰棱的夹角是最重要的，因为它控制了从亭部刻面反射的光所产生的亮度。所以，这个角度必须正确，以产生最大的内反射。对于钻石，为达到这一点，其亭角应接近于

41°。尽管称为"理想琢型",但这个比例在不同琢型中还是有变化的。

(1)亭部(pavilion)

亮度分为表面亮光和内部亮光,即表面和内部的反射光。增加内部亮光主要是设法通过冠部投射到亭部刻面上的光线尽量发生全反射,并从冠部反射出去,从而产生强烈的亮光。为了达到这一目的,钻石的各个刻面之间要有适当的角度,不仅要求亭部刻面有恰当的角度而且也要求冠部刻面有正确的角度。若亭部角度不当,无论太陡还是太缓,都会造成漏光(图12-34)。若冠部刻面与亭部刻面之间没有正确的配合,也会造成一部分光线损失。即$\alpha+\beta$是影响钻石亮度的主要因素。

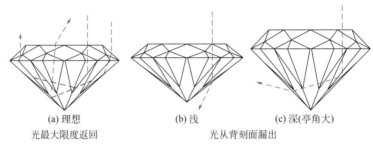

(a) 理想　　　　　　　(b) 浅　　　　　　　(c) 深(亭角大)
光最大限度返回　　　　　　　　　光从背刻面漏出

图12-34　亭角对光的影响

钻石的亭部太浅,即亭深比太小(小于40.0%),钻石会产生"鱼眼"效应,即透过钻石台面可看到腰棱的映像。若亭部太深(亭深比大于49.0%)则会产生"黑底效应",它占台面的大部分,或占台面的全部,这个现象也被称为"钉帽效应"(nail head)(图12-35)。

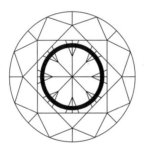　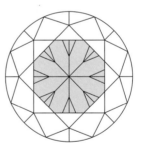

台面中所见腰棱的映像,　　　　　深的亭部使台面显得暗
"鱼眼"钻石,亭角太小　　　　　　(有时称为"钉帽")

(a) 亭部太浅或太深产生的效应

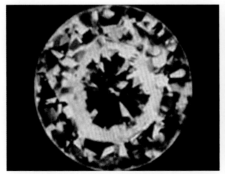　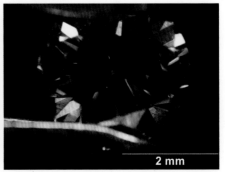

(b)"鱼眼"钻石实物图　　　　　　(c)"黑底效应"钻石实物图

图12-35　亭部深浅对钻石的影响

（2）冠部（crown）

因色散而使钻石呈现光谱色闪烁的现象称为火彩。光线从冠部入射，照到亭部刻面后，经刻面的全反射，通过冠部的倾斜刻面折射出去，这与冠部刻面的倾斜角度有关，倾斜角越大，入射角也越大，色散作用越强，火彩也越明显。当冠角大于临界角时，在冠部刻面上发生全反射，光线无法射出，造成亮光与火彩的损失。除冠角大小外，台面与冠部刻面的相对大小也是影响火彩的重要因素，台面比例越小，倾斜小刻面所占的面积就越大，火彩就越强，但是火彩增强，亮度就会相对减弱（图12-36）。因此，台面比例和冠部角度的大小是平衡亮度和火彩的主要因素。

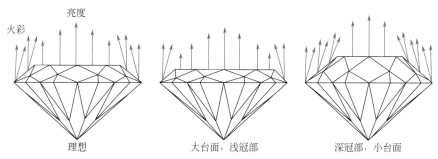

图12-36　台面与冠部刻面的相对大小对光的影响

（3）星刻面长度比与下腰面长度比

闪烁是钻石或光源移动时，或者观察角度变化时，钻石的刻面对光的反射而产生明暗交替变化的现象。闪烁的效果与刻面的大小、数量有关，对于小颗粒钻石，其磨成57个刻面，则刻面过小肉眼无法分辨出各个刻面，看不出刻面的闪烁效果；另一方面钻石太大，其磨成57个刻面，则单位区域内刻面较少而显得比较单调，闪烁效果不足，所以有些大的钻石刻面可达到100多个。同时，钻石刻面的安排和角度也很重要，星刻面长度比与下腰面长度比决定了标准圆钻型切工钻石的闪烁程度。

（4）容许偏差

比例和角度可有一定容许误差度而不影响整体效果。1970年国际钻石委员会（IDC）给出了容许范围，之后钻石款式又有变化。

12.2　确定圆钻比率的方法

12.2.1　目视法

目视法是用10倍放大镜直接估测圆钻各部分比例。如同净度分级一样快捷。掌握这些方法具有实际意义。例如，目测台宽比的弧度法、冠角估算的侧视法、亭深比的台面影像法都是分级师常用的方法。

12.2.1.1　台宽比的测定

目测台宽比有两种常用的方法。

（1）比例法

首先要把底尖调到钻石台面的中心，有时候底尖或台面偏心，可利用钻石夹把底尖调到台面的中心。

目测时，视线要垂直于圆钻的台面，如图12-37所示，目测腰棱边缘到台面边缘的距离（CB），和台面边缘到中心底尖的距离（BA）之间的比例。比例与台宽比的关系如下：

a. CB:BA = 1:1时，台宽比为54%。
b. CB:BA = 1:1.25时，台宽比为60%。
c. CB:BA = 1:1.5时，台宽比为65%。
d. CB:BA = 1:1.75时，台宽比为69%。
e. CB:BA = 1:2时，台宽比为72%。

注意：目测时一定要把底尖调到台面的中心。如果有针笔，可以量腰棱边缘到台面边缘的距离（CB），以及台面边缘到中心底尖的距离（BA），会得到更为准确的结果。

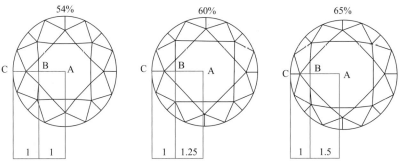

图12-37　目测台宽比的比例法

（2）弧度法

实际上，圆钻的台面与8个星小面组成两个相互重叠的"正方形"。可以依据"正方形"的某一条边的形状来确定台面大小的百分比。当台宽比为60%时，钻石台面朝上透过10倍放大镜观察，可以发现这两个相互重叠的"正方形"的边是直的；当明显内弯时，大致为56%；明显外拱时，大致为65%（图12-38）。

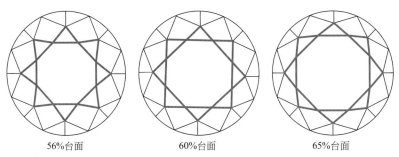

图12-38　不同台宽比圆钻星刻面弧度的变化

对于具有正常星小面的钻石，台面向上观察，星小面和上腰小面的长度应该相等。然而，若钻石星刻面偏短或偏长，则须做某些调整。

　　应用弧度法时，必须注意，如果星小面与上腰小面长度不相等，则要进行修正，否则将会得出错误的结论。例如，图12-39所示的3个具有明显不同弧度的"正方形"的台面，其台宽比是一样的。其中，图12-39(a)明显内弯是由于星小面长度大于上腰小面长度，图12-39(c)明显外拱是由于星小面长度小于上腰小面长度。所以，在使用弧度法时，一定要对星小面和上腰小面进行观察比较。当两者不等长时，根据两者的相对长度，需要加减6%的修正值进行修正：

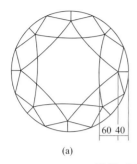 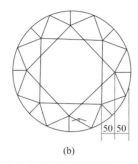 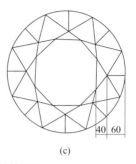

(a)　　　　　　　　　　(b)　　　　　　　　　　(c)

图12-39　星小面和上腰小面的长度对弧度法的影响

　　a. 如果星小面的长度是上腰小面的2倍，这时要加6%。

　　b. 如果星小面的长度是上腰小面的1/2，这时要减6%。

　　c. 如果星小面与上腰小面的长度明显不等，视情况加减1% ~ 5%的修正值。

　　此外，如果星小面大小不均匀，或台面偏移中心等对称性上的缺陷，造成8条边具有不同的弧度。可对不同弯曲程度的边取平均值，来目测台宽比。

　　如果观察时的视线不垂直于台面，未位于视域的中心，也会造成上述现象的假象。

　　实践经验表明，比例法的精确度比较高，是一种值得提倡的方法，而如果和弧度法配合使用，则会得到更精确的结果。

12.2.1.2　冠角的测定

　　冠角是冠部主刻面与腰棱水平面的夹角，有两种常用的目测法。

（1）侧视法

　　冠角侧视法是在10倍放大镜下从侧面观察圆钻，估计冠部主刻面与腰棱平面所形成的角度。为了便于估测，夹持钻石要按照一定的方式。

　　① 把钻石台面朝下平放，镊子垂直向下夹住钻石的腰棱，并且要夹在下主小面与腰棱相交的位置上，这个位置也是上主小面与腰棱相接触的位置，然后反转过来，让钻石台面朝上，这时镊子与腰棱平面呈90°，上主小面正好形成圆钻侧面轮廓的边，见图12-40(a)。

　　② 用镊子把钻石的台面和底尖夹住，使钻石水平放置，在放大镜下目测，可以用一支细针笔靠在腰棱的边缘来估测冠角，见图12-40(b)。

　　分析上主小面与腰棱平面形成的角度在整个90°角中的位置，观察钻石如果是小于1/3，则冠角为25°左右；如果1/3 < 冠角 < 1/2，大约是34°；按照以上方法一步一步地观察，就会得到较为精确的结果，见图12-40(c)。

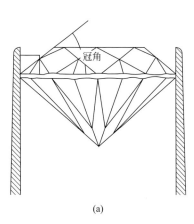

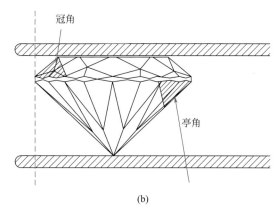

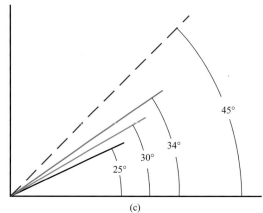

图12-40　冠角侧视法的评定方法

（2）正视法

正视法是根据下主小面的影像被台面边线截断位置上的宽度（图12-41中的 B ）与下主小面的影像与上主小面边线相交的位置上的宽度（图12-41中的 A ）差异来决定。垂直地透过台面和上主小面，观察下主小面的轮廓在经过台面与上主小面界线后的连续程度来估计冠角的大小。连续程度越好冠部角越小， A 与 B 的差异也越小，下主小面的影像也越连续；冠角越大，则越不连续。例如，当冠角为30°时， A 大约是 B 的1.2倍；当冠角达到34.5°时， A 的宽度大致为 B 的2倍。 A 与 B 的比例与冠角的比例如表12-3所示。

表12-3　$A：B$ 与冠角的关系

$A：B$	1	1.2	2	2.5
冠角/（ ° ）	25	30	34.5	40

如果冠角增大到一定的程度， A 要减小，这时透过上主小面看到的下主小面的影像成梭镖状，并称为脱节现象（图12-42）。这是因为冠角越大，上主小面越陡，它对光线的偏折越强，使垂直于台面方向的光线经上主小面折射后，更偏向亭部的底尖位置。

正视法估测冠角的图例如图12-43所示。

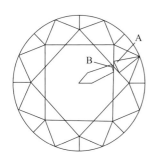

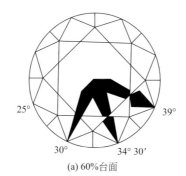

图12-41 冠角正视法的评定方法

A为上主小面内的下主小面影像的最大宽度
B为台面边缘的下主小面影像的宽度

(a) 60%台面

(b) 60%台面
34°～34°30′冠角

图12-42 下主小面的梭镖状影像

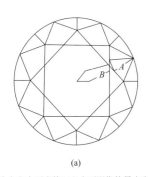

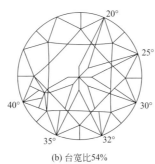

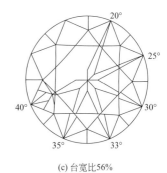

(a)

A为上主小面内的下主小面影像的最大宽度
B为台面边缘的下主小面影像的宽度

(b) 台宽比54%

冠角	20°	25°	30°	32°	35°
A:B	1.3	1.5	1.7	2	/

(c) 台宽比56%

冠角	20°	25°	30°	33°	35°
A:B	1.3	1.5	1.7	2	/

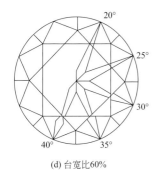

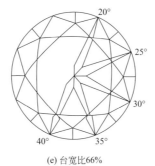

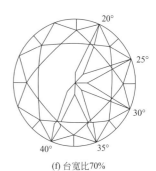

(d) 台宽比60%

冠角	20°	25°	30°	35°
A:B	1.3	1.5	1.7	2

(e) 台宽比66%

冠角	20°	25°	30°	35°	40°
A:B	1.4	1.5	1.8	2.1	/

(f) 台宽比70%

冠角	20°	25°	30°	35°	40°
A:B	1.4	1.6	1.8	2.1	2.5

图12-43 冠角正视法图例

通常台面越大其下主小面的影像的宽度会显得越窄。台面越小底部刻面影像的宽度越宽。基于同样的光学原理，亭部越深，视线就越偏向底尖（图12-44）。例如，当台面大小比例为53%，冠角仅在34.5°时，就可以看到相当于台面大小比例为60%、冠角为39°时的影像。所以，在应用正视法时要注意台宽比的影响。

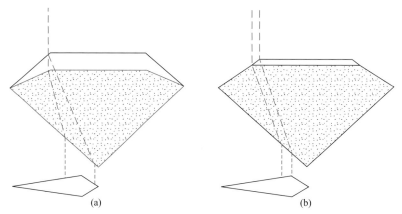

图12-44　冠角正视法原理图

(a)中冠角越大视线越向底尖偏移，通过上主小面越易看到下主小面的全貌；
(b)中台面越大视线越向底尖外偏移，通过上主小面越不易看到下小主面的全貌

再者，由于对称性的缺陷，各个上主小面的角度可能会有所不同，因而有必要多观察和估测几个冠角的数值，取其平均值。

对称性缺陷还会引起上主小面与下主小面的错位，这时下主小面的影像会偏离台面正八边形的角顶，并且与透过上主小面观察的下主小面影像错开，使得比较两边的宽度较为困难，对于此类钻石，建议不要使用正视法，最好用侧视法来估测冠角的大小。

12.2.1.3　亭深比的测定

对于圆形明亮式琢型钻石，理想的亭深比是43% ~ 44%。根据亭深比与亭角的关系，可以得出相对应的亭角是41°。亭深比的目测是较为准确的一个参数，常见的方式有两种：正视法和侧视法。最常用的是正面观测底尖周围台面镜像的方法，即正视法。

（1）正视法

正视法是在10倍放大镜下，垂直地通过台面观察亭部反影中的台面影像，并比较影像与台面的大小，根据台面影像的半径占据台面半径的百分比，来确定亭深比。影像的大小比例是以底尖为中心点，到台面的八个内对角为距离，该距离的影像所占的比例。台面的影像随着亭深比加大而扩大，具体变化如表12-4所示。掌握这一方法的关键是认识台面影像，如果认识了台面影像，稍加练习即可得到很准确的估测值。

表12-4　台影比与亭深比、亭角之间的关系

台影比/%	10	20	30	40	50	60	70	80	90	100
亭深比/%	41	42	43	44	45	46	47	48	49	50
亭角/（°）	39.4	40.0	40.7	41.4	42.0	42.6	43.2	43.8	44.4	45.0

(a) 台影比10%
亭深比40%~41%

(b) 台影比20%
亭深比42%

(c) 台影比30%
亭深比43%

(d) 台影比40%
亭深比44%

(e) 台影比50%
亭深比45%

(f) 台影比60%
亭深比46%

(g) 台影比70%
亭深比47%

(h) 台影比80%
亭深比48%

(i) 台影比90%
亭深比49%

图12-45 台影比与亭深比的关系

从图12-45(a)～（i）中可以看出，台影比随着亭深比的增大也逐渐增大。当亭深比为41%～42%时，其台影比小于30%；当亭深比为最佳比例43%时，台影比约为30%。台面影像外围的星小面呈三角形且比较明亮，随着亭部加深，台面影像扩大，星小面黑影也扩大，被上腰小面所分割，形成了小分叉状，形如莲花［图12-45(e)、(f)］。被分割后的星小面黑影在下主小面上形成了"黑领结"，围绕着台面影像，形同向日葵。同样台面影像比较明亮。

当亭深比在48%及以上时，台面影像已占满整个台面，整个钻石也变暗了，影像边界不容易辨认。这种亭深的圆钻也发生漏光，在10倍放大镜下观察，整个台面范围呈灰暗状的阴影，称为"黑底"或"钉帽"［图12-45（h）、（i）］，几乎看不到台面。解决这一问题最好的办法是，沿着下主小面寻找"黑领结"，黑领结所在的位置就是台面影像的位置，并据此估计台面影像所占台面半径的百分数。

如果圆钻的对称性有缺陷，星小面的分叉状黑影分布不对称，就形成对称欠佳的菊花状［图12-46(a)］。当亭深比在40%时，台面的影像很小，仅占据底尖附近，不易看到。如果亭深比在39%及以下时，就完全看不到台面的影像，这种亭部较浅的圆钻，不仅产生漏光现象，而且还会出现"鱼眼"现象，即在台面范围内可看到腰棱的映像［图12-46(b)］。遇到这种情况时，要左右摆动钻石，或者稍稍倾斜圆钻，即可看到台面边缘的腰棱影像。

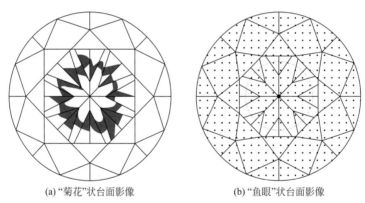

(a)"菊花"状台面影像　　　　　　(b)"鱼眼"状台面影像

图12-46　特殊形状的台面影像

虽然亭深比的主要影响因素是亭深，但要得到准确的估测值，还要考虑台宽比对目测亭深比的影响，尽管只是次要的，且往往被忽视。

如果想提高估测亭深比的准确度，那么就必须知道，台面影像所占据的台面半径的比例不仅随亭深的变化而变化，而且还随台宽比变化而变化。实际上，如果台面过大，在亭深又相对较浅时（例如台宽比大于66%，亭深比小于45%），估测值会出现较大的误差，最大可达1.5%。此时，台面影像估测的亭深比比实际的亭深比要大一些，表12-5给出了这种情况下的修正值。

表12-5使用的方法是，先根据观察到的台面影像，按图12-45估测相应的亭深比。如果已知台宽比的比例，从表12-5中查出相应台宽比和亭深比下的修正亭深百分数，计算出实际亭深比。例如，某圆钻已估测亭深比为43%，已知它的台宽比为65%，根据表12-5可得修正值为-1%，实际的亭深比为43%-1%＝42%。如果存在底尖，再根据底尖的大小，把估测的亭深值减去底尖大小百分比的一半，最后的结果才是亭深比的实际值。

表12-5　亭深比的修正值

亭深比估测值/%		42	43	44	45	46	47	48	49
台宽比/%	70.0	-2	-2	-2	-2	-1	-1	-1	-1
	67.5	-1.5	-1.5	-1.5	-1.5	-1	-1	-1	-0.5
	65.0	-1.5	-1	-1	-1	-1	-1	-0.5	0
	62.5	1.5	-1	-1	-1	-1	-1	-0.5	0
	60.0	-0.5	-0.5	-0.5	-0.5	-0.5	-0.5	0	0
	57.5	-0.5	-0.5	-0.5	-0.5	-0.5	-0.5	0	0

注：如果腰厚或很厚，可以不修正亭深值。

（2）侧视法

侧视法是在10倍放大镜下，从侧面平行于腰棱方向观察圆钻，可以看到腰棱经亭部刻面反射后形成的两条（或一条）亮带。克鲁帕尔博格（Kluppelberg）博士于1940年发现亮带的位置和两亮带之间的距离，与亭深有一定的联系。从底尖到最近的一条亮带的间距（h_1）与该亮带到另一条亮带的间距（h_2）的比值越大，亭深越大［图12-47(a)］。当亭深比很大时，两条亮带很明显，且h_1与h_2比值很大［图12-47(b)］。亭深比为41%时，第一条亮带不明显，往往就在底尖上，h_1的值非常小［图12-47(c)］。当亭深比小于40%时，h_1消失，只剩下一条亮带，通常预示着将出现"鱼眼"现象［图12-47(d)］。利用这种方法，很容易区别具有很浅与很深亭部的圆钻。

当然，由于钻石样品不同，亮带本身的宽度、明亮度和形态也会有所不同。这是因为不同的钻石之间的切工会有一定的差别，腰棱也会有厚有薄。由于亮带是腰棱经亭部刻面而显示的影像，所以会有不同的特征。

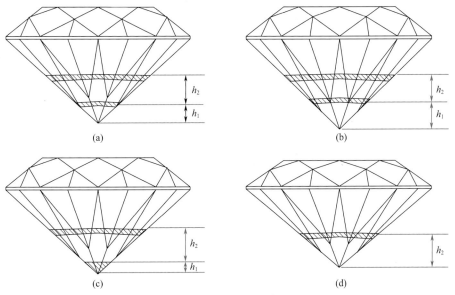

图12-47　侧视法估测亭深比

12.2.1.4　腰棱厚度的评定

钻石腰棱的厚度对圆钻的美观性没有太大的影响，一般厚度在0.5mm左右。从理论上讲，钻石的腰棱越薄越好。但是太薄不能抵御外力，腰棱容易受损。腰棱太厚会产生漏光（图12-48），降低钻石冠部亮度，还易于集聚脏物，影响钻石的颜色。同时钻石的腰棱过厚会增加钻石的质量，使钻石看起来比相同质量、腰厚适中的钻石显得更小。最佳的腰厚是刚好厚到足够抵御外力的程度。为了减少漏光，往往对较大钻石腰棱进行抛光。

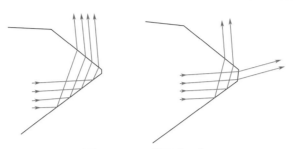

图12-48　腰棱漏光现象

评价腰棱厚度的方法以目测法为主。虽然在分级标准中也有列出腰厚的百分比，但是这些数值是以1ct大小的钻石为标准的。如果钻石更大，则腰厚的百分比就要减小，如图12-49所示。如果比例固定，那么钻石越大，腰棱的实际厚度就越大，超过耐用性的要求，并产生更多的漏光。

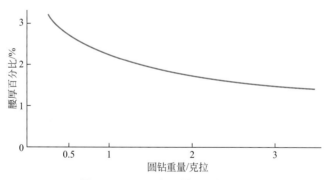

图12-49　腰厚与圆钻重量的关系

圆钻的腰棱环绕钻石呈波状起伏，在上、下主小面尖端相对的位置上最宽，上、下腰小面中央相对的位置上最窄。最大值即为钻石的腰棱厚度。在评价时，用镊子侧夹钻石，或者台面与底尖相对夹持，视线平行于腰棱平面，用10倍放大镜观察。

钻石腰部通常以薄至稍厚为理想腰厚，但在10倍放大镜下观察时，会发现钻石腰部厚薄不一的现象，这时以10倍放大镜为标准，选出最厚和最薄的部位做平均值，再估测其腰部厚度。

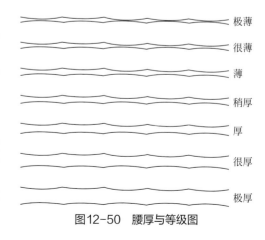

图12-50　腰厚与等级图

根据图12-50和表12-6的有关图示和说明，把腰棱厚度划分为极薄、很薄、薄、稍厚、厚、很厚和极厚。

表12-6　腰厚等级列表

腰棱厚度	百分比/%	级别	描述定义	
			10倍放大镜下	肉眼可见性
极薄（刀口）	＜2.0	中	极薄，呈刀刃状	不可见
很薄	2.0	很好	细的线状	几乎不可见
薄	2.5～3.0	极好	窄的宽度	难见
稍厚	3.0～4.5	极好	清晰的宽度	细线状
厚	5.0～5.5	很好	明显的宽度	窄的宽度
很厚	6.0～7.5	好	不悦目的宽度	清晰的宽度
极厚	8.0～10.5	一般、差	非常不悦目的宽度	明显的宽度

注：1. 该级别是圆钻比例标准中对腰棱厚度的分级。

　　2. 描述仅适用于1ct大小的圆钻。

12.2.1.5　底尖大小的评定

底尖刻面是一粒切割好的圆钻中最小的一个面，与台面平行，也是对钻石的明亮度影响最小的一个面。但是，如果底尖过大，正面入射到底尖的光线，基本上都要漏出钻石。从正面观察呈一个黑暗的小窗，对外观有一定的影响。

由于钻石的硬度比较大，其底尖可切磨得比较尖锐，容易破裂，形成一个较大的白点或者呈白色的破口。切磨底尖的目的，不是为了增加明亮度，而是为了保护亭部的尖端。因而，保留一个小的底尖也具有相当的合理性。但是，底尖必须达到既不影响外观，又能保护亭部尖端的目的。这种底尖应在肉眼下不可见或很难见。

底尖按大小划分成点状、小、中、大4个级别。以10倍放大镜为标准，从钻石正面向下观察，大致可以分为下列几种情况。表12-7和图12-51给出了关于各种大小底尖的特征与参数。

表12-7　底尖等级列表

底尖大小	百分比/%	级别
点状	＜1.0	极好
小	1.0～1.9	很好
中	2.0～4.0	好
大	＞4.0	一般

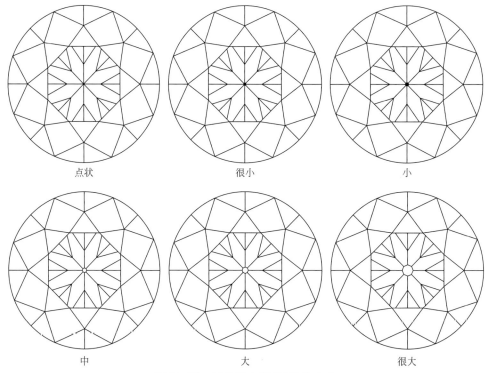

点状　　　　　　　很小　　　　　　　小

中　　　　　　　大　　　　　　　很大

图12-51　10倍放大镜下底尖的大小

底尖为点状到小的圆钻，其切工比例为极好到很好。但点状的底尖，较易于受损，受损后的底尖呈不规则的小破损面。通过台面观察呈白色的小破口，根据其受损的程度，当作内部特征或者外部特征，在净度评价中考虑。在钻石分级证书中，有时还见到"未抛光底尖"或"粗糙底尖"等评注，这是分别指未经抛光或抛光极差的底尖及受到磨损的底尖。这些特征会在钻石的抛光或损伤等方面给予评价。

在圆钻的切工比例中主要有五项参数，即台宽比、亭深比、冠角、腰厚比和底尖大小。在圆钻的比例评价标准中，还给出了其他的参数，如冠高比、亭角大小和全深比等。这些参数都可以从前五项参数中求得。例如冠高比可据冠角与台宽比求得，亭角则与亭深比相关，全深比则是冠高比与亭深比之和，而且全深比可以相当方便地用直接测量的方法获得。所以，本节所介绍的五项参数，可以唯一地确定圆钻的几何形态，达到了对圆钻切工评价的目的。

12.2.2　仪器测量法

目测法的准确度取决于人的经验和熟练程度，带有一定的主观性。为了解决这一问题，可采用钻石仪器来测量，这种方法误差小，精度高，但仪器成本较高，且与目视法相比测试速度较慢，操作也较繁杂。下面介绍几种常用的钻石测量仪器。

12.2.2.1　钻石比例仪

（1）钻石比例仪的基本原理

钻石比例仪采用放大投影的方法，把已切磨好的钻石投影到屏幕上进行测量。其原理与幻灯机相似。最早对钻石形态的测量，就是利用幻灯机把钻石的侧影投射在画有方格的纸屏上进行的。所以，钻石比例仪是一种特殊的幻灯机，并有两个特点，其一是能够在屏幕上随意改变钻石投影的大小，二是具有一个画有圆明亮式琢型图案和刻度尺的半透明屏幕。刻度以圆钻腰棱直径的百分数为单位，有的标尺上的刻度代表2个百分数，有的为1个百分数。通过对圆钻投影的测量，即可直接得出各种比例的百分比，同时还能获得某些对称性特征的定量数值。此外，钻石比例仪还带有一专用的夹具，钻石必须夹在夹具上，才可进行测量操作。

（2）钻石比例仪的操作与应用

① 基本操作　用比例仪测量圆钻的比例，首先把清洗干净的钻石放到夹具上，夹具呈马蹄形，上下有两根夹杆，上夹杆为一螺杆，转动手轮即可使之伸缩，下夹杆的头部是空心的，并在侧面开有用于观察底尖的侧孔。所以，圆钻的底尖要放在下夹杆的空洞中，上夹杆顶住圆钻的台面，下夹杆内有弹簧，并可伸缩，夹钻石时可加以利用。转动下夹杆的手轮，可带动钻石转动（图12-52）。

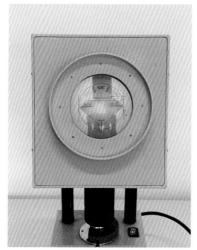

图12-52　钻石比例仪

把装好样品的夹具放在比例仪的光源上，通过调节物镜，把钻石清晰地投影到屏幕上。通过转动放大旋钮，可以改变钻石投影的大小，使钻石的腰棱投影达到与屏幕上图案一致的大小，即百分之百。为了使钻石的投影落在屏幕上，并与图案重合，可以移动物镜下的夹具调整钻石，并随时旋转放大旋钮调整钻石投影的大小，使投影与图案重合（图12-53）。完成这些步骤之后，就可以开始测量各个比例的参数了。

② 测量台宽比　移动比例仪上的屏幕，使屏幕上的水平标尺（画在圆明亮式琢型的腰棱位置上）与钻石投影的台面齐平［图12-53(a)］，并注意两点：其一，钻石投影的腰棱的两端正好与水平标尺两端的垂线重合；其二，钻石冠部投影的梯形图像的斜边必须正好成一条直线，而不能是两条折线组成。否则，所测量的台宽比不代表台面直径的百分比。如果斜边不是一条直线，可以转动夹具下夹杆的手柄，使钻石略微转动，即可达到要求。读出水平标尺上钻石投影的台面两端位置上的刻度值。如果台面居中，两侧的读数一

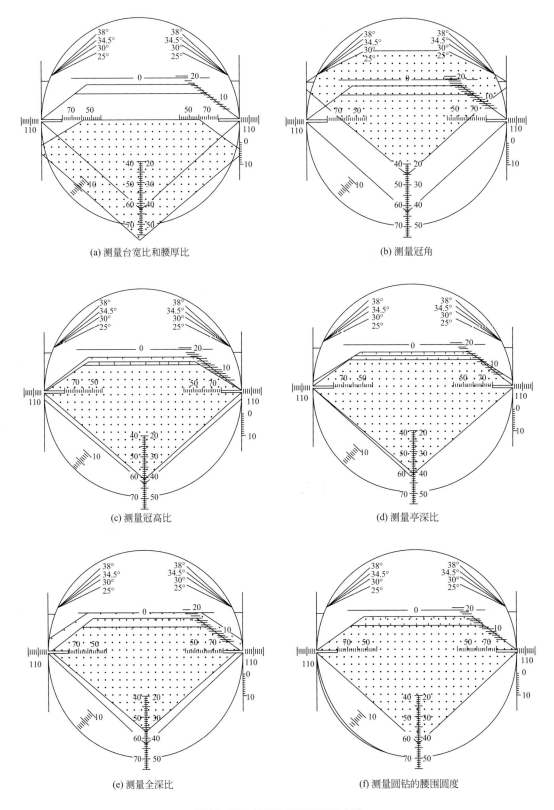

(a) 测量台宽比和腰厚比

(b) 测量冠角

(c) 测量冠高比

(d) 测量亭深比

(e) 测量全深比

(f) 测量圆钻的腰围圆度

图12-53　钻石比例仪的测量方法

样。如果台面偏心，两侧的读数不一致，这时采用两数值的平均值作为台宽比。移动钻石样品，依次测量4个对角的台宽比，取其平均值为台宽比。台面偏心度以最大差异的一组数据确定，并为差值的50%。

例如，图12-53(a)上，标尺左端的读数为58%，右端为60%，台宽比为（58%+60%）/2 = 59%，台面偏心度为（60%-58%）÷2 = 1%，在测量台宽比的同时，可以测量出腰厚比。只要在读台宽比的同时，读出右边垂线上钻石腰部阴影所占的刻度数即可。但是，这时腰棱厚度是在腰棱最宽的位置上的量度，与目视法评估的位置不同。例如，图12-53(a)中腰厚比为5%。

③ 测量冠角　移动屏幕，使屏幕上左右两垂线上方的短横线和垂线的交点与钻石投影的冠部阴影的左右角对齐，依图上的角度斜线测出钻石的冠角［图12-53(b)］。由于屏幕上的角度划分间隔较大，用内插法估计到0.1。

④ 测量冠高比　移动屏幕，使屏幕上圆明亮式琢型图案的冠部左右下角与钻石投影的同一位置对齐，通过右边冠部图上的标尺，读出冠部高度的百分比［图12-53(c)］，并转动钻石，测出8个数值，求出平均数，作为钻石的冠高比。如果钻石的台面倾斜，除了可从投影仪上直接看出投影的台面与屏幕不平行外，还可从测量得到的数据不一致得知。在操作时要注意，所测量的位置应该与测量台面直径及腰棱厚度时的位置一致，这也是所有的测量操作要注意的事项。图12-53(c)中，冠部高度的百分比为16%。

⑤ 测量亭深比　移动屏幕，使屏幕上圆明亮式琢型图案的亭部左右上角与钻石亭部投影的左右上角对齐，用中央的垂直标尺的右侧刻度来测量底尖阴影（或底尖）所达到的数值。如果底尖不在中央垂线上，说明底尖偏心，偏心度可以用亭部阴影与中央标尺相交位置的读数与底尖的读数之差来度量。例如图12-53(d)，底尖阴影与垂线不重合，亭部深度的百分比为44%，亭部阴影与中央标尺相交位置的读数为42%，底尖偏心度为（44%-42%）= 2%。

⑥ 测量全深比　移动屏幕，使图案上标记有"0"的水平线与钻石投影的台面齐平，在底尖投影所达到的位置上，读出中央垂直标尺左边的刻度值，即为钻石的全深百分比［图12-53(e)］。

⑦ 测量圆度　把钻石台面向下平放在一透明的平板上，例如用一块玻璃板，并放到比例仪的物镜下，屏幕上即出现钻石的腰棱投影，用物镜对焦，再调整放大倍数，使投影落入屏幕上所画的圆圈内，并尽可能地使阴影占满整个圆圈。如果圆钻的圆度没有偏差，阴影将占满整个圆圈。反之，则有未占据的空白边［图12-53(f)］。转动屏幕，用圆圈左下方的标尺去测量所出现的最大的空白边，即为腰棱圆度的偏差，如图12-53(f)中腰棱偏差为2%。

应用钻石比例仪，可以相当准确地测量出各种有意义的圆钻比例及对称性的参数。在所有的操作中，都要保证圆钻的投影达到百分之百，即阴影的腰棱直径与图案上的腰棱直径要等长。由于钻石的对称性问题，或者加工误差的问题，在转动钻石或移动钻石之后，腰棱投影的大小也可能发生变化。一旦出现变化，就要加以调整，使得在测量过程中的每一次读数，都在投影达100%的条件下进行，这样才能保证数据的可靠性。

另一个要再强调的问题是，要注意测量的位置。正确的测量位置，应该与各种比例参数的定义一致，即台面对角线方向的剖面位置。在操作时，一边转动夹在夹具上的钻石，一边注意钻石的投影，当梯形的冠部投影的斜边从折线变成直线时，即达到正确的测量位置。

12.2.2.2　其他测量仪器

（1）卡尺

卡尺可用于钻石腰棱直径（或者长和宽）和全深的测量。测量腰棱直径时要多测几个方向上的直径，然后计算平均腰棱直径，并在报告中记下最小值、最大值和平均值。

卡尺的类型很多，如图12-54所示。钻石用卡尺要求以毫米（mm）为单位，能准确到百分位。除了机械式卡尺以外，还有电子卡尺，其精确度能达到千分位。专用的钻石量尺，不仅可用于裸钻的测量，还可用于已镶嵌钻石的测量。

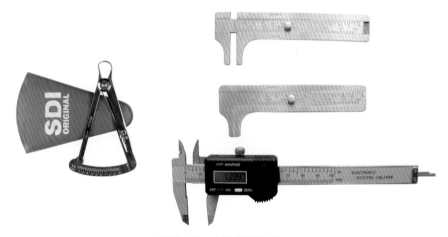

图12-54　各种钻石卡尺

（2）台面量尺

台面量尺是测量钻石台面直径（或宽度）专用的尺子。台面量尺是透明的印有刻度的硬质胶片。刻面的最小划分单位是0.1mm。测量时，用左手把量尺压在钻石的台面上，右手持10倍放大镜观察，读出台面直径的读数，可以准确到0.1mm，这种操作要通过练习才能掌握。

（3）圆钻比例分析镜

圆钻比例分析镜是一种特殊的目镜，目镜内刻划了与钻石比例仪屏幕上的图案相类似的图案，在显微镜的配合下使用。测量的方法与比例仪相似，但操作时必须移动钻石的位置，而非屏幕。并且，由于移动的距离很小，必须配以机械移动装置，使用起来并不便利。

（4）自动钻石测量仪

自动钻石测量仪（Dia-Mension）（图12-55）是一种相当新式的电子仪器，能够测量并评价钻石的切工，甚至连原石也可以测量。该仪器用计算机控制，可以在几秒钟内完成对钻石的测量和切工评价，与使用其他仪器或方法相比，可以节约大量的时间，并获得更为精确的测量结果。

图12-55　钻石测量仪

12.3　标准圆钻型钻石切工分级

12.3.1　比率分级

对于钻石的比率分级，早期的方法是将待分级钻石的各项比率值与"各种理想琢型"所确定的最佳比率值对比，来确定钻石比率等级，例如GIA早前是利用的美国理想式琢型。然而钻石的亮度、色散、闪光与三个基本比率参数亭深比、台宽比、冠角的关系十分复杂，多种比例的搭配也可以产生良好的外观效果。近年来，在钻石专家的研究中，发现星刻面长度比、下腰面长度比对钻石的外观光学效果也存在影响。钻石的比率分级方法经过不断的改进，摒弃了以"理想琢型"的最佳比例值评价比率的方法，而采用各项比例值搭配最优的方法来进行比率分级。

比率分级是使用全自动切工测量仪以及各种微尺、卡尺直接对各测量项目进行测量或目估的方法，确定钻石的各项比率值，再通过查表的方式确定钻石的比率级别。

测量项目包括：

① 规格　规格测量项目见表12-8。

表12-8　规格测量项目

规格测量项目	最大直径	最小直径	全深
精确至	0.01	0.01	0.01

注：单位为mm。

② 比率　比率测量项目见表12-9。

表12-9　比率测量项目

比率测量项目	台宽比	冠高比	腰厚比	亭深比	全深比	底尖比	星刻面长度比	下腰面长度比
保留至	1%	0.5%	0.5%	0.5%	0.1%	0.1%	5%	5%

③ 冠角　单位：度（°），保留至0.2。
④ 亭角　单位：度（°），保留至0.2。

⑤ 对称性测量项目　对称性测量项目见表12-10。

表12-10　对称性测量项目

对称性测量项目	腰围不圆	台面偏心	底尖偏心	台面/底尖偏离	冠高不均	冠角不均	亭深不均	亭角不均	腰厚不均	台宽不均
保留至	0.1%	0.1%	0.1%	0.1%	0.1%	0.1°	0.1%	0.1°	0.1%	0.1%

12.3.1.1　比率级别

比率级别分为极好（excellent，简写为EX）、很好（very good，简写为VG）、好（good，简写为G）、一般（fair，简写为F）、差（poor，简写为P）五个级别。

12.3.1.2　基本比率级别划分规则

① 依据GB/T 16554—2017附录C中各台宽比条件下，冠角（α）、亭角（β）、冠高比、亭深比、腰厚比、底尖比、全深比、α+β、星刻面长度比、下腰面长度比等项目确定各测量项目对应的级别。

② 比率级别由全部测量项目中的最低级别表示（就低原则）。

12.3.1.3　影响比率级别的其他因素

（1）超重比例

根据待分级钻石的平均直径，查GB/T 16554—2017附录D中表D.1钻石建议克拉重量表，得出待分级钻石在相同平均直径、标准圆钻型切工的建议克拉重量。计算超重比例，根据超重比例，查表12-11得到比率级别。

表12-11　超重比例对比率级别的影响

比率级别	极好EX	很好VG	好G	一般F
超重比例/%	< 9	9~16	17~25	> 25

（2）刷磨和剔磨

① 刷磨和剔磨级别　根据刷磨和剔磨的严重程度可分为无、中等、明显、严重四个级别。不同程度和不同组合方式的刷磨和剔磨会影响比率级别，严重的刷磨和剔磨可使比率级别降低一级。

② 刷磨和剔磨划分规则

a.无：10倍放大条件下，由侧面观察腰围最厚区域，钻石上腰面联结点与下腰面联结点之间的腰厚，等于风筝面与亭部主刻面之间腰厚。

b.中等：10倍放大条件下，由侧面观察腰围最厚区域，钻石上腰面联结点与下腰面联结点之间的腰厚，对比风筝面与亭部主刻面之间腰厚有较小偏差，钻石台面向上外观没有受到可注意的影响。

c.明显：10倍放大条件下，由侧面观察腰围最厚区域，钻石上腰面联结点与下腰面联结点之间的腰厚，对比风筝面与亭部主刻面之间腰厚有明显偏差，钻石台面向上外观受到影响。

　　d.严重：10倍放大条件下，由侧面观察腰围最厚区域，钻石上腰面联结点与下腰面联结点之间的腰厚，对比风筝面与亭部主刻面之间腰厚有显著偏差，钻石台面向上外观受到严重影响。

　　③ 刷磨和剔磨分级方法　先后从腰围和台面方向观察，依据刷磨和剔磨划分规则，确定刷磨和剔磨级别。

12.3.1.4　比率分级的流程

　　① 首先确定基本切磨比率级别（图12-56）。

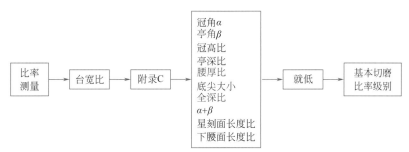

图12-56　基本切磨比率级别确定流程

　　② 由基本切磨比率级别、超重比例、刷磨和剔磨三项等级确定比率级别，如图12-57。

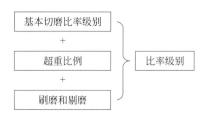

图12-57　确定比率级别流程

12.3.2　修饰度分级

　　修饰度级别分为极好（excellent，简写为EX）、很好（very good，简写为VG）、好（good，简写为G）、一般（fair，简写为F）、差（poor，简写为P）五个级别。包括对称性分级和抛光分级。以对称性分级和抛光分级中的较低级别为修饰度级别。

12.3.2.1　对称性分级

　　对称性级别分为极好（excellent，简写为EX）、很好（very good，简写为VG）、好（good，简写为G）、一般（fair，简写为F）、差（poor，简写为P）五个级别。以可测量的对称性要素级别和不可测量对称性要素级别中的较低级别为对称性级别。

　　（1）影响对称性的要素特征

　　可分为可测量对称性要素和不可测量对称性要素。

　　① 可测量对称性要素　腰围不圆；台面偏心；底尖偏心；台面/底尖偏离；冠高不均；冠角不均；亭深不均；亭角不均；腰厚不均；台宽不均。

② 不可测量对称性要素　冠部与亭部刻面尖点不对齐；刻面尖点不尖；刻面缺失；刻面畸形；额外刻面；天然原始晶面。

（2）对称性要素级别划分规则

① 可测量对称性要素级别的划分规则　可测量的对称性要素级别依据表12-12查得各测量项目级别，用全部测量项目中最低级别表示。

表12-12　可测量对称性要素级别划分规则

可测量对称性要素	极好	很好	好	一般	差
腰围不圆/%	0~1.0	1.1~2.0	2.1~4.0	4.1~8.0	>8.0
台面偏心/%	0~0.6	0.7~1.2	1.3~3.2	3.3~6.4	>6.4
底尖偏心/%	0~0.6	0.7~1.2	1.3~3.2	3.3~6.4	>6.4
台面/底尖偏离/%	0~1.0	1.1~2.0	2.1~4.0	4.1~8.0	>8.0
冠高不均/%	0~1.2	1.3~2.4	2.5~4.8	4.9~9.6	>9.6
冠角不均/(°)	0~1.2	1.3~2.4	2.5~4.8	4.9~9.6	>9.6
亭深不均/%	0~1.2	1.3~2.4	2.5~4.8	4.9~9.6	>9.6
亭角不均/(°)	0~1.0	1.1~2.0	2.1~4.0	4.1~8.0	>8.0
腰厚不均/%	0~1.2	1.3~2.4	2.5~4.8	4.9~9.6	>9.6
台宽不均/%	0~1.2	1.3~2.4	2.5~4.8	4.9~9.6	>9.6

② 不可测量对称性要素级别的划分规则：

a. 极好EX　10倍放大镜下观察，无或很难看到影响对称性的要素特征。

b. 很好VG　10倍放大镜下从台面向上观察，有较少的影响对称性的要素特征。

c. 好G　10倍放大镜下从台面向上观察，有明显的影响对称性的要素特征。肉眼观察，钻石整体外观可能受到影响。

d. 一般F　10倍放大镜下从台面向上观察，有易见的、大的影响对称性的要素特征。肉眼观察，钻石整体外观受到影响。

e. 差P　10倍放大镜下从台面向上观察，有显著的、大的影响对称性的要素特征。肉眼观察，钻石整体外观受到明显的影响。

12.3.2.2　抛光分级

抛光级别分为：极好（excellent，简写为EX）、很好（very good，简写为VG）、好（good，简写为G）、一般（fair，简写为F）、差（poor，简写为P）五个级别。

（1）影响抛光级别的要素特征

影响抛光级别的要素特征包括：抛光纹；刮痕；烧痕；缺口；棱线磨损；击痕；粗糙腰围；"蜥蜴皮"效应；黏杆烧痕。

（2）抛光级别划分规则

① 极好（EX）　10倍放大镜下观察，无至很难看到影响抛光的要素特征。

② 很好（VG）　10倍放大镜下台面向上观察，有较少的影响抛光的要素特征。

③ 好（G）　10倍放大镜下台面向上观察，有明显的影响抛光的要素特征。肉眼观察，钻石光泽可能受影响。

④ 一般（F）　10倍放大镜下台面向上观察，有易见的影响抛光的要素特征。肉眼观察，钻石光泽受到影响。

⑤ 差（P）　10倍放大镜下台面向上观察，有显著的影响抛光的要素特征。肉眼观察，钻石光泽受到明显的影响。

12.4　钻石切工级别及分级流程

12.4.1　钻石切工级别及划分规则

切工级别分为极好（excellent，简写为EX）、很好（very good，简写为VG）、好（good，简写为G）、一般（fair，简写为F）、差（poor，简写为P）五个级别。

切工级别根据比率级别、修饰度级别（对称性级别、抛光级别）进行综合评价。

根据比率级别和修饰度级别，查表12-13得出切工级别。

表12-13　切工级别划分规则

切工级别		修饰度级别				
		极好EX	很好VG	好G	一般F	差P
比率级别	极好EX	极好	极好	很好	好	差
	很好VG	很好	很好	很好	好	差
	好G	好	好	好	一般	差
	一般F	一般	一般	一般	一般	差
	差P	差	差	差	差	差

12.4.2　切工分级流程

首先，对钻石切磨外观进行肉眼评估。利用标准比色灯，另加聚光灯如笔式手电，对钻石切工进行总体外观观察，包括明度、色散和闪光三个方面，以估计切工级别，对切工比率、对称和抛光得出的切工级别进行评价和修正。

其次，依据GB/T 16554—2017附录C（见本书附录）中各台宽比条件下，冠角（α）、亭角（β）、冠高比、亭深比、腰厚比、底尖大小、全深比、$\alpha+\beta$、星刻面长度比、下腰面长度比等项目确定各测量项目对应的级别，按就低原则得出基本切磨比率级别。

第三，根据待分级钻石的平均直径，查GB/T 16554—2017附录D（见本书附录）钻石建议克拉重量表，得出待分级钻石在相同平均直径、标准圆钻型切工的建议克拉重量。

第四，计算超重比例，根据超重比例，查表12-11得到比率级别。

第五，根据刷磨和剔磨的严重程度考虑是否对比率级别降低一级。

第六，根据影响钻石对称性级别和抛光级别的因素，定出对称性级别和抛光级别，依据就低原则得出钻石的修饰度级别。

第七，依据第四和第六得出的比率级别与修饰度级别，查表12-13，得出最终切工级别（图12-58）。

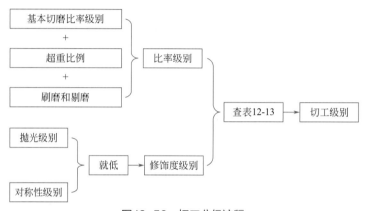

图12-58　切工分级流程

12.5　花式钻石的切工评价

12.5.1　花式琢型

花式琢型是除圆明亮式琢型以外的各种琢型的统称。钻石属于等轴晶系，最常见的是八面体晶体，其晶体形状最适合切割的方式是圆钻。因此，世界上常见的钻石切工均为圆钻型，花式琢型在市场上只占总量的10%左右。与圆钻相比，花式钻石的加工工艺要求更高，切磨成本较高。花式琢型的对称性低于圆钻，亮光和火彩的表现不均匀，明亮度不如圆钻。

但是，花式琢型仍然有一定的市场。最重要的原因是有利于重量的保存。形态不规则的原石，切磨成圆钻，重量损失大，而依原石的形态采用花式琢型，则可以保存最大的重量。而且，花式琢型的形态可塑性大，更利于因材施艺。所以，几乎所有的大钻，都切磨成各种花式琢型，以期获得最大的重量。另一方面，花式琢型更有利于展现钻石的色彩，尤其是适用于颜色不够浓艳的钻石。

由于花式琢型种类繁多，形态各异，目的不一，切工的评价远比圆钻困难，很难定出统一的标准，尤其是花式钻石的比例标准。至今尚无一致认可的适于花式钻石切工评价的标准，只能根据最基本的原则，即钻石的明亮度、美感和耐用性等，分析花式钻石切工的优劣。

在销售价格上，花式钻石往往比同等质量的圆钻的价格低，依据不同的款式和市场的供求关系，花式钻石一般低20%～50%。但是，有些时新流行款式的花式钻石，售价可能高于圆钻。

12.5.2　花式钻石的比例及其评价

大多数花式琢型的比例与圆明亮式琢型的比例类似，包括有台宽比、冠角或冠高比、腰棱厚度、亭深比或亭角、底尖大小等。各个部分的作用和圆钻也大致相同，尤其是变形明亮式琢型。一般地说，台面过大或者冠角太小，会削弱火彩，冠角太陡，会产生漏光，或者产生过多的火彩；亭深比则主要影响亮光；腰棱厚度和底尖都以预防受损为主要目的。

但是，花式琢型的形式多，可塑性大，不仅在不同的款式之间存在差异，即使同一种琢型，也可以有不影响美观的变化，很难定出一套普遍适用的比例标准。所以，花式琢型的比例评价远不如圆明亮式琢型的比例评价严格。

此外，花式琢型的各种比例的定义也与圆钻有一定的区别。

（1）台宽比

花式琢型的腰棱与台面往往都有长与宽两个长度及方向。台宽比定义为台面的宽度占腰棱宽度的比例（图12-59）。对圆钻来说，小于50%的台宽比很少见，但是，许多的花式钻很常见（图12-60）。台宽比可测量，例如用台面量尺测定，或者目估的方法来确定。

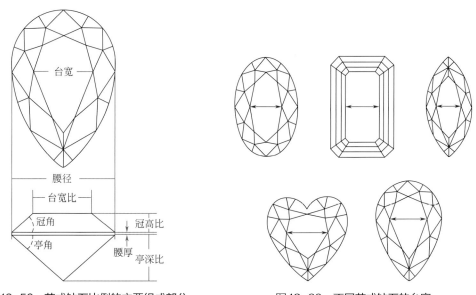

图12-59　花式钻石比例的主要组成部分　　　　图12-60　不同花式钻石的台宽

（2）冠角

冠角定义为冠部在宽度方向上的主要刻面与腰棱平面之间的夹角（图12-59）。对于变形明亮式琢型，合适的角度、亮光和火彩较好，并以34.5°为最佳角度。在评估时，用目视估测角度的大小，并可使用冠角合适或者稍大、大、小、太小等用语，或者评估出具体的角度。

（3）腰棱厚度

花式钻的腰棱厚度往往不均匀。一种是带有尖锐端部的琢型，例如橄榄形、水滴形等，尖端部位的腰棱比较厚，以防破损。另一种是带有凹部的琢型，如心形，在凹口位置上的腰棱也很厚。这些位置均不可作为评估腰棱厚度的依据。评估时要排除这些特殊的位置，并把腰棱厚度同圆钻的腰棱一样划分成极薄、很薄、薄、稍厚、厚、很厚和极厚

7个级别。

（4）亭深比

花式琢型的亭深比定义为亭部深度与腰棱宽度的比例（图12-59）。花式钻石的亭角在不同部位角度不同，例如马眼形和梨形钻石中，位于尖端的亭角小于腹部的亭角。在明亮式的花式琢型中，例如心形、马眼形、椭圆形，亭部主刻面的数量不同，有4个，7个，也有6个或者8个亭部主刻面。部分琢型的尖端或头部会省去亭部主刻面，而切磨出一条龙骨线，弥补亭角的变化。对变形明亮式琢型，在评估时主要注意亭部在宽度方向上的反光情况。与圆钻的台面反影相似，如果变形明亮式琢型的亭深合适，范围为41%～45%，则看不到或仅看到少量的台面反影。如果亭深太大，则出现漏光，台面反影加大加深，在宽度方向的位置上形成蝴蝶状的黑影，称为"蝶影"（图12-61）。

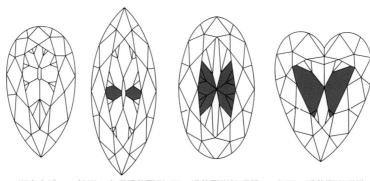

深度合适　　较深，出现蝶状阴影　深，蝶状阴影较明显　　很深，蝶状阴影明显

图12-61　花式钻石的"蝶影"现象

亭部过浅，则易于在台面侧边，甚至在台面内看到白色的腰棱的影像，如同"鱼眼钻石"的情况。所以，对于变形明亮式琢型，可以依据"蝶影"和"鱼眼"现象，来评价亭深比是否合适。并且，也可以使用概括的术语，如亭深比合适，或者过深、过浅等。

对于祖母绿琢型、阶梯琢型，则要注意是否有亭部膨胀的现象（图12-62）。阶梯状琢型的亭部一般由三层不同角度的刻面组成，从腰部至底尖，应该由一个平缓弧度组成。如切磨不当，会使亭部膨胀，亭部膨胀是保留重量的一种措施。但是，这一措施造成额外的漏光，削弱了钻石的明亮度。这一现象可以在报告的备注中说明。严重的亭部膨胀，有可能影响到钻石的镶嵌。

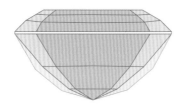

图12-62　阶梯琢型钻石的亭部膨胀

（5）底尖大小

花式钻石的底尖大小用目视法评定，并根据具体的形态，划分成点状、小、中、大4个级别。

12.5.3　花式钻石的对称性及其评价

花式钻石的修饰度分级和圆钻一样，包括对称性和抛光两个部分。对于花式钻石，对称性比比例更为重要。因为，花式钻石在很大程度上是以其形态的美感吸引人的，特别是其轮廓的形态。所以，花式钻石切工评价的重点是对称性的评价。

12.5.3.1　花式钻石的重要对称性特征

（1）腰棱轮廓

花式钻石的腰棱轮廓是否均匀、对称，形状是否完美，对琢型的美感和均衡影响极大。通常存在的偏差有：

① 腰棱轮廓不对称，即轮廓的左右或上下不对称（图12-63）。

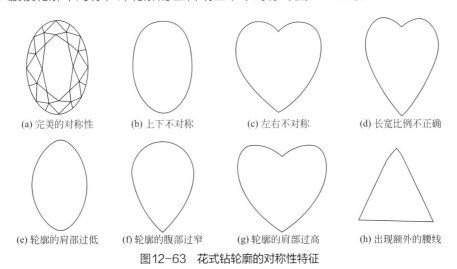

(a) 完美的对称性　　(b) 上下不对称　　(c) 左右不对称　　(d) 长宽比例不正确

(e) 轮廓的肩部过低　(f) 轮廓的腹部过窄　(g) 轮廓的肩部过高　(h) 出现额外的腰线

图12-63　花式钻轮廓的对称性特征

② 轮廓的协调性不佳，即轮廓的曲线弧和位置不当，如图 12-63 所说明的各种情况。

③ 长宽比例不佳，即腰棱的长径与短径的比例不适当。这一比例是决定轮廓美感的重要因素之一，常见的花式琢型的长宽比要符合下列的比例关系（表12-14），否则将超出人们可接受的美感范围。

表12-14　花式钻石切工的长宽比例评价

形状	太短	一般	适当	一般	太长
祖母绿形	< 1.25 : 1	1.25 : 1~1.5 : 1	1.5 : 1~1.75 : 1	1.75 : 1~2.0 : 1	> 2.0 : 1
心形	—	< 1 : 1	1 : 1	1 : 1~1.25 : 1	> 1.25 : 1
马眼形	< 1.5 : 1	1.5 : 1~1.75 : 1	1.75 : 1~2.25 : 1	2.25 : 1~2.5 : 1	> 2.5 : 1
椭圆形	< 1.25 : 1	1.25 : 1~1.33 : 1	1.33 : 1~1.66 : 1	1.66 : 1~1.75 : 1	> 1.75 : 1
梨形	< 1.25 : 1	1.25 : 1~1.5 : 1	1.5 : 1~1.75 : 1	1.75 : 1~2.0 : 1	> 2.0 : 1

（2）底脊线（底尖）偏心

花式钻石的亭部刻面可能不会聚成一点，而是形成底脊线。底脊线应该位于花式钻石的中心，不可偏离。如果偏离，则可能出现左右或上下偏移。评估时，根据目视判断。

（3）台面偏心

台面左右或上下偏离腰棱轮廓的中心。有些款式，上下偏离的现象不明显，或不易评估，例如，心形明亮式琢型，因为其上下方向上不具对称性。

（4）腰厚不均

与圆明亮式琢型腰厚不均的定义相同，指腰棱起伏，而不在同一平面上。

（5）冠高不均

与圆明亮式琢型冠高不均的定义相同，指台面与腰棱平面不平行。

12.5.3.2　花式琢型的一般对称性特征

圆明亮式琢型的一般对称性特征的内容基本上适用于花式琢型，只是要对花式琢型对称程度较低的情况加以考虑后，略加修改即可。下面按花式琢型各个部分可能具有的对称性特征，分别进行阐述。

（1）冠部上的一般对称性特征

① 台宽不均

要根据各种款式的特殊对称性来分析。一般地说，同种台面的边不等长，出现额外的台面边、台面扭曲等，都可以是台宽不均的表现。

② 冠部刻面畸形

同样要根据具体的琢型划分出同种小面，然后比较同种小面的大小及形态是否相同。

③ 刻面尖点不尖

与圆明亮式琢型的刻面尖点不尖定义一样。

（2）腰棱上的一般对称性特征

① 腰厚不均

与圆明亮式琢型的腰厚不均定义相同，但要排除尖端或凹口等特殊位置上腰棱的厚度。

② 冠部与亭部刻面尖点不对齐

与圆明亮式琢型的尖点不对齐定义相同。

（3）亭部上的一般对称性特征

① 亭部的刻面畸形

与圆明亮式琢型冠部的刻面畸形的定义相同。

② 刻面尖点不尖

③ 刻面缺失

花式钻石的刻面常常与圆明亮式琢型钻石不一样，即使是变形明亮式琢型，如果是有规律地缺失某些刻面，尤其是亭部的刻面，并且没有造成对称性畸变，则不算缺少刻面。缺少刻面的情况，总是伴随着对称性的破坏。

12.5.3.3　对称性评价规则

花式钻石的对称性评价规则与圆钻相同，要对对称性特征的偏离程度加以评价，然后再评价钻石所属的对称性等级。对称性等级划分如下：

极好：没有对称性的偏差，具有完美的对称性。

很好：存在少量轻微的对称性偏差，但不能有腰棱的对称性偏差，总体上具有完美的对称性。

好：少量轻微的对称性偏差，允许有一项明显的对称性偏差，但不能是轮廓的对称性偏差，总体上呈轻微的对称性畸变。

一般：少量明显的对称性偏差，但花式钻石外观的协调性和美感没有受到明显的影响，总体上呈畸变的对称性。

差：存在严重的对称性偏差，花式钻石外观的协调性和美感受到了破坏，总体上呈强烈畸变的对称性。

12.5.4 抛光评价

花式钻石的抛光评价与圆钻完全相同，分成5个等级，极好（excellent，简写为EX）、很好（very good，简写为VG）、好（good，简写为G）、一般（fair，简写为F）、差（poor，简写为P）五个级别。

12.5.5 花式钻石切工级别划分规则

花式钻石的切工评价也分成比例和修饰度两个部分。由于花式钻石的形态变化大，同一钻石的不同方向的形状也不一样，所以评价的尺度没有统一公认的标准，也不如圆钻比例评价严格。在评价中，往往采用记叙比例参数和有关现象（常放在证书的备注中），而不评判比例的等级。

修饰度评价方面，注重花式钻石轮廓的评价，并根据轮廓的长短轴的比例、对称性和曲线的协调性来评价轮廓的优劣，其他的修饰度评价内容与圆钻相同或近似。修饰度一般分为对抛光和对称性进行评价，各分成极好、很好、好、一般、差5个等级。根据所见的抛光特征和对称性特征来确定各自的等级。

13

彩色钻石颜色分级

13.1　彩色钻石颜色分级标准

　　拥有与开普系列钻石完全不同颜色的钻石（如粉红色、蓝色、紫色等），我们称为Fantasy钻石。在非专业人士的口中，它变成了Fancy钻石（彩色钻石）。但这容易引起混淆：一颗属于不寻常颜色的灰色钻石却不属于彩色钻石。然而在钻石商贸中，我们仍沿用术语Fancy（彩色）去称呼那些不寻常的、美丽的、迷人的钻石。

　　在很长的一段时间内，说起高质量钻石，人们会自然地联想到无色的（D色）"白"钻石。在近几十年内，这种情况有所改变，具有很不寻常颜色的钻石变得越来越珍贵，如今它们的价值甚至超过了高质量的无色钻石。据彩色钻石行业的专家说，在20世纪80年代初，对于一套全新证书的需求变得越来越迫切。1983年，HRD钻石证书部门推出了HRD钻石颜色证书以满足这种需求：一种专门为彩色钻石的独特颜色而制作的证书。

　　如今，证书伴随着几乎每一颗天然的彩色钻石。这是一份重要文件，它能用以证明钻石颜色确实出自天然。通过一系列新的科技手段，钻石的颜色可以被人为改变（见第4章），但经颜色处理的钻石不会有颜色证书。

13.1.1　我国彩色钻石颜色分级标准

　　我国轻工行业对彩色钻石颜色分级制定了标准QB/T 4113—2010。彩色钻石的颜色分级包括钻石的颜色和颜色等级。

（1）彩色钻石的颜色

　　彩色钻石的颜色主要可分为主色、辅色和基本色三个方面。

　　① 主色　根据天然彩色钻石的特性而给出的主要色彩。它们是：粉红色、红色、橙色、黄色、绿色、蓝色、靛色、紫色、褐色、灰色、白色和黑色，共十二种。

　　② 辅色　天然彩色钻石中除主色外的次要颜色（一颗彩色钻石可有多个辅色）。它们是：微粉红色、粉红色、微橙色、微黄色、微绿色、微蓝色、微紫色、微褐色和微灰色，共九种。

　　③ 基本色　由光谱色细分的颜色。它们是：红色、微橙红色、微红橙色、橙色、微黄橙色、黄橙色、橙黄色、微橙黄色、黄色、微绿黄色、绿黄色、黄绿色、微黄绿色、绿色、微蓝绿色、蓝绿色、绿蓝色、微绿蓝色、蓝色、微靛蓝色、微蓝靛色、靛色、紫色、微红紫色、红紫色、紫红色和微紫红色，共二十七种。

（2）彩色钻石颜色等级

　　彩色钻石的颜色分为八个等级，分别是：很浅、浅、浅彩、中彩、浓彩、艳彩、深彩、暗彩。

（3）分级鉴定的步骤

　　① 鉴定师坐在比色箱正前方，用手伸入比色箱将钻石台面向上置于比色板或者比

色纸上，钻石离光源约45cm，鉴定师的目光离钻石约20～30cm，目光与钻石的台面成45°。

② 将钻石与彩色钻石比色石作对比，找出与标准相近的颜色。如果被测钻石的色彩超出了比色石的范围，则利用孟塞尔色卡对比出与之相适应的色彩。

③ 确定色彩（包括主色和辅色）后，将被测钻石与彩色钻石比色石作对比，定出色调。

④ 将被测钻石与彩色钻石比色石作对比，定出色度。

⑤ 根据已确定的色调和色度，用术语描述出一个特定的颜色等级。

⑥ 例如一颗颜色等级为"浓彩"、色彩为"微紫红"的钻石，描述为"浓彩微紫红"，其中"微紫"是辅色，"红"是主色。

（4）分级要求

① 客观条件　彩色钻石颜色应在无阳光直射的室内环境中进行，分级环境的色调应为白色或灰色。分级时采用专用的比色箱、比色灯等，并以比色板或比色纸为背景。

② 人员要求　从事彩色钻石颜色分级的技术人员应受过专门的技能培训，掌握正确的操作方法，并应无影响颜色识别的眼疾。分级时应由2～3名技术人员独立完成同一样品的颜色分级，并取得统一结果。

13.1.2　HRD彩色钻石颜色分级标准

HRD（比利石钻石高层议会）采用的是美国国家标准局（NBS）发展起来的，并在"一般颜色名称通用字典"发表的国际钻石颜色命名标准。HRD实验室使用的孟塞尔颜色手册就是根据这些标准编写的。孟塞尔系统包括的1500标准颜色卡片是根据NBS规定的三个颜色参数制作的。这三个参数分别是色调（如蓝色），饱和度（色调的强度）和明度（取决于白色和黑色成分的比例大小）。通过与颜色卡片的视觉比较，钻石的颜色可以被确定下来。

钻石一般是沿冠部观察，颜色分级必须是垂直台面观察得出。然而在孟塞尔手册中找到的颜色不会在颜色证书中提及，它仅仅是HRD颜色名称的根据。

① 色调（hue）　是指宝石的颜色（如蓝色、红色、黄色），这是根据孟塞尔系统定义的。色调也可以由两种颜色组成，而第二个颜色往往是主要颜色，如"purplish pink（带紫色调的粉色）""orangey brown（带橙色调的棕色）"。

② 饱和度（saturation）　是指色调的饱和程度，估计它需要较丰富的经验。往往会在饱和度前面添加一定的修饰成分，修饰词有："faint（淡的）—no prefix（无修饰词）—intense（强的）—dark（暗的）—translucent（半透明的）"如"intense pink（强紫色）"。

③ 彩色（Fancy）　是用来对那些非常漂亮且具吸引力的钻石的颜色描述术语。它有许多附加条件：

a.颜色必须是天然的，人工改善处理钻石不能用"fancy"来命名。

b.颜色必须是纯净的，即不能有太多灰色调。牛奶白色，灰色和黑色钻石（半透明）不能被称为"fancy"钻石。

c.彩色钻石名称必须包含至少有"light（淡）""intense（强）"之类的修饰词或者是没有修饰词，如"light blue（淡蓝色）"。

13.1.3　GIA彩色钻石颜色分级标准

GIA彩色钻石颜色分级体系是建立在孟塞尔均匀颜色空间，共有27个色调，9个明度/饱和度级别。即彩色钻石的颜色是由色调、饱和度以及亮度的组合效果。第一部分描述钻石颜色的饱和度和亮度，第二部分描述钻石的色调。

（1）亮度和饱和度

GIA将亮度和饱和度这两个颜色维度组成的颜色平面划分为9个区域，每一亮度和饱和度区域指定一个颜色等级名称（图13-1）。

faint（微）：明度极高，饱和度极低。

very light（微淡）：明度很高，饱和度低。

light（淡）：明度高，饱和度较低。

fancy light（淡彩）：明度较高，饱和度较低。

fancy（彩）：明度中等，饱和度适中。

fancy intense（浓彩）：明度中等，饱和度较高。

fancy dark（暗彩）：明度较暗，饱和度低。

fancy deep（深彩）：明度暗，饱和度中。

fancy vivid（艳彩）：明度中等，饱和度高。

前三级faint（微）、very light（微淡）、light（淡）不适用于黄色钻石的分级，即黄色钻石只有后6个明度/饱和度级别。明度/饱和度级别在彩色钻石的价格上占有举足轻重的地位，是影响价值的重要因素。

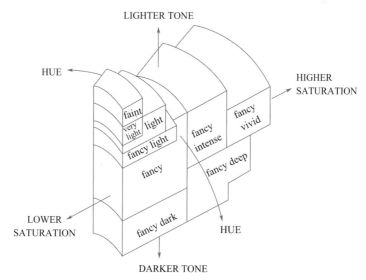

图13-1　GIA彩色钻石颜色分级系统的颜色级别分布图

（2）色调

彩钻的27个色调包括单一色调红色、橙色、黄色、绿色、蓝色、紫色、紫红色7种和其余20种带修饰色调的色调，如红色带橙色等。GIA将彩钻详细分为27个色调，拼成为一个连续的色调环。基本上囊括了至今已知的彩色钻石的所有色调，构成了颜色分级术语框架的核心部分（图13-2）。

以下为27个彩钻的基本色调用词：

① yellow（黄色）、②greenish yellow（黄色带绿色）、③green-yellow（绿色-黄色）、④yellow-green（黄色-绿色）、⑤yellowish green（绿色带黄色）、⑥green（绿色）、⑦bluish green（绿色带蓝色）、⑧blue-green（蓝色-绿色）、⑨green-blue（绿色-蓝色）、⑩greenish blue（蓝色带绿色）、⑪blue（蓝色）、⑫violetish blue（蓝色带靛色）、⑬bluish violet（靛色带蓝色）、⑭violet（靛色）、⑮purple（紫色）、⑯reddish purple（紫色带红色）、⑰red-purple（红色-紫色）、⑱purple-red（紫色-红色）、⑲purplish red（红色带紫色）、⑳red（红色）、㉑orangy red（红色带橘色）、㉒reddish orange（橘色带红色）、㉓orange（橘色）、㉔yellowish orange（橘色带黄色）、㉕yellow-orange（黄色-橘色）、㉖orange-yellow（橘色-黄色）、㉗orangy yellow（黄色带橘色）。

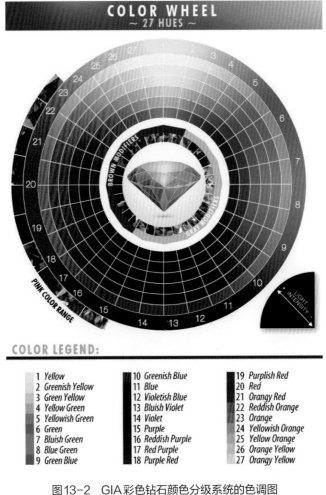

图13-2　GIA彩色钻石颜色分级系统的色调图

（3）GIA彩色钻石颜色分级的流程

① 分级条件：

a. 彩色钻石分级师必须无任何颜色视觉缺陷。

b. 照明光源为标准 D65 日光模拟光源，色温为 6500K，照度为 1080 ～ 1340lx（勒克斯）。

c. 分级环境为中性色。

② 分级步骤：

a. 分级之前，必须明确钻石的颜色是否是天然形成，如果是合成彩色钻石或者颜色经过处理，就无需分级了，必要时还需要做颜色成因的分析。

b. 适应光源和环境。分级师由外部进入彩色钻石分级环境时，光源和环境发生了较大的变化，一般需要 15min 的视觉适应，适应分级光源和周围环境。

c. 确定表征色。GIA 的彩色钻石分级体系规定，彩色钻石的特征色是指除去台面的表面反射、透光区和消光区的综合色。彩色钻石的琢型不同、大小不一、特征色的变化很大。准确判断特征色需要一定的经验。

d. 比较颜色并决定颜色级别。根据特征色的色调、饱和度和明度，用孟塞尔色卡先确定色调，再定出饱和度和明度的级别。

e. 最后 GIA 彩色钻石级别表示为：明度/饱和度+色调，以及颜色的均匀度，即均匀或者不均匀。

此外，GIA 彩色钻石颜色还对钻石颜色的来源进行披露。GIA 证书报告中，还将给出钻石颜色的来源，包括 natural（天然色）、treated（处理过的）、artificially irradiated（辐照改色）、HPHT processed（高温高压处理）和 undetermined（无法确定颜色来源）。

13.2　黄色钻石颜色分级标准

黄色钻石是彩色钻石中市场占有率最大、交易量最多的一种。近年来，随着黄色钻石市场的持续升温，人们对高品质黄色钻石的需求日益增大。而由于黄色钻石一直还没有相应的国际通用标准或国家标准，这就使得黄色钻石分级市场呈现混乱现象。为此，我国国家标准项目研制小组于 2013 年对《黄色钻石分级》开展标准的研制编写工作，并于 2017 年 10 月发布了国家标准 GB/T 34543—2017《黄色钻石分级》。对黄色钻石颜色（色调、彩度、明度）分级如下：

13.2.1　色调类别

根据黄色钻石色调的差异，将其划分为黄（Y）、微绿黄（gY）和微橙黄（oY）三个类别（图13-3），其相应的肉眼观测特征及对应的孟塞尔色卡参考值见表13-1。

微绿黄

黄

微橙黄

图13-3　黄色钻石色调类别

表13-1　黄色钻石色调类别及特征

色调类别		肉眼观察特征色调	参考值（H）
黄	Y	样品主体的颜色为纯正的黄色	$2.5Y \leqslant H \leqslant 7.5Y$
微绿黄	gY	样品主体为黄色，带有轻微、稍可察觉的绿色色调	$7.5Y < H \leqslant 10Y$
微橙黄	oY	样品主体为黄色，带有轻微、稍可察觉的橙色色调	$10YR \geqslant H > 2.5Y$

色调类别划分规则：

① 待分级钻石的色调偏绿或偏橙程度低于比色石，用"黄"表示待分级钻石的色调类别。

② 待分级钻石的色调偏绿或偏橙程度等于或高于比色石，用"微绿黄"或"微橙黄"表示待分级钻石的色调类别。

13.2.2　彩度级别

根据黄色钻石彩度的差异，将其划分为艳彩（fancy vivid）、浓彩（fancy intense）、彩（fancy）和淡彩（fancy light）四个级别（图13-4），其相应的肉眼观测特征及对应的孟塞尔色卡参考值见表13-2。

艳彩黄　　　　　　浓彩黄　　　　　　彩黄　　　　　　淡彩黄

图13-4　黄色钻石的彩度级别

表13-2　黄色钻石彩度级别及特征

彩度级别		肉眼观察特征彩度	参考值（C）
艳彩	fancy vivid	反射光线呈艳黄色，颜色浓艳饱满	$C \geqslant 12$
浓彩	fancy intense	反射光线呈浓黄色，颜色浓郁	$8 \leqslant C < 12$
彩	fancy	反射光线呈中等浓度的黄色，浓淡适中	$6 \leqslant C < 8$
淡彩	fancy light	反射光线呈淡黄色，颜色较明显	$2 \leqslant C < 6$

彩度级别划分规则：

a.待分级钻石的彩度与相应比色石相同，则该比色石的彩度级别为待分级钻石的彩度级别。

b.待分级钻石的彩度介于相邻两粒连续的比色石之间，则以其中较低彩度级别表示待分级钻石的彩度级别。

c.待分级钻石的彩度高于比色石的最高级别，仍用最高级别表示待分级钻石的彩度级别。

d.待分级钻石的彩度低于比色石的最低级别，按照GB/T 16554钻石分级国标进行等级划分。

13.2.3　明度级别

根据黄色钻石明度的差异，将其划分为亮（V_1）、明（V_2）和暗（V_3）三个级别，其相应的肉眼观测特征及对应的孟塞尔色卡参考值见表13-3。

表13-3　黄色钻石明度级别及特征

明度级别		肉眼观察特征	中性灰参考值（N）
亮	V_1	颜色鲜艳明亮，基本察觉不到灰度	$N \geqslant 7$
明	V_2	颜色较鲜艳明亮，能觉察到轻微的灰度	$5 \leqslant N < 7$
暗	V_3	颜色较暗，能觉察到一定的灰度	$N < 5$

明度级别划分规则：

a. 待分级钻石进行明度级别划分前，应先确定其色调类别及彩度级别。

b. 使用与待分级钻石彩度级别相对应的比色石，对比中性灰色卡得出其颜色灰度数值。

c. 根据所得灰度数值范围，确定待分级钻石的颜色明度级别。

颜色级别表述采用"明度＋彩度＋色调"的方法对黄色钻石的颜色级别进行表述，如"亮彩黄 V_1 fancy yellow"。此外，由于黄色钻石的颜色有时会出现不均匀分布的现象。因此在对黄色钻石颜色分级表述的同时，还应对颜色分布的均匀性进行表述。标准中规定黄色钻石颜色均匀性描述是从冠部观察黄色钻石的颜色，根据其颜色是否均匀，给出"均匀"或"不均匀"。

需特别注意的是，该标准指出，黄色钻石的切工类型多为异形切工，因而决定了其观察方法为冠部观察。所以标准中规定，在规定的环境下，使钻石距光源约25cm，持握钻石腰围，从冠部方向观察钻石，可晃动钻石约 ±15°（图13-5），根据反射色对黄色钻石的颜色进行级别划分。

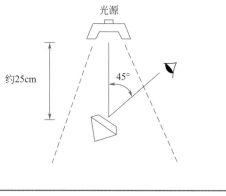

图13-5　黄色钻石的冠部观察

14

镶嵌钻石分级

在国际上，钻石4C分级都是对加工成型的裸石进行分级。但在钻石的商业贸易中，镶嵌钻石首饰的数量较大。在我国的钻石市场中，绝大多数的钻石未经过严格的分级，直接镶嵌成首饰进入市场。为了规范我国的钻石市场，保护消费者的利益，在1996年推出的国家钻石标准中，首次规定了镶嵌钻石品质的分级。在"镶嵌钻石分级规则"中，只考虑了色级、净度对钻石质量的影响，镶嵌钻石的切工对品质的影响不考虑在内。而在2003年、2010年、2017年的国家钻石分级标准修订中规定了镶嵌钻石的颜色等级、净度等级及切工测量与描述。

目前国内市场上的钻石以成品钻石为主，而且钻石市场上一些商家的自律性较差，因此对镶嵌钻石分级是非常有必要的。镶嵌钻石的评价有一定的困难，因为镶嵌钻石不仅无法直接称量，不能给出精确的质量数据，而且观察角度受很大的限制，影响钻石的全面观察，镶嵌金属还会影响钻石的颜色等。种种因素，都可能影响对镶嵌钻石的准确评价。下面从多个方面来讨论镶嵌钻石的分级方法。

14.1 镶嵌钻石的颜色与净度分级

14.1.1 镶嵌钻石颜色分级

钻石被镶嵌后，其颜色或多或少会受到镶嵌金属的影响。相同颜色级别的钻石分别镶嵌在黄金和白金上，镶嵌在黄金上的那颗钻石会显得黄一些。同样，镶嵌在钻石四周的有色宝石的色调也会干扰视觉，影响钻石的色级。这是影响钻石级别的最重要的一个因素，但不是唯一的因素。在评价镶嵌钻石的颜色时，只能从钻石的正面来观察，不能从钻石的亭部来观察钻石的颜色，而正面观察也受到光线的影响，再者，镶嵌钻石也不便与比色石比较，这些因素都影响到镶嵌钻石的颜色分级。

在进行镶嵌钻石颜色分级时，尽量使用比色石进行比色，对爪镶钻石可用镊子夹住比色石，与待测钻石台面相对，比较腰棱附近的颜色深度。让待测钻石与比色石适当地倾斜，倾斜的角度大致相当，这样可以减少过多的反射光。在观察钻石的颜色时，不要专注于某个部位，要全面观察，与比色石的相同部位比较（图14-1）。

在观察镶嵌钻石的颜色时，用白纸或白布作背景，放大倍数在4～10倍，在宝石显微镜下进行观察。一般来说，从侧面观察钻石比正面更易比色，这种比色方法适用于爪镶或部分包镶的钻石，观察亭部中间透明的区域，这时光线经镶架反射影响较小，而且这个区域比较大，可识别性比较好。其他的部位也比较重要，在放大不同倍数观察时要注意所观察的钻石亮度也会发生变化，要注意与比色石比较，不能凭自己的印象来判断钻石颜色级别。

从正面观察钻石，适用于全部包镶的钻石。这种方法不易准确地判断钻石的颜色级别。在使用这种方法时，要使用相对倍数比较低的放大方式，或者用肉眼来观察。

根据国标GB/T 16554—2017规定，镶嵌钻石颜色采用比色法分级，分为7个等级，镶嵌钻石颜色级别与未镶嵌钻石颜色级别的对应关系见表14-1。镶嵌钻石颜色分级应考虑金属托对钻石颜色的影响，注意加以修正。

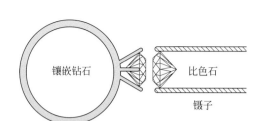

图14-1　镶嵌钻石的比色方法

表14-1　镶嵌钻石与裸钻颜色等级对照表

镶嵌钻石颜色等级	D ~E		F ~G		H	I ~J		K ~L		M ~N		<N
对应的未镶嵌钻石颜色级别	D	E	F	G	H	I	J	K	L	M	N	<N

14.1.2　镶嵌钻石净度分级

镶嵌钻石的净度分级与裸钻的净度分级有一定的差别。镶嵌钻石的净度可能会被金属托所遮盖，只能从受限的角度来观察，因此，不可能得到准确的钻石净度级别。一般评价镶嵌钻石的净度级别时，得到的结果会比实际净度级别要高。国标GB/T 16554—2017中规定了镶嵌钻石的净度分级，在10倍放大镜下，镶嵌钻石净度分为LC、VVS、VS、SI、P五个等级。与未镶嵌钻石净度级别的对应关系见表14-2。

表14-2　镶嵌钻石与裸钻净度等级对照表

镶嵌钻石净度等级	LC	VVS		VS		SI		P		
对应的未镶嵌钻石净度级别	LC	VVS_1	VVS_2	VS_1	VS_2	SI_1	SI_2	P_1	P_2	P_3

镶嵌钻石净度分级时应注意以下几点：

① 金属托会影响观察镶嵌钻石的净度。一般来说，金属托的影像反映出金属光泽，而内含物无金属光泽。把镶嵌钻石倾斜到合适的角度，使金属托的影像达到最小，更容易观察内含物。

② 采用观察对面反射影像的反射方法，可检查到被镶嵌周围部位的净度特征。

③ 由于清洁不彻底，在钻石的亭部周围经常附着一些黑色的金属碎屑或抛光粉，分级时应特别小心区分这些附着物。可根据它们分布的位置、形态等特征加以辨别。

经验表明，镶嵌对钻石的净度级别影响不会超过一个亚级，只有当钻石的原净度等级在SI以上，而且主要净度特征分布在腰棱上（如腰棱的凹角、凹坑、羽裂等），才可能被托架遮住，使镶嵌钻石的级别提高。有时甚至会提升两个亚级。如果钻石的净度在SI以下，镶嵌后钻石的净度级别影响不大。

14.2　镶嵌钻石的切工与重量分级

14.2.1　镶嵌钻石的切工分级

镶嵌钻石的比率不能像裸钻那样测量，只能是在10倍放大镜下用目测法或仪器测量法来估计比率值。有一定经验的分级师，估计数值准确度比较高，可以在一定范围内确定镶嵌钻石的比率。GB/T 16554—2017中对镶嵌钻石的切工测量与描述如下：①对满足切工测量的镶嵌钻石，采用10倍放大镜目测法，测量台宽比、亭深比等比率要素；② 对影响修饰度（包括对称性和抛光）的要素加以描述。

14.2.2　镶嵌钻石的重量

镶嵌钻石的重量可以采用估算的方法进行。首先目估或测量钻石的尺寸，获得钻石在长度、宽度和高度方向上的最大尺寸，然后再根据腰厚的情况进行修正，最后用计算公式估算钻石的重量（参见9.2中对钻石重量的估算）。花式琢型的镶嵌钻石估测后也可以用公式计算，但不如圆明亮式琢型准确。

对镶嵌钻石的重量一般不做评价，因为首饰制造商在钻石镶嵌之前都称量了钻石的重量，并刻制在钻石金属托架上，所以可以不用估测镶嵌钻石的重量。

总的说来，镶嵌钻石的4C分级不如裸钻那样准确，在国际上并无先例。由于中国的钻石市场的复杂性，一些厂商的自觉性还不是很高，所以对镶嵌钻石的分级还是有必要的。如果采取适当的方法，对于积累了一定经验的分级师来说，镶嵌钻石的分级也能达到一定的准确度。

15

钻石评估

钻石的4C分级，即按钻石的克拉重量（carat weight）、颜色（color）、净度（clarity）和切工（cut）对钻石进行分级，是对钻石质量品质好坏的评价。质量品质级别高的钻石，颜色好、无杂质、有吸引力，外观漂亮。更为重要的是这类钻石相当稀少，能达到一定重量的高级别大钻更是凤毛麟角。钻石的4C分级只是对钻石质量的评价，得出质量品质级别的结论，要想了解钻石的价格得出价值结论，还必须对钻石进行估价，估价要考虑多种因素，结合对相关市场的调查分析，找到合适的价格，得出正确的价值结论。评估是评价和估价的综合，钻石品质评价是钻石估价的基础，是钻石评估的重要组成部分。

15.1　钻石品质评价与价格的关系

在对钻石4C的每一项进行评价后，只能得出钻石的质量品质级别的高低，若想了解钻石的价值，需要建立每一项与价格的联系。然后，对这四项进行综合评价，要综合考虑并加以比较，进而判断整体质量品质对价格的影响。

15.1.1　颜色与价值的关系

自然界绝大多数钻石（98%）都是无色至浅黄色、深褐色的。钻石的颜色从D到Z，逐渐变黄，价值逐渐降低。钻石每个色级间价格差一般在10%～20%之间。高色级的钻石，即96（H）色至100(D)色级，只有用比色石时才能将它们准确分级。高色级的钻石的价格每一色级相差较大，一般每提高一个色级，价格升高10%～30%，但由D到F例外，其价格差别可达到40%以上。以重1ct、净度为IF的圆钻为例，D色的价格约是E色的1.5倍左右。

钻石的大小会影响对其颜色的判断。比如大钻颜色常比小钻明显。此外，镶托所用金属会影响到钻石的色泽。对于已镶嵌的钻石而言，当钻石大小在0.25～0.50ct时，L级颜色变得明显可见，这些在评价和估价时都要充分加以考虑。

15.1.2　净度与价值的关系

净度对价格也有很大的影响，不同净度级别的钻石价格相差也很大，并且不同色级的钻石，净度影响的程度是不同的。以1ct的圆钻为例，VVS_1与VVS_2在价格上的差异，视颜色等级的不同，约相差5%～35%；VS_1与VS_2在价格上的差异，相差约5%～20%；SI_1与SI_2之间的差异，约8%～16%。颜色级别越高钻石净度对价格的影响越大。P_1与P_2，P_2与P_3各级价格大约相差20%～40%。目前市场常见的10～20分，94～95色，净度SI～VVS的钻石净度相差一个亚级，价格相差约5%～10%。

色级为D色（100色）、净度为IF（无瑕）的钻石常被称为"完美钻石"。市面上极少见到无瑕级的钻石，其价格通常很高。"完美钻石"是钻石中的极品，很难以一般的行情估价，售价大约是同样大小钻石的3～6倍，且近年来价值一直在攀升。例如，2017年日本伊斯特冬季拍卖会上，一枚全美裸钻（水滴形，钻石重10.44ct、D色、净度IF）拍卖成交价达6340000港币。

钻石各净度级别之间的价格比较，是一个动态变数，不是绝对的比例，只可作为参考。决定钻石价值的因素，除了要综合考虑4C外，还要考虑到当时市场级别、供求关系等诸多因素的影响。

15.1.3　切工与价值的关系

切工品质（比例、修饰度）非常重要，而且其级别的确定非常复杂。目前，切工是钻石评估工作中的一项最难掌握的因素。

正确的切割比例是显现出钻石最大美感的唯一因素。但有时加工者为了保留更大的质量，获得更大的利益，常使钻石的切割比例有所偏差。如台面太大、腰部太厚或亭部太深等，使钻石无法表现出最美的一面，人们把这种稍微偏离理想切工的钻石归属为商业型或促销型，它们在亮度、火彩和对称性等方面属于亚标准型（表15-1）。

表15-1　圆明亮式琢型比例分级

项目	I 理想型或普列米尔型	II 优良型	III 商业型	IV 促销型
台宽比	53%～60%	61%～64%	65%～70%	70%以上
全深比	59%～61%	58%～62%	—	—
冠角	34°～35°	32°～34°	30°～32°	小于30°
腰厚	薄～稍厚	薄～厚	薄～常厚	极薄～极厚
亭深比	43%	42%～44%	41%～46%	小于40%或大于46%
修饰度	很好～极好	好	一般	差

花式切工的钻石，如梨形、心形、公主方形等，在贸易评价中也是根据一系列的参数来进行的，它所考虑的因素有形状、轮廓、腰棱和长宽比等，其参数随形态不同而异。花式钻石的切磨比例变化范围较广，因此定价时需要丰富的经验。花式钻石的价格相比于同克拉等级标准圆钻型钻石有高有低，一般来说心形钻石的价格高，方形的低，但也不尽然，要具体分析，估价时要考虑钻石切工形状、出成率和市场流行等因素。

钻石切工品质按就低原则进行评定，有一项为差，切工即定为差。尽管国内外分级系统都有切工分级的相关规定，但目前，很少有人细分，在一般交易上，常以比利时工、以色列工以及印度工等来代表切工的优劣，其中比利时工较好，以色列次之，而印度工则代表切工较差。市场上比利时工和印度工在价格上差价可达10%以上。切工好的钻石能够充分显示钻石的"火彩"，其价格也比一般切工的钻石要高。

15.1.4　克拉重量与价值的关系

钻石的重量也是决定钻石价值的重要因素之一。钻石的价值与重量的关系，常用几何级数来估算，大致与重量的平方成正比，这对成品钻和钻坯均适用。用这种方法，通常高品质的钻石的计算价值与实际报价符合程度较好，而低品质的钻石符合程度较差。

由于大多数人对整数克拉钻戒的偏爱，所以价格在整数克拉处有一阶梯式的增长，称克拉溢价或克拉台阶。这是市场需求所造成的，也是质量影响价值的基本规律的体现。

例如，足1ct或稍重钻石的每克拉单价比0.9ct的要高一些，同样，足2ct、3ct、10ct的也是如此。6～10ct重的钻石，其克拉单价与5ct相差不多，变化比较平稳。超过10ct的钻石溢价现象减弱。市场上常见的1/4ct、1/3ct、1/2ct、3/4ct等简单分数克拉也出现克拉溢价的现象。

克拉溢价的幅度与钻石的品质有关。通常，高品质钻石（色级D、净度LC）克拉溢价幅度很大，低品质（色级K以下，净度P级）克拉溢价的幅度很小。

以2019年钻石报价为例，1ct以上较之90多分的溢价为：高品质（D色、LC级）钻石的溢价为45%，中等品质（H色、VS_2级）钻石的溢价为31%，低品质（K色、P_2级）钻石的溢价约20%。

对质量在克拉溢价范围内的钻石进行估价，除要注意克拉溢价外，还应该注意切工，因为钻石加工者往往为了保重钻石达溢价台阶而放松对切工的要求。

在其他条件相同的情况下，钻石的克拉质量越大，每克拉价格越高。但不是简单地按照大小的比例增加的，即5ct钻石的价格不简单地是1ct钻石的5倍。而可能是1ct钻石的20倍甚至更多。例如，通常1颗重1ct、D色、净度IF的裸钻约19800美元，而一颗5ct、D色、净度IF的裸钻约值620000美元。对大钻石而言，钻石越大越稀少，因为在切磨过程中，能切出5ct成品钻石的钻坯可能重达10ct，损耗量大，成本也增大。超过10ct的钻石，价值就比较难估计了。

已镶嵌的钻石无法单独称重，因为拆卸和重镶不仅要花额外的时间和费用，而且这种操作含有一定的风险。除非客户要求，评估已经镶嵌的钻石时，一般不拆下钻石。对于已经镶嵌的钻石，通常是用钻石孔仪、摩式（Moe）量规测量台面大小来确定钻石的直径和长、宽、高等大小，然后依据估算公式来估算钻石的重量。

总之，钻石4C中的每一项都影响价格，要综合考虑并加以比较，进而判断整体品质对价格的影响。以大钻石为例，颜色相差一级，所造成的价格差异，要比小钻大得多，因为大颗、颜色又好的上品钻石非常稀少，而小钻的价格差异就会小一些。

15.2　钻石的估价

15.2.1　无色钻石的估价

国际钻石交易市场中，在对裸钻（经切磨的未镶嵌的钻石）进行估价时，人们常常使用Rapaport Diamond Report作为依据。现在Rapaport钻石报价表已经代替了像GIA的早期价格信息来源和厂商目表而成为主要的参考估价手段。

Rapaport价格表由钻石经纪人M.Rapaport始创于20世纪70年代末，此表是由位于世界著名的珠宝街——美国纽约第47街的珠宝杂志定期发布的。现在，圆形钻石表每周发表一次，在国际互联网上于周四午夜发出，邮寄于周五发出；水滴形及其他形状的价格表在每月的第一个周五发出，在每期的报价表上附带一些简要的钻石业内新闻。表15-2选取了2019年5月17日的钻石价格表以做参考。

表15-2　Rapaport钻石报价表

RAPAPORT: (0.01~0.03ct) 05/17/2019

	IF~VVS	VS	SI₁	SI₂	SI₃	I₁	I₂	I₃
D~F	7.1	6.8	5.7	4.9	3.9	3.6	3.0	2.5
G~H	6.5	6.0	5.1	4.5	3.7	3.3	2.9	2.3
I~J	5.6	5.3	4.7	4.2	3.4	2.8	2.5	2.1
K~L	3.9	3.5	3.3	2.9	2.6	2.2	1.7	1.3
M~N	2.8	2.3	2.0	1.7	1.5	1.3	1.1	0.8

RAPAPORT: (0.08~0.14ct) 05/17/20189

	IF~VVS	VS	SI₁	SI₂	SI₃	I₁	I₂	I₃
D~F	9.1	8.6	7.4	6.3	5.9	5.1	4.1	3.5
G~H	8.2	7.7	6.8	5.8	5.5	4.5	3.8	3.2
I~J	7.1	6.7	6.1	5.4	5.1	4.3	3.5	3.0
K~L	5.8	5.5	4.7	4.1	3.4	3.1	2.6	2.0
M~N	4.0	3.7	3.2	2.8	2.6	2.0	1.7	1.3

RAPAPORT: (0.18~0.22ct) 05/17/2019

	IF~VVS	VS	SI₁	SI₂	SI₃	I₁	I₂	I₃
D~F	14.0	12.4	9.1	7.9	6.6	5.5	4.4	3.7
G~H	12.6	11.0	8.1	7.3	5.9	5.0	4.0	3.4
I~J	9.7	8.8	7.2	6.3	5.1	4.5	3.6	3.1
K~L	7.6	6.5	5.6	4.8	4.1	3.6	2.8	2.3
M~N	6.4	5.3	4.6	3.8	3.4	2.5	1.9	1.6

RAPAPORT: (0.30~0.39ct) 05/17/2019

	IF	VVS₁	VVS₂	VS₁	VS₂	SI₁	SI₂	SI₃	I₁	I₂	I₃
D	37	28	27	25	24	22	19	18	16	11	7
E	28	26	25	24	23	21	18	17	15	10	6
F	26	25	24	23	22	20	17	16	14	9	6
G	25	24	23	22	21	19	16	15	13	8	5
H	24	23	22	21	20	18	16	13	11	8	5
I	22	21	20	19	18	17	15	12	10	7	5
J	20	19	18	17	16	15	14	11	9	6	4
K	18	17	16	15	14	13	12	10	8	5	4
L	17	16	15	14	13	12	10	9	6	5	3
M	16	15	14	13	12	11	9	8	5	4	3

RAPAPORT: (0.04~0.07 ct) 05/17/2019　ROUNDS (圆钻)

	IF~VVS	VS	SI₁	SI₂	SI₃	I₁	I₂	I₃
D~F	7.9	7.5	6.1	5.4	4.3	4.0	3.5	2.7
G~H	7.0	6.5	5.5	4.9	4.1	3.8	3.3	2.5
I~J	6.9	5.5	4.9	4.4	3.8	3.4	2.9	2.3
K~L	4.2	3.8	3.5	3.1	2.9	2.4	1.9	1.4
M~N	3.0	2.6	2.2	1.9	1.6	1.4	1.2	1.0

RAPAPORT: (0.15~0.17ct) 05/17/2019　ROUNDS (圆钻)

	IF~VVS	VS	SI₁	SI₂	SI₃	I₁	I₂	I₃
D~F	11.7	10.5	8.6	7.5	6.8	5.6	4.4	3.8
G~H	10.2	9.5	7.6	6.7	5.9	4.9	3.9	3.4
I~J	8.8	8.3	6.7	6.0	5.3	4.6	3.8	3.2
K~L	6.9	6.2	5.1	4.5	3.9	3.3	2.7	2.3
M~N	4.6	4.0	3.6	3.2	2.8	2.3	1.8	1.5

RAPAPORT: (0.23~0.29ct) 05/17/2019　ROUNDS (圆钻)

	IF~VVS	VS	SI₁	SI₂	SI₃	I₁	I₂	I₃
D~F	16.7	15.0	10.3	9.3	7.5	6.3	5.0	4.0
G~H	14.8	13.0	9.3	8.3	6.8	5.6	4.3	3.7
I~J	11.5	10.2	7.8	6.8	5.8	4.6	3.8	3.3
K~L	9.1	8.2	6.5	5.8	5.2	3.9	3.0	2.4
M~N	7.7	6.9	5.6	4.8	4.3	3.0	2.2	1.8

RAPAPORT: (0.40~0.49ct) 05/17/2019　ROUNDS (圆钻)

	IF	VVS₁	VVS₂	VS₁	VS₂	SI₁	SI₂	SI₃	I₁	I₂	I₃
D	46	36	33	31	29	26	22	20	18	12	8
E	36	32	30	29	28	24	21	19	17	11	7
F	33	31	29	28	27	23	20	18	16	11	7
G	31	29	28	27	26	22	19	17	15	10	6
H	28	27	26	25	24	21	19	16	14	9	6
I	25	24	23	22	21	20	18	15	13	8	6
J	22	21	20	19	18	17	16	14	12	8	5
K	20	19	18	17	16	15	14	12	10	7	5
L	18	17	16	15	14	13	12	10	8	6	4
M	17	16	15	14	13	12	11	9	7	5	4

续表

RAPAPORT: (0.50~0.69ct) 05/17/2019　ROUNDS（圆钻）

	IF	VVS1	VVS2	VS1	VS2	SI1	SI2	SI3	I1	I2	I3
D	67	55	50	45	42	37	30	26	22	16	11
E	53	49	46	42	40	35	28	25	21	15	10
F	47	45	43	40	38	33	27	24	20	14	10
G	42	40	38	38	36	32	26	23	19	13	9
H	39	37	36	35	33	31	25	22	18	12	8
I	34	32	31	30	29	27	23	21	16	11	8
J	29	28	27	26	25	24	22	20	15	11	7
K	24	23	22	21	21	20	19	17	13	10	7
L	21	20	20	19	18	17	16	13	11	9	6
M	19	18	18	17	16	15	14	11	9	7	5

RAPAPORT: (0.70~0.89ct) 05/17/2019　ROUNDS（圆钻）

	IF	VVS1	VVS2	VS1	VS2	SI1	SI2	SI3	I1	I2	I3
D	87	70	64	60	55	47	39	34	30	20	13
E	70	65	61	57	52	45	37	32	29	19	12
F	63	60	56	53	50	43	35	30	27	18	12
G	58	53	51	49	46	41	33	29	26	17	11
H	53	48	46	44	42	38	31	27	24	16	10
I	45	41	39	38	37	34	29	25	22	15	10
J	37	34	33	32	31	29	26	23	20	14	9
K	33	30	28	27	26	24	22	19	17	13	8
L	28	27	25	24	23	22	20	16	14	11	7
M	25	24	23	22	21	20	18	14	12	9	6

RAPAPORT: (0.90~0.99ct) 05/17/2019　ROUNDS（圆钻）

	IF	VVS1	VVS2	VS1	VS2	SI1	SI2	SI3	I1	I2	I3
D	137	114	98	85	75	65	57	47	38	22	15
E	114	100	90	77	71	61	54	44	37	21	14
F	99	90	80	72	67	58	50	42	36	20	14
G	88	80	72	67	62	55	47	40	34	19	13
H	78	70	66	62	58	52	44	37	32	18	13
I	66	60	57	54	51	48	42	34	30	17	12
J	52	49	47	45	43	41	37	30	26	16	11
K	43	41	39	37	35	33	31	26	23	15	10
L	38	37	35	34	32	30	27	23	20	14	10
M	35	33	32	30	29	27	24	21	17	12	8

RAPAPORT: (1.00~1.49ct) 05/17/2019　ROUNDS（圆钻）

	IF	VVS1	VVS2	VS1	VS2	SI1	SI2	SI3	I1	I2	I3
D	198	159	140	122	108	86	70	58	47	27	17
E	150	138	117	108	96	82	67	56	45	26	16
F	130	120	107	102	90	79	64	54	44	25	15
G	107	102	95	90	83	74	60	52	42	24	14
H	90	85	82	80	76	68	57	49	40	23	14
I	76	72	70	68	66	62	53	46	36	22	13
J	63	61	60	59	57	53	48	42	33	20	13
K	53	51	49	47	45	43	39	36	31	18	12
L	48	46	45	43	41	38	35	33	29	17	11
M	43	41	39	38	36	34	36	28	26	16	11

RAPAPORT: (1.50~1.99ct) 05/17/2019　ROUNDS（圆钻）

	IF	VVS1	VVS2	VS1	VS2	SI1	SI2	SI3	I1	I2	I3
D	260	208	178	160	142	108	88	70	54	31	18
E	208	186	159	149	131	105	85	68	51	30	17
F	182	162	140	131	118	100	80	65	50	29	16
G	145	136	122	114	108	95	75	64	49	28	16
H	116	112	103	98	94	87	71	60	47	27	16
I	94	90	85	82	79	75	64	55	43	25	15
J	79	74	72	70	66	62	56	48	38	23	15
K	67	64	62	58	55	52	48	42	35	20	14
L	57	55	53	49	46	44	41	38	32	19	13
M	48	46	44	42	40	38	36	33	28	18	13

RAPAPORT: (2.00~2.99ct) 05/17/2019　ROUNDS（圆钻）

	IF	VVS1	VVS2	VS1	VS2	SI1	SI2	SI3	I1	I2	I3
D	410	340	385	245	195	155	120	83	66	33	19
E	310	285	250	220	180	145	110	80	64	32	18
F	280	250	225	190	165	135	105	77	62	31	17
G	225	200	180	160	145	125	100	72	60	30	16
H	170	165	155	140	125	110	95	67	57	29	16
I	130	125	120	112	105	95	85	62	53	27	16
J	105	100	95	90	85	80	70	57	49	24	15
K	95	88	80	75	70	65	60	52	44	23	15
L	80	75	70	65	60	55	52	47	39	22	14
M	69	66	63	60	55	50	47	41	33	21	14

ROUNDS (圆钻) RAPAPORT: (3.00~3.99ct) 05/17/2019

	IF	VVS$_1$	VVS$_2$	VS$_1$	VS$_2$	SI$_1$	SI$_2$	SI$_3$	I$_1$	I$_2$	I$_3$
D	720	580	480	410	330	230	165	98	80	39	21
E	510	480	400	350	295	210	160	93	75	37	20
F	450	410	360	310	270	190	155	88	70	36	19
G	350	325	295	265	185	175	140	83	68	34	18
H	260	250	235	220	185	150	130	77	65	32	17
I	205	195	185	175	150	130	115	72	61	30	17
J	160	150	145	135	125	110	100	67	55	28	16
K	135	125	120	110	100	92	85	62	49	27	16
L	105	100	95	90	85	80	70	52	43	26	15
M	90	87	85	80	75	68	58	47	36	25	15

ROUNDS (圆钻) RAPAPORT: (4.00~4.99ct) 05/17/2019

	IF	VVS$_1$	VVS$_2$	VS$_1$	VS$_2$	SI$_1$	SI$_2$	SI$_3$	I$_1$	I$_2$	I$_3$
D	890	680	600	520	400	275	195	109	89	44	23
E	650	600	510	460	380	260	190	104	84	42	22
F	580	510	460	415	345	245	185	99	79	40	21
G	440	410	380	350	290	210	170	94	74	38	20
H	340	320	300	280	245	185	160	88	68	36	19
I	260	245	230	220	185	160	140	83	63	34	18
J	210	200	185	175	155	140	125	73	58	32	17
K	175	165	155	145	135	115	105	67	53	30	17
L	130	120	110	105	95	90	80	60	48	28	16
M	110	100	95	90	85	80	70	53	38	27	16

ROUNDS (圆钻) RAPAPORT: (5.00~5.99ct) 05/17/2019

	IF	VVS$_1$	VVS$_2$	VS$_1$	VS$_2$	SI$_1$	SI$_2$	SI$_3$	I$_1$	I$_2$	I$_3$
D	1240	970	830	730	575	370	260	120	95	47	25
E	890	790	710	650	520	345	250	115	90	45	24
F	760	720	640	580	450	320	240	110	85	43	23
G	590	550	500	460	395	280	225	105	80	41	22
H	460	430	400	365	310	240	195	95	75	39	21
I	350	325	310	290	250	205	170	90	70	37	20
J	260	250	235	225	210	175	150	80	65	35	19
K	205	190	180	170	165	145	125	75	60	32	18
L	150	140	135	130	120	110	95	70	55	30	17
M	125	120	115	110	105	95	80	65	50	29	17

ROUNDS (圆钻) RAPAPORT: (10.0~10.99ct) 05/17/2019

	IF	VVS$_1$	VVS$_2$	VS$_1$	VS$_2$	SI$_1$	SI$_2$	SI$_3$	I$_1$	I$_2$	I$_3$
D	1930	1420	1230	1090	890	565	380	180	110	54	29
E	1390	1210	1100	990	810	520	365	170	105	52	27
F	1180	1100	980	870	700	480	345	160	100	50	26
G	910	880	800	700	610	420	330	150	95	48	25
H	730	690	630	580	480	360	290	135	90	46	24
I	540	510	490	460	400	315	260	125	85	44	23
J	410	390	370	355	330	270	230	115	80	42	22
K	310	300	280	270	255	210	185	105	75	40	21
L	225	220	210	200	185	160	130	95	70	38	20
M	190	185	180	170	160	140	115	85	60	36	19

注：资料来源于 Rapaport Diamond Report, 2019。

　　Rapaport价格表采用GIA钻石分级标准，报道了钻石的克拉重量0.01～5.99ct与10.00～10.99ct，钻石的颜色分别为D～M色（相当于100～91色），净度级别从内部无瑕级（IF）至三级重瑕级（I₃）的圆形钻石的价格。坐标区内的数字乘以100就是对应净度、颜色下每克拉钻石的美元价，表上所指钻石的切工、荧光性及其他评价则是相当于Rapaport对GIA圆钻的切工描述分级中的A级标准（表15-3）。若是好于A级的完美切工，则价格将更高于此表的10%～15%或更多；差或极差的切工，则可能低于此表10%～40%或更多。

表15-3　Rapaport对GIA圆钻切工描述的分级

描述内容	A级	B级
全深比	57.5%～62.5%	57.0%～63.0%
台宽比	55%～64%	55%～65%
腰棱	不太薄，不太厚	不太薄，不太厚
底尖	不过大，不破碎	不过大，不破碎
抛光	好或更好	好或更好
对称性	好或更好	好或更好
荧光性	不强至中等	中等但没有黄色
其他	无生长线	可有表面生长线
	冠部角度正常	冠部角度正常
	未经激光处理	未经激光处理
	未经其他色度及净度处理	未经其他色度及净度处理

　　Rapaport价格表上的价格可以作为"建议性的厂家定价"，是普遍被购销双方认同的一个谈价依据。实际交易中的成交价比价格表上所标的价格要低。造成Rapaport定价高于市场流行现货价格的原因有两个：一是与商人和许多消费者之间的诸多竞相加价有关系。当商人之间彼此以现金交易时，价格要远远低于商人以代销或寄售形式售给零售商的价格，Rapaport在价格上给商人们暗中留出了足够的余地；二是某些商品可能因出现周期性短缺，或具有特别完美与"理想的"切工，而被容许标出高价。

　　Rapaport价格表上的价格一般低于零售价高于批发价。这个价格是交易中讨价还价时卖方起点要价，而最终成交价随商品的大小、市场类型、地理位置、品质级别、当时的市场需求情况、付款方式与期限以及其他因素而上下波动。通常，Rapaport报价比现货商品的价格高出20%～40%，这是由于它是以正确比例切工、整体切工良好的钻石报价的。近年来，国际市场的批发价平均折扣大约低于表上的30%，即7折左右。对于切磨不好的钻石，其售价比Rapaport报价表上的价格更低。因此，要根据对市场的调查研究来确定实际折扣。

　　近期在国内市场，交易双方的实际成交价大都低于此表很多，最多可达5折，甚至4折，这不是国内市场上的钻石比国际市场便宜，而是国内钻石品质评价中很少考虑切工，从而造成了实际成交价大大低于国际价格表中价格的虚假现象。

在成品钻石销售上，GIA的钻石分级系统和Rapaport的价格表是交易中常用的分级系统和谈价依据。不难看出，GIA的分级报告和Rapaport的价格表广泛地用于各个钻石交易中心（如纽约、安特卫普、特拉维夫、孟买以及曼谷）和各大珠宝公司。由于广泛使用了传真机和E-mail，现在世界各地市场能够同时进行交易，并且能够在更大的范围内调整价格。

15.2.2　彩色钻石的估价

彩色钻石（也称花色钻石）是指那些具有清晰的特征色调的钻石，其颜色必须是天然成因的。彩色钻石的颜色常见的是黄色，其次为褐色、黑色和浅绿色；较少见的是玫瑰色、紫色、粉红色和蓝色。最珍贵的是鲜艳的祖母绿色以及血红的红宝石色。此外，彩色钻石往往带有双重或三色色调，最常见的混合色彩有橙红色、黄绿色和灰蓝色等。

彩色钻石评估较为困难，一是因为不同国家对彩色钻石的分级标准和术语不统一；二是因为彩色钻石的鉴定仍有一定的难度；三是因为人们对彩色钻石的喜好程度因地而异。另外，天然彩钻的罕见程度也影响其价值。

彩色钻石的主要魅力在于其独特的颜色，其他因素如切工和净度等对它的影响，不像对无色钻石的影响那么大。因此，颜色的美观和颜色的稀有程度是影响彩色钻石价值的重要因素。一般来说，彩色钻石的颜色愈浓，饱和度愈高，颜色愈稀有，其价值愈高。

彩色钻石有种神秘的魅力，非凡又别具风味，因此许多人认为它们一定异乎寻常的贵，其实并不然。天然彩色钻石的估价是以无色钻石的D色为比较标准，而经过辐照处理改色的钻石，其价格是与无色钻石中的M色来做比较的。二者的比例标准相同。

彩钻比无色-浅黄色钻石的价差大。在相同的大小和净度的情况下，天然彩钻的克拉单价变化比无色-浅黄色钻石的要大。许多彩钻，尤其是褐色及黄色钻石的克拉单价是同等品质无色钻石的50%～80%，因为褐色及黄色钻石（较稀有的"金丝雀"黄钻除外）较易得到。一般而言，色度愈浓艳、颜色愈稀少的，价值越高。例如，2017年春季的一次珠宝拍卖会上，一颗重达6.17ct，净度为VVS_1的方形深彩黄色钻石，戒托镶嵌小圆形切割钻石，共约重0.25ct，成交价为750500美金，比预计价格高出3倍多。

浓艳黄色或鲜明橙色的彩钻与同品质的无色钻石，价格几乎相同；浓黄绿色则较便宜些，其克拉单价为同等品质无色钻石的60%～80%；较深的天然绿色更少，价格自然更高。

彩色钻石中的红色、蓝色是稀有的颜色。例如，2017年12月苏富比拍卖一颗重5.69ct，净度VVS_1的方形切割艳彩蓝色钻石，以15130800美元成交。而2017年12月在苏富比一颗重达2.05ct的浓彩蓝色梨形钻石，成交价为2655000美元，相当于每克拉约130万美元。又如，2017年4月年香港苏富比拍卖会上，一枚3.30ct，净度为VVS_2的浓彩紫粉红色钻石戒指的拍卖成交价为1990万港元，一枚3.13ct的方形浓彩蓝色钻石戒指的拍卖成交价高达3722.5万港元。

蓝钻的饱和度一般较黄钻低许多，其色调浅而带灰，色调浓艳的蓝钻罕见。淡蓝彩钻通常较同品质的无色钻石贵一些，随着色彩的加深，价格也随着跳跃，不断增高。

粉红色、紫色钻石主要来源于俄罗斯的Yakuti和澳大利亚的阿盖尔地区，一般色调比较浅。彩钻的交易中，以粉红色、粉-紫色及红-紫色价格较高，色度好的可至惊人的天价。例如，一颗3.74ct的公主方形艳彩紫粉红色彩钻，2017年在香港拍卖中以18100000港币成交，而一颗59.60ct椭圆形艳彩粉红色钻石戒指2017年以553037500港币成交。

彩色钻石的定价，其生动鲜明的颜色可抵消中等净度及切磨比例偏差的不足。品质和大小相当的彩钻，价格随着经销商的不同，也比普通钻石有更大的差异，这个差异主要与稀少性有关。近年来，彩钻身价激增，原来棕色及黑色等少有人问津的颜色现在也大行其道。

彩钻市场是一个没有确定指标、没有价目表的市场。如果有买者订购特殊的、难以寻找的彩色钻石，价格必然也包括所有的交易成本。另一方面，假如他们急于脱手，价格不会卖得很高。另外，如果是名钻的话，则它的知名度，历届主人的背景，对它的价值有更大的影响。因此评估彩色钻石一定要进行市场调查。

天然彩钻不如无色–浅黄色的钻石那样容易得到，拍卖与遗产出售是个重要的货源，也是评估人员的重要信息来源。

15.2.3　花式钻石的估价

花式钻石的估价比圆钻型钻石更为困难，因为花式钻石的定价随着市场需求的变化更明显。花式钻石中最常见的为明亮式切磨的马眼形、梨形、椭圆形和心形，阶梯式的切磨类型则为公主方形、长方形和祖母绿形。

另外，切工的好坏对钻石价格的影响也更大。因此，需要积累丰富的经验，才能客观地为花式钻石估价。对花式钻石的评价估价，一般着重于形状、大小、颜色与净度，通常不考虑切工。在市场上常见的花式钻石切工通常都不算好，因此切工良好的花式钻石的价格往往比较高。

花式钻石的定价没有一定的规律。在相同的克拉质量、品质等级下，一般花式钻石比圆钻的价格要低，但是有一些例外情况。例如，由于当时市场的流行性，马眼形钻石的价格比其他式样的钻石价格要高出10%，其他的形状大约要比圆钻的价格便宜5%～20%不等。近年来，Rapaport钻石报告也给出了花式钻石的价格行情（表15-4）。

目前，购买花式切割钻石的消费者也日益增多，其中椭圆形较为畅销。例如，椭圆形H色净度为VVS$_2$切工良好的36分的钻石市场价为2900元，椭圆形H色净度为VVS$_2$切工良好的50分钻石市场价为6600元，H色以上净度更好的椭圆形钻石价格会更高。

除一般的花式钻石（如心形、马眼形、梨形和椭圆形）外，轮廓较不常见的钻石（如半月形、三角形和其他类似的形状）的钻石价格较低。近年来，市场上常见不同花式琢形钻石拼合在一起，如"大卫之星"是由六颗风筝形钻石拼合在一起而成，"幸运之星"是由5颗风筝形琢型钻石组成一个大五角星。这类花式琢型钻石的价格一般比较高。

市场是定价的重要因素，圆明亮式琢型钻石的稳定供应和强大市场需求，保证了各种大小和等级的充足货源。另一方面，在任何特定时间都没有大量的花式钻石供应，特别是超过1ct的花式钻石。因此，较大的花式钻石常在业界"旅行"，经常几度转手，每个经销商都会获取一点利润，所以定价较高。由于花式钻石的市场有限，真正好的优质花式钻石通常供不应求，因而价格往往较贵。

表15-4 部分花式钻石价格表

单位：100美元/ct

RAPAPORT:（0.18~0.22ct）05/17/2019

	IF-VVS	VS	SI₁	SI₂	SI₃	I₁	I₂	I₃
D~F	12.9	11.2	8.2	7.1	6.3	5.2	4.2	3.5
G~H	11.5	9.9	7.3	6.6	5.6	4.8	3.8	3.2
I~J	9.0	8.2	6.5	5.7	4.8	4.3	3.4	2.9
K~L	7.1	6.0	5.0	4.3	3.9	3.4	2.7	2.2
M~N	6.0	5.0	4.3	3.4	3.2	2.4	1.8	1.5

PEARS（梨形钻石） RAPAPORT:（0.23~0.29ct）05/17/2019

	IF-VVS	VS	SI₁	SI₂	SI₃	I₁	I₂	I₃
D~F	15.3	13.5	9.3	8.4	7.1	6.0	4.8	3.8
G~H	13.5	11.7	8.4	7.5	6.5	5.3	4.1	3.5
I~J	10.8	9.5	7.0	6.1	5.5	4.4	3.6	3.1
K~L	8.6	7.7	5.9	5.2	4.9	3.7	2.9	2.3
M~N	7.3	6.5	5.0	4.3	4.1	2.9	2.1	1.7

RAPAPORT:（0.30~0.39ct）05/17/2019

	IF	VVS₁	VVS₂	VS₁	VS₂	SI₁	SI₂	SI₃	I₁	I₂	I₃
D	30	26	23	20	18	17	16	14	11	8	6
E	25	23	20	18	17	16	15	13	10	8	5
F	22	20	18	17	16	15	14	12	9	7	5
G	20	18	17	16	15	14	13	11	9	7	5
H	18	17	16	14	13	13	12	10	8	6	4
I	16	15	14	13	11	11	11	9	7	6	4
J	13	12	12	11	9	10	9	8	6	5	4
K	11	10	10	9	8	10	7	7	6	5	3
L	10	9	9	8	8	8	6	6	5	4	3
M	9	9	9	8	8	7	6	5	4	3	3

PEARS（梨形钻石） RAPAPORT:（0.40~0.49ct）05/17/2019

	IF	VVS₁	VVS₂	VS₁	VS₂	SI₁	SI₂	SI₃	I₁	I₂	I₃
D	33	32	29	27	25	20	18	16	12	9	7
E	31	29	26	24	23	19	17	15	11	9	6
F	28	26	24	23	22	18	16	14	10	8	5
G	26	25	23	22	20	17	15	13	10	8	5
H	24	23	21	20	18	16	14	12	9	7	4
I	19	18	17	17	16	15	13	11	8	7	4
J	17	16	16	15	14	13	12	10	7	6	4
K	14	13	13	11	11	10	9	8	6	6	3
L	12	12	12	10	10	9	8	7	6	5	3
M	11	11	10	9	9	8	7	6	5	4	3

PEARS（梨形钻石） RAPAPORT:（0.50~0.69ct）05/17/2019

	IF	VVS₁	VVS₂	VS₁	VS₂	SI₁	SI₂	SI₃	I₁	I₂	I₃
D	50	41	37	34	32	27	24	21	17	13	9
E	41	35	32	31	29	25	22	19	16	13	8
F	35	32	30	29	27	24	21	18	16	12	7
G	32	30	28	27	25	23	20	16	15	12	7
H	29	27	26	25	23	21	19	15	14	11	7
I	26	24	23	22	21	19	17	14	13	11	6
J	22	21	20	19	18	17	16	13	12	10	6
K	17	16	16	15	15	14	13	12	10	8	6
L	15	14	14	13	13	13	12	11	9	7	5
M	13	12	12	11	11	11	10	9	8	6	5

PEARS（梨形钻石） RAPAPORT:（0.70~0.89ct）05/17/2019

	IF	VVS₁	VVS₂	VS₁	VS₂	SI₁	SI₂	SI₃	I₁	I₂	I₃
D	65	52	49	48	46	42	35	30	24	16	10
E	50	48	47	46	44	40	33	28	23	15	9
F	48	46	45	44	42	38	30	26	22	14	9
G	46	44	42	41	39	35	28	24	21	14	8
H	42	40	37	36	35	31	26	22	20	13	8
I	35	32	30	29	28	27	24	20	18	13	8
J	28	27	26	25	24	23	22	18	15	12	7
K	23	22	20	19	18	17	16	15	14	10	7
L	20	20	19	18	17	16	15	14	12	9	6
M	17	17	16	16	15	14	13	12	10	8	6

续表

PEARS（梨形钻石）

RAPAPORT:（0.90~0.99ct）05/17/2019

	IF	VVS₁	VVS₂	VS₁	VS₂	SI₁	SI₂	SI₃	I₁	I₂	I₃
D	95	79	71	63	58	55	46	38	28	19	11
E	77	71	61	57	55	53	44	36	27	18	10
F	69	61	56	54	53	51	43	34	26	17	10
G	59	56	54	53	51	49	41	32	25	16	9
H	50	49	48	47	46	44	39	30	24	16	9
I	46	45	44	42	41	39	35	28	23	15	9
J	39	38	37	36	35	33	29	25	20	14	8
K	32	31	30	29	28	27	25	21	17	13	8
L	27	26	25	24	23	22	21	18	14	11	7
M	21	20	20	19	19	18	17	16	12	10	7

RAPAPORT:（1.00~1.49ct）05/17/2019

	IF	VVS₁	VVS₂	VS₁	VS₂	SI₁	SI₂	SI₃	I₁	I₂	I₃
D	145	110	98	80	75	64	55	45	34	22	13
E	108	98	84	75	70	62	53	43	33	21	12
F	95	85	75	70	68	60	51	41	32	21	11
G	78	72	69	66	64	57	49	39	30	20	10
H	66	60	57	56	54	52	46	37	29	19	10
I	54	52	50	49	47	45	41	34	27	18	10
J	48	45	43	41	39	37	35	29	24	16	9
K	39	36	35	33	31	30	28	24	20	15	9
L	33	31	30	29	27	26	25	21	18	13	9
M	28	26	24	23	22	21	20	19	15	11	8

PEARS（梨形钻石）

RAPAPORT:（1.50~1.99ct）05/17/2019

	IF	VVS₁	VVS₂	VS₁	VS₂	SI₁	SI₂	SI₃	I₁	I₂	I₃
D	170	14	13	11	103	89	71	56	41	25	14
E	145	132	117	110	98	87	69	54	40	24	13
F	125	112	105	100	95	84	67	51	38	23	12
G	100	97	94	89	84	78	65	48	36	22	11
H	85	81	79	77	74	70	60	45	34	21	10
I	68	65	65	64	62	59	53	42	32	19	10
J	55	53	51	50	49	48	45	35	28	17	10
K	45	44	42	40	38	37	35	30	26	16	9
L	40	38	37	36	35	33	31	26	23	14	9
M	32	31	30	29	28	26	24	22	20	13	9

RAPAPORT:（2.00~2.99ct）05/17/2019

	IF	VVS₁	VVS₂	VS₁	VS₂	SI₁	SI₂	SI₃	I₁	I₂	I₃
D	245	220	200	180	155	125	92	67	53	28	15
E	210	190	175	160	140	120	90	65	50	27	14
F	185	165	155	140	130	115	88	63	47	26	13
G	150	140	135	125	120	105	85	58	44	25	12
H	120	110	105	100	95	90	75	53	41	23	11
I	90	87	84	81	78	75	70	48	38	21	11
J	75	71	69	67	65	62	57	43	35	19	11
K	66	61	59	57	55	53	50	37	31	18	10
L	50	47	45	43	42	40	37	33	27	17	10
M	42	41	40	39	38	36	31	27	23	16	9

续表

RAPAPORT: (3.00~3.99ct) 05/17/2019

	IF	VVS₁	VVS₂	VS₁	VS₂	SI₁	SI₂	SI₃	I₁	I₂	I₃
D	520	380	330	295	250	180	129	82	64	32	16
E	370	335	305	265	230	170	124	80	60	30	15
F	325	300	265	245	210	160	119	76	56	28	14
G	275	255	235	210	180	140	113	71	52	26	14
H	220	210	195	175	145	120	103	64	48	25	13
I	170	160	150	140	120	110	93	58	45	24	13
J	125	120	110	105	95	88	80	54	42	23	12
K	100	95	90	85	80	72	65	47	38	22	12
L	68	65	62	59	56	53	48	40	35	20	11
M	57	55	53	51	49	45	40	35	30	18	10

RAPAPORT: (4.00~4.99ct) 05/17/2019　PEARS（梨形钻石）

	IF	VVS₁	VVS₂	VS₁	VS₂	SI₁	SI₂	SI₃	I₁	I₂	I₃
D	600	480	440	410	360	220	143	90	69	35	19
E	470	440	415	375	335	210	138	87	66	33	17
F	430	410	375	340	295	195	133	84	62	31	16
G	365	330	310	290	250	175	128	79	58	29	15
H	300	280	260	240	210	155	118	75	55	27	14
I	210	200	190	180	170	135	103	69	52	26	14
J	165	155	145	140	130	110	93	62	48	24	13
K	130	120	115	110	100	90	83	55	44	23	13
L	85	82	80	75	70	66	62	45	38	21	12
M	70	67	63	60	58	55	52	38	32	19	11

RAPAPORT: (5.00~5.99ct) 05/17/2019

	IF	VVS₁	VVS₂	VS₁	VS₂	SI₁	SI₂	SI₃	I₁	I₂	I₃
D	930	690	630	590	470	295	195	105	80	38	19
E	660	630	600	540	440	285	190	100	75	36	17
F	590	560	530	475	385	265	180	95	70	34	16
G	470	440	410	380	315	235	170	90	65	32	16
H	390	360	330	305	270	200	150	85	62	30	15
I	285	275	250	230	210	170	134	80	59	28	15
J	205	200	190	170	160	150	124	72	54	26	14
K	160	155	145	135	130	115	98	65	51	25	14
L	115	105	100	95	90	85	78	56	47	23	13
M	95	90	85	80	75	70	63	50	36	21	12

RAPAPORT: (10.00~10.99ct) 05/17/2019　PEARS（梨形钻石）

	IF	VVS₁	VVS₂	VS₁	VS₂	SI₁	SI₂	SI₃	I₁	I₂	I₃
D	1580	1140	1030	960	790	470	320	155	99	53	23
E	1120	1020	940	870	740	450	300	145	95	50	22
F	950	890	850	740	640	420	290	140	91	48	21
G	750	710	660	630	530	370	270	135	87	45	20
H	610	570	540	510	430	320	235	125	83	42	19
I	465	440	420	370	340	260	215	115	78	40	18
J	340	330	310	280	260	230	185	105	74	37	17
K	265	260	240	230	210	180	160	95	70	34	16
L	180	170	165	160	150	130	115	85	62	32	16
M	145	140	130	120	110	100	90	70	53	30	15

注：资料来源于 Rapaport Diamond Report, 2019。

15.2.4 老式切工钻石的估价

评价老式切工的钻石，有些人喜欢用GIA的重新切磨公式来估算老式切工钻石的价值，即对老矿式和老欧洲式琢型钻石的估价就仿佛它们进行过重新切磨，计算出加工成现在圆多面形琢型后的重量，按现代圆多面形琢型的价值来估算老式切工钻石的价值。

按重切公式来估价花式钻石的前提条件是，古式琢型不值钱，只能作为边角料的价值。使用这种公式就是对花式钻石价值的推测和设定，因而由此得出的价值是理论上的价值，而不是实际价值。老式切工钻石有自己的定价标准，并不是这种简单的计算结果。使用重切公式可能会低估钻石的价值。按照GIA的重新切工公式，对老式钻石的重量的评估减少了，颜色的级别降低了。这些误差的结果可能会导致钻石价值的低估。

评估人员应当了解老式切工钻石切磨情况。如果老式切工钻石的做工精美绝伦、重量大、颜色级别高，这类钻石则价值不菲，因为重量大而色级高的老式切磨钻石是可遇不可求的。在评估这类钻石时，首先应该查阅近期销售的粒度和品质相当的老式切工钻石的拍卖记录，然后与拍卖行人员和在拍卖会上购买这类宝石的常客进行核对，可以根据类似钻石售价的对比，为老式切工钻石作出更为准确的评估。

总之，市场研究依然是任何评估的前提，钻石评估也不例外，忽略了这一步就会出现很大的误差，甚至是错误。

15.2.5 影响钻石价值的其他因素

影响钻石价值的因素除钻石的品质等级4C外，钻石的价值还受到当时市场供求关系的变化、市场级别和出处等方面的影响。

（1）戴比尔斯（De Beers）对钻石市场的影响

钻石市场与其他宝石市场及金属市场有着很大的区别。宝石市场及金属市场的价格受到产量、大小和市场需求不同而有较大的波动。钻石市场上戴比尔斯钻石贸易公司（简称DTC）的存在，使钻石业运作很有系统，克服了完全受市场支配的被动局面。DTC的主要目标是通过保持收购量及调剂供应量，维持着整个钻石业的供求，从而保证价格相对稳定。

20世纪90年代以前，De Beers 中央销售机构（简称CSO）控制着全球80%以上的钻坯的销售，CSO对钻石原料供应的调整对钻石市场的稳定发展起了有效的作用。这种局面随着1997年澳大利亚等国的退出（"单一供应渠道"）而受到挑战，形成了钻石的多渠道供应。到90年代末De Beers声称其对钻坯的控制量在70%左右，但实际上可能还要少些。

1999年以后CSO的职能由DTC代替，DTC延续了CSO根据市场供求情况的变化调整钻坯价格的做法，戴比尔斯这种调价增幅百分比是个综合数字，而不是全面抬高价格。例如，2018年De Beers将宝石级低品质钻石毛坯的价格大幅度下调，下调幅度大约10%。2018年对钻石价格下调主要是针对市场上每克拉100美元以下的产品而做的，不是普遍调价。De Beers对钻坯价格的调整必然波及切磨钻石的价格，但不能简单地用上调的百分比乘以钻石商的批发价来估算钻石的成本。

（2）市场级别

充分的市场调查与分析是评估结果正确的重要保障，因而评估人员必须了解市场知识以及影响市场的各种因素，拥有整个销售链的信息来源。大多数专业评估人员拥有一个商人信息来源网，用于帮助他们评价与供应、需求和价格变化趋势有关的市场现状。钻石批发市场是复杂的，因此评估人员要经常与各方面有专长的商人交谈，以便及时了解最新的市场动态和市场需求状况。

评估人员要了解最适合对被评估钻石进行价格研究的零售市场。批发商可以帮助评估人员得出商品的一般原始成本和最新零售定价模式。通过确定现实的钻石原始成本，评估人员能够更容易地了解零售价格的变动，以及目前正常售价范围以外的价格。

确定原始批发成本是复杂的，因为商人们的相同的物品可向零售商开出几种不同的价格。最低价是现金价格，其次是报价单最低价。如果珠宝商信用不好或者有拖欠付款历史，那么代销货成本就会很高。如果某公司濒临倒闭，则成本也会相当高，常常是现金批发价的两倍。批发商所提供的原始成本信息可以帮助评估人员，避免把异常低的零售价格当作重置价值。

在一般情况下，零售商会对其收购价和加价加以封锁。为了保证获得准确的零售信息，评估人员实际上不得不扮成神秘的顾客去寻价。在寻找"竞争情报"时，评估人员必须懂得如何与珠宝商进行谈价，以及如何能够更快地掌握成交价。钻石是市场上最常见的宝石，不同品质级别的钻石价格需要在不同级别的市场上去搜集。例如，具有历史意义的钻石一般是通过拍卖行销售的；做工良好和精美的优质钻石通常可通过大的商场或大的珠宝品牌店找到，而颜色和净度上较差的钻石是珠宝市场的大宗货，很容易找到。因此，对评估人员来说最重要的是要与各级市场的钻石商建立广泛联系。

（3）市场供求关系、出处等因素

市场供求关系是影响钻石价值的重要因素。例如，现在市场上公主方琢型的钻石比其他花式钻石流行，在颜色和净度相同的情况下，公主方琢型的钻石比其他花式钻石的克拉单价要高。

钻石的出处也是影响钻石价值的一大因素，尤其是名钻的知名度、历届主人的背景，对钻石的价格影响更大。例如，2018年4月在纽约的一次拍卖中，西班牙王后伊丽莎白·法纳斯（Elisabeth Farnese）于1715年获赠的礼物——一枚名为法纳斯蓝的6.16克拉梨形暗彩灰蓝色钻石，其后经欧洲四大皇室珍藏，估价350万~500万瑞士法郎（360万~520万美元），却被人以6719750瑞士法郎（6713837美元）买下，这足以说明历史文化对钻石价值的影响。对于普通人来说，名人拥有过的钻石能给购买者带来无比的满足和骄傲。

附 录

1. 比率分级表（GB/T 16554—2017附录C）

C.1　　　　　　　　　台宽比 = 44% ~ 49%

项目	差	一般	差
冠角(α)/(°)	< 20.0	20.0~41.4	> 41.4
亭角(β)/(°)	< 37.4	37.4~44.0	> 44.0
冠高比/%	< 7.0	7.0~21.0	> 21.0
亭深比/%	< 38.0	38.0~48.0	> 48.0
腰厚比/%	—	≤ 10.5	> 10.5
腰厚	—	极薄至极厚	极厚
底尖大小/%	—	—	—
全深比/%	< 50.9	50.9~70.9	> 70.9
$\alpha+\beta$/(°)	—	—	—
星刻面长度比/%	—	—	—
下腰面长度比/%	—	—	—

C.2　　　　　　　　　台宽比 = 50%

项目	差	一般	好	很好	好	一般	差
冠角(α)/(°)	< 20.0	20.0~21.6	21.8~26.0	26.2~36.2	36.4~37.8	38.0~41.4	> 41.4
亭角(β)/(°)	< 37.4	37.4~38.4	38.6~39.6	39.8~42.4	42.6~43.0	43.2~44.0	> 44.0
冠高比/%	< 7.0	7.0~8.5	9.0~10.0	10.5~18.0	18.5~19.5	20.0~21.0	> 21.0
亭深比/%	< 38.0	38.0~39.5	40.0~41.0	41.5~45.0	45.5~46.5	47.0~48.0	> 48.0
腰厚比/%	—	—	< 2.0	2.0~5.5	6.0~7.5	8.0~10.5	> 10.5
腰厚	—	—	极薄	很薄至厚	很厚	极厚	极厚
底尖大小/%	—	—	—	< 2.0	2.0~4.0	> 4.0	—
全深比/%	< 50.9	50.9~59.0	59.1~61.0	61.1~64.5	64.6~66.9	67.0~70.9	> 70.9
$\alpha+\beta$/(°)	—	< 65.0	65.0~68.6	68.8~79.4	79.6~80.0	> 80.0	—
星刻面长度比/%	—	—	< 40	40~70	> 70	—	—
下腰面长度比/%	—	—	< 65	65~90	> 90	—	—

C.3 　　　　　　　　台宽比 = 51%

项目	差	一般	好	很好	好	一般	差
冠角(α)/(°)	< 20.0	20.0~21.6	21.8~26.0	26.2~36.6	36.8~38.0	38.2~41.4	> 41.4
亭角(β)/(°)	< 37.4	37.4~38.4	38.6~39.6	39.8~42.4	42.6~43.0	43.2~44.0	> 44.0
冠高比/%	< 7.0	7.0~8.5	9.0~10.0	10.5~18.0	18.5~19.5	20.0~21.0	> 21.0
亭深比/%	< 38.0	38.0~39.5	40.0~41.0	41.5~45.0	45.5~46.5	47.0~48.0	> 48.0
腰厚比/%	—	—	< 2.0	2.0~5.5	6.0~7.5	8.0~10.5	> 10.5
腰厚	—	—	极薄	很薄至厚	很厚	极厚	极厚
底尖大小/%	—	—	—	< 2.0	2.0~4.0	> 4.0	—
全深比/%	< 50.9	50.9~58.8	58.9~61.0	61.1~64.5	64.6~66.9	67.0~70.9	> 70.9
$\alpha+\beta$/(°)	—	< 65.0	65.0~68.6	68.8~79.4	79.6~80.0	> 80.0	—
星刻面长度比/%	—	—	< 40	40~70	> 70	—	—
下腰面长度比/%	—	—	< 65	65~90	> 90	—	—

C.4 　　　　　　　　台宽比 = 52%

项目	差	一般	好	很好	极好	很好	好	一般	差
冠角(α)/(°)	< 20.0	20.0~21.6	21.8~26.0	26.2~31.0	31.2~36.0	36.2~37.2	37.4~38.6	38.8~41.4	> 41.4
亭角(β)/(°)	< 37.4	37.4~38.4	38.6~39.6	39.8~40.4	40.6~41.8	42.0~42.4	42.6~43.0	43.2~44.0	> 44.0
冠高比/%	< 7.0	7.0~8.5	9.0~10.0	10.5~11.5	12.0~17.0	17.5~18.0	18.5~19.5	20.0~21.0	> 21.0
亭深比/%	< 38.0	38.0~39.5	40.0~41.0	41.5~42.0	42.5~44.5	45.0	45.5~46.5	47.0~48.0	> 48.0
腰厚比/%	—	—	< 2.0	2.0	2.5~4.5	5.0~5.5	6.0~7.5	8.0~10.5	> 10.5
腰厚	—	—	极薄	很薄	薄至稍厚	厚	很厚	极厚	极厚
底尖大小/%	—	—	—	—	< 1.0	1.0~1.9	2.0~4.0	> 4.0	—
全深比/%	< 50.9	50.9~58.6	58.7~60.7	60.8~61.5	61.6~63.2	63.3~64.5	64.6~66.9	67.0~70.9	> 70.9
$\alpha+\beta$/(°)	—	< 65.0	65.0~68.6	68.8~72.8	73.0~77.0	77.2~79.4	79.6~80.0	> 80.0	—
星刻面长度比/%	—	—	< 40	40	45~65	70	> 70	—	—
下腰面长度比/%	—	—	< 65	65	70~85	90	> 90	—	—

C.5　台宽比 = 53%

项目	差	一般	好	很好	极好	很好	好	一般	差
冠角(a)/(°)	< 20.0	20.0~21.6	21.8~26.0	26.2~31.0	31.2~36.0	36.2~37.6	37.8~39.0	39.2~41.4	> 41.4
亭角(β)/(°)	< 37.4	37.4~38.4	38.6~39.6	39.8~40.4	40.6~41.8	42.0~42.4	42.6~43.0	43.2~44.0	> 44.0
冠高比/%	< 7.0	7.0~8.5	9.0~10.0	10.5~11.5	12.0~17.0	17.5~18.0	18.5~19.5	20.0~21.0	> 21.0
亭深比/%	< 38.0	38.0~39.5	40.0~41.0	41.5~42.0	42.5~44.5	45.0	45.5~46.5	47.0~48.0	> 48.0
腰厚比/%	—	—	< 2.0	2.0	2.5~4.5	5.0~5.5	6.0~7.5	8.0~10.5	> 10.5
腰厚	—	—	极薄	很薄	薄至稍厚	厚	很厚	极厚	极厚
底尖大小/%	—	—	—	—	< 1.0	1.0~1.9	2.0~4.0	> 4.0	—
全深比/%	< 50.9	50.9~58.0	58.1~60.3	60.4~61.3	61.4~63.2	63.3~64.5	64.6~66.9	67.0~70.9	> 70.9
$a+\beta$/(°)	—	< 65.0	65.0~68.6	68.8~72.8	73.0~77.0	77.2~79.4	79.6~80.0	> 80.0	—
星刻面长度比/%	—	—	< 40	40	45~65	70	> 70	—	—
下腰面长度比/%	—	—	< 65	65	70~85	90	> 90	—	—

C.6　台宽比 = 54%

项目	差	一般	好	很好	极好	很好	好	一般	差
冠角(a)/(°)	< 20.0	20.0~21.6	21.8~26.0	26.2~31.0	31.2~36.0	36.2~38.2	38.4~39.6	39.8~41.4	> 41.4
亭角(β)/(°)	< 37.4	37.4~38.4	38.6~39.6	39.8~40.4	40.6~41.8	42.0~42.4	42.6~43.0	43.2~44.0	> 44.0
冠高比/%	< 7.0	7.0~8.5	9.0~10.0	10.5~11.5	12.0~17.0	17.5~18.0	18.5~19.5	20.0~21.0	> 21.0
亭深比/%	< 38.0	38.0~39.5	40.0~41.0	41.5~42.0	42.5~44.5	45.0	45.5~46.5	47.0~48.0	> 48.0
腰厚比/%	—	—	< 2.0	2.0	2.5~4.5	5.0~5.5	6.0~7.5	8.0~10.5	> 10.5
腰厚	—	—	极薄	很薄	薄至稍厚	厚	很厚	极厚	极厚
底尖大小/%	—	—	—	—	< 1.0	1.0~1.9	2.0~4.0	> 4.0	—
全深比/%	< 50.9	50.9~57.8	57.9~60.0	60.1~61.1	61.2~63.2	63.3~64.7	64.8~66.9	67.0~70.9	> 70.9
$a+\beta$/(°)	—	< 65.0	65.0~68.6	68.8~72.8	73.0~77.0	77.2~79.4	79.6~80.0	> 80.0	—
星刻面长度比/%	—	—	< 40	40	45~65	70	> 70	—	—
下腰面长度比/%	—	—	< 65	65	70~85	90	> 90	—	—

C.7　　　　　　　　　台宽比 = 55%

项目	差	一般	好	很好	极好	很好	好	一般	差
冠角(α)/(°)	< 20.0	20.0~21.6	21.8~26.0	26.2~31.0	31.2~36.0	36.2~38.8	39.0~40.0	40.2~41.4	> 41.4
亭角(β)/(°)	< 37.4	37.4~38.4	38.6~39.6	39.8~40.4	40.6~41.8	42.0~42.4	42.6~43.0	43.2~44.0	> 44.0
冠高比/%	< 7.0	7.0~8.5	9.0~10.0	10.5~11.5	12.0~17.0	17.5~18.0	18.5~19.5	20.0~21.0	> 21.0
亭深比/%	< 38.0	38.0~39.5	40.0~41.0	41.5~42.0	42.5~44.5	45.0	45.5~46.5	47.0~48.0	> 48.0
腰厚比/%	—	—	< 2.0	2.0	2.5~4.5	5.0~5.5	6.0~7.5	8.0~10.5	> 10.5
腰厚	—	—	极薄	很薄	薄至稍厚	厚	很厚	极厚	极厚
底尖大小/%	—	—	—	—	< 1.0	1.0~1.9	2.0~4.0	> 4.0	—
全深比/%	< 50.9	50.9~57.5	57.6~59.7	59.8~60.9	61.0~63.2	63.3~64.7	64.8~66.9	67.0~70.9	> 70.9
$\alpha+\beta$/(°)	—	< 65.0	65.0~68.6	68.8~72.8	73.0~77.0	77.2~79.4	79.6~80.0	> 80.0	—
星刻面长度比/%	—	—	< 40	40	45~65	70	> 70	—	—
下腰面长度比/%	—	—	< 65	65	70~85	90	> 90	—	—

C.8　　　　　　　　　台宽比 = 56%

项目	差	一般	好	很好	极好	很好	好	一般	差
冠角(α)/(°)	< 20.0	20.0~21.6	21.8~26.0	26.2~31.0	31.2~36.0	36.2~38.8	39.0~40.0	40.2~41.4	> 41.4
亭角(β)/(°)	< 37.4	37.4~38.4	38.6~39.6	39.8~40.4	40.6~41.8	42.0~42.4	42.6~43.0	43.2~44.0	> 44.0
冠高比/%	< 7.0	7.0~8.5	9.0~10.0	10.5~11.5	12.0~17.0	17.5~18.0	18.5~19.5	20.0~21.0	> 21.0
亭深比/%	< 38.0	38.0~39.5	40.0~41.0	41.5~42.0	42.5~44.5	45.0	45.5~46.5	47.0~48.0	> 48.0
腰厚比/%	—	—	< 2.0	2.0	2.5~4.5	5.0~5.5	6.0~7.5	8.0~10.5	> 10.5
腰厚	—	—	极薄	很薄	薄至稍厚	厚	很厚	极厚	极厚
底尖大小/%	—	—	—	—	< 1.0	1.0~1.9	2.0~4.0	> 4.0	—
全深比/%	< 50.9	50.9~57.3	57.4~59.5	59.6~60.6	60.7~63.2	63.3~64.7	64.8~66.9	67.0~70.9	> 70.9
$\alpha+\beta$/(°)	—	< 65.0	65.0~68.6	68.8~72.8	73.0~77.0	77.2~79.2	79.4~80.0	> 80.0	—
星刻面长度比/%	—	—	< 40	40	45~65	70	> 70	—	—
下腰面长度比/%	—	—	< 65	65	70~85	90	> 90	—	—

C.9　　　　台宽比 = 57%

项目	差	一般	好	很好	极好	很好	好	一般	差
冠角 (α)/(°)	< 20.0	20.0~22.0	22.2~26.0	26.2~31.0	31.2~36.0	36.2~38.8	39.0~40.0	40.2~41.4	> 41.4
亭角 (β)/(°)	< 37.4	37.4~38.4	38.6~39.6	39.8~40.4	40.6~41.8	42.0~42.4	42.6~43.0	43.2~44.0	> 44.0
冠高比/%	< 7.0	7.0~8.5	9.0~10.0	10.5~11.5	12.0~17.0	17.5~18.0	18.5~19.5	20.0~21.0	> 21.0
亭深比/%	< 38.0	38.0~39.5	40.0~41.0	41.5~42.0	42.5~44.5	45.0	45.5~46.5	47.0~48.0	> 48.0
腰厚比/%	—	—	< 2.0	2.0	2.5~4.5	5.0~5.5	6.0~7.5	8.0~10.5	> 10.5
腰厚	—	—	极薄	很薄	薄至稍厚	厚	很厚	极厚	极厚
底尖大小/%	—	—	—	—	< 1.0	1.0~1.9	2.0~4.0	> 4.0	—
全深比/%	< 50.9	50.9~57.0	57.1~58.3	58.4~60.0	60.1~63.2	63.3~64.5	64.6~66.9	67.0~70.9	> 70.9
$\alpha+\beta$/(°)	—	< 65.0	65.0~68.6	68.8~72.8	73.0~77.0	77.2~78.8	79.0~80.0	> 80.0	—
星刻面长度比/%	—	—	< 40	40	45~65	70	> 70	—	—
下腰面长度比/%	—	—	< 65	65	70~85	90	> 90	—	—

C.10　　　　台宽比 = 58%

项目	差	一般	好	很好	极好	很好	好	一般	差
冠角 (α)/(°)	< 20.0	20.0~22.6	22.8~26.0	26.2~31.0	31.2~36.0	36.2~38.2	38.4~40.0	40.2~41.4	> 41.4
亭角 (β)/(°)	< 37.4	37.4~38.4	38.6~39.8	40.0~40.4	40.6~41.8	42.0~42.4	42.6~43.0	43.2~44.0	> 44.0
冠高比/%	< 7.0	7.0~8.5	9.0~10.0	10.5~11.5	12.0~17.0	17.5~18.0	18.5~19.5	20.0~21.0	> 21.0
亭深比/%	< 38.0	38.0~39.5	40.0~41.5	42.0	42.5~44.5	45.0	45.5~46.5	47.0~48.0	> 48.0
腰厚比/%	—	—	< 2.0	2.0	2.5~4.5	5.0~5.5	6.0~7.5	8.0~10.5	> 10.5
腰厚	—	—	极薄	很薄	薄至稍厚	厚	很厚	极厚	极厚
底尖大小/%	—	—	—	—	< 1.0	1.0~1.9	2.0~4.0	> 4.0	—
全深比/%	< 50.9	50.9~56.8	56.9~59.1	59.2~59.8	59.9~63.2	63.3~64.5	64.6~66.9	67.0~70.9	> 70.9
$\alpha+\beta$/(°)	—	< 65.0	65.0~68.6	68.8~72.8	73.0~77.0	77.2~78.6	78.8~80.0	> 80.0	—
星刻面长度比/%	—	—	< 40	40	45~65	70	> 70	—	—
下腰面长度比/%	—	—	< 65	65	70~85	90	> 90	—	—

C.11　台宽比 = 59%

项目	差	一般	好	很好	极好	很好	好	一般	差
冠角(α)/(°)	< 20.0	20.0~23.0	23.2~26.6	26.8~31.0	31.2~36.0	36.2~38.2	38.4~40.0	40.2~41.4	> 41.4
亭角(β)/(°)	< 37.4	37.4~38.4	38.6~39.8	40.0~40.4	40.6~41.8	42.0~42.4	42.6~43.0	43.2~44.0	> 44.0
冠高比/%	< 7.0	7.0~8.5	9.0~10.0	10.5~11.5	12.0~17.0	17.5~18.0	18.5~19.5	20.0~21.0	> 21.0
亭深比/%	< 38.0	38.0~39.5	40.0~41.5	42.0	42.5~44.5	45.0	45.5~46.5	47.0~48.0	> 48.0
腰厚比/%	—	—	< 2.0	2.0	2.5~4.5	5.0~5.5	6.0~7.5	8.0~10.5	> 10.5
腰厚	—	—	极薄	很薄	薄至稍厚	厚	很厚	极厚	极厚
底尖大小/%	—	—	—	—	< 1.0	1.0~1.9	2.0~4.0	> 4.0	—
全深比/%	< 50.9	50.9~56.4	56.5~58.7	58.8~59.6	59.7~63.2	63.3~64.5	64.6~66.9	67.0~70.9	> 70.9
$\alpha+\beta$/(°)	—	< 65.0	65.0~68.6	68.8~72.8	73.0~77.0	77.2~78.2	78.4~80.0	> 80.0	—
星刻面长度比/%	—	—	< 40	40	45~65	70	> 70	—	—
下腰面长度比/%	—	—	< 65	65	70~85	90	> 90	—	—

C.12　台宽比 = 60%

项目	差	一般	好	很好	极好	很好	好	一般	差
冠角(α)/(°)	< 20.0	20.0~23.6	23.8~27.0	27.2~31.0	31.2~35.8	36.0~37.6	37.8~40.0	40.2~41.4	> 41.4
亭角(β)/(°)	< 37.4	37.4~38.4	38.6~40.0	40.2~40.6	40.8~41.8	42.0~42.2	42.4~43.0	43.2~44.0	> 44.0
冠高比/%	< 7.0	7.0~8.5	9.0~10.0	10.5~11.5	12.0~17.0	17.5~18.0	18.5~19.5	20.0~21.0	> 21.0
亭深比/%	< 38.0	38.0~39.5	40.0~41.5	42.0	42.5~44.5	45.0	45.5~46.5	47.0~48.0	> 48.0
腰厚比/%	—	—	< 2.0	2.0	2.5~4.5	5.0~5.5	6.0~7.5	8.0~10.5	> 10.5
腰厚	—	—	极薄	很薄	薄至稍厚	厚	很厚	极厚	极厚
底尖大小/%	—	—	—	—	< 1.0	1.0~1.9	2.0~4.0	> 4.0	—
全深比/%	< 50.9	50.9~56.2	56.3~58.0	58.1~58.4	58.5~63.2	63.3~64.5	64.6~66.9	67.0~70.9	> 70.9
$\alpha+\beta$/(°)	—	< 65.0	65.0~68.6	68.8~72.8	73.0~77.0	77.2~77.8	78.0~80.0	> 80.0	—
星刻面长度比/%	—	—	< 40	40	45~65	70	> 70	—	—
下腰面长度比/%	—	—	< 65	65	70~85	90	> 90	—	—

C.13　台宽比 = 61%

项目	差	一般	好	很好	极好	很好	好	一般	差
冠角(α)/(°)	< 20.0	20.0~24.0	24.2~27.6	27.8~32.0	32.2~35.6	35.8~37.6	37.8~40.0	40.2~41.4	> 41.4
亭角(β)/(°)	< 37.4	37.4~38.8	39.0~40.2	40.4~40.6	40.8~41.8	42.0~42.2	42.4~43.0	43.2~44.0	> 44.0
冠高比/%	< 7.0	7.0~8.5	9.0~10.0	10.5~11.5	12.0~17.0	17.5~18.0	18.5~19.5	20.0~21.0	> 21.0
亭深比/%	< 38.0	38.0~40.0	40.5~41.5	42.0	42.5~44.5	45.0	45.5~46.5	47.0~48.0	> 48.0
腰厚比/%	—	—	< 2.0	2.0	2.5~4.5	5.0~5.5	6.0~7.5	8.0~10.5	> 10.5
腰厚	—	—	极薄	很薄	薄至稍厚	厚	很厚	极厚	极厚

续表

项目	差	一般	好	很好	极好	很好	好	一般	差
底尖大小/%	—	—	—	—	< 1.0	1.0~1.9	2.0~4.0	> 4.0	—
全深比/%	< 50.9	50.9~56.0	56.1~57.7	57.8~58.4	58.5~63.2	63.3~64.5	64.6~66.9	67.0~70.9	> 70.9
$\alpha+\beta$/(°)	—	< 65.0	65.0~68.6	68.8~72.8	73.0~77.0	77.2~77.6	77.8~80.0	> 80.0	—
星刻面长度比/%	—	—	< 40	40	45~65	70	> 70	—	—
下腰面长度比/%	—	—	< 65	65	70~85	90	> 90	—	—

C.14 台宽比 = 62%

项目	差	一般	好	很好	极好	很好	好	一般	差
冠角(α)/(°)	< 20.0	20.0~24.6	24.8~28.0	28.2~32.6	32.8~35.0	35.2~36.8	37.0~40.0	40.2~41.4	> 41.4
亭角(β)/(°)	< 37.4	37.4~39.0	39.2~40.4	40.6~40.8	41.0~41.6	41.8~42.2	42.4~43.0	43.2~44.0	> 44.0
冠高比/%	< 7.0	7.0~8.5	9.0~10.0	10.5~11.5	12.0~17.0	17.5~18.0	18.5~19.5	20.0~21.0	> 21.0
亭深比/%	< 38.0	38.0~40.5	41.0~41.5	42.0	42.5~44.5	45.0	45.5~46.5	47.0~48.0	> 48.0
腰厚比/%	—	—	< 2.0	2.0	2.5~4.5	5.0~5.5	6.0~7.5	8.0~10.5	> 10.5
腰厚	—	—	极薄	很薄	薄至稍厚	厚	很厚	极厚	极厚
底尖大小/%	—	—	—	—	< 1.0	1.0~1.9	2.0~4.0	> 4.0	—
全深比/%	< 50.9	50.9~55.7	55.8~57.3	57.4~58.4	58.5~63.2	63.3~64.5	64.6~66.9	67.0~70.9	> 70.9
$\alpha+\beta$/(°)	—	< 65.0	65.0~68.6	68.8~72.8	73.0~77.0	77.2~77.4	77.6~80.0	> 80.0	—
星刻面长度比/%	—	—	< 40	40	45~65	70	> 70	—	—
下腰面长度比/%	—	—	< 65	65	70~85	90	> 90	—	—

C.15 台宽比 = 63%

项目	差	一般	好	很好	好	一般	差
冠角(α)/(°)	< 20.0	20.0~25.0	25.2~28.6	28.8~36.2	36.4~40.0	40.2~41.4	> 41.4
亭角(β)/(°)	< 37.4	37.4~38.8	39.0~40.4	40.6~42.0	42.2~43.0	43.2~44.0	> 44.0
冠高比/%	< 7.0	7.0~8.5	9.0~10.0	10.5~18.0	18.5~19.5	20.0~21.0	> 21.0
亭深比/%	< 38.0	38.0~40.0	40.5~42.0	42.5~45.0	45.5~46.5	47.0~48.0	> 48.0
腰厚比/%	—	—	< 2.0	2.0~5.5	6.0~7.5	8.0~10.5	> 10.5
腰厚	—	—	极薄	很薄至厚	很厚	极厚	极厚
底尖大小/%	—	—	—	< 2.0	2.0~4.0	> 4.0	—
全深比/%	< 50.9	50.9~55.4	55.5~56.8	56.9~64.5	64.6~66.9	67.0~70.9	> 70.9
$\alpha+\beta$/(°)	—	< 65.0	65.2~68.6	68.8~76.8	77.0~80.0	> 80.0	—
星刻面长度比/%	—	—	< 40	40~70	> 70	—	—
下腰面长度比/%	—	—	< 65	65~90	> 90	—	—

C.16 台宽比 = 64%

项目	差	一般	好	很好	好	一般	差
冠角 $(\alpha)/(°)$	< 20.0	20.0~25.8	26.0~29.8	30.0~35.8	36.0~40.0	40.2~41.4	> 41.4
亭角 $(\beta)/(°)$	< 37.4	37.4~39.2	39.4~40.6	40.8~42.0	42.2~43.0	43.2~44.0	> 44.0
冠高比/%	< 7.0	7.0~8.5	9.0~10.0	10.5~18.0	18.5~19.5	20.0~21.0	> 21.0
亭深比/%	< 38.0	38.0~40.5	41.0~42.5	43.0~45.0	45.5~46.5	47.0~48.0	> 48.0
腰厚比/%	—	—	< 2.0	2.0~5.5	6.0~7.5	8.0~10.5	> 10.5
腰厚	—	—	极薄	很薄至厚	很厚	极厚	极厚
底尖大小/%	—	—	—	< 2.0	2.0~4.0	> 4.0	—
全深比/%	< 50.9	50.9~55.2	55.3~56.6	56.7~64.5	64.6~66.9	67.0~70.9	> 70.9
$\alpha+\beta/(°)$	—	< 65.0	65.0~68.6	68.8~76.6	76.8~80.0	> 80.0	—
星刻面长度比/%	—	—	< 40	40~70	> 70	—	—
下腰面长度比/%	—	—	< 65	65~90	> 90	—	—

C.17 台宽比 = 65%

项目	差	一般	好	很好	好	一般	差
冠角 $(\alpha)/(°)$	< 20.0	20.0~26.8	27.0~30.4	30.6~35.0	35.2~40.0	40.2~41.4	> 41.4
亭角 $(\beta)/(°)$	< 37.4	37.4~39.4	39.6~40.8	41.0~42.0	42.2~43.0	43.2~44.0	> 44.0
冠高比/%	< 7.0	7.0~8.5	9.0~10.0	10.5~18.0	18.5~19.5	20.0~21.0	> 21.0
亭深比/%	< 38.0	38.0~41.0	41.5~42.5	43.0~45.0	45.5~46.5	47.0~48.0	> 48.0
腰厚比/%	—	—	< 2.0	2.0~5.5	6.0~7.5	8.0~10.5	> 10.5
腰厚	—	—	极薄	很薄至厚	很厚	极厚	极厚
底尖大小/%	—	—	—	< 2.0	2.0~4.0	> 4.0	—
全深比/%	< 50.9	50.9~54.9	55.0~56.4	56.5~64.5	64.6~66.9	67.0~70.9	> 70.9
$\alpha+\beta/(°)$	—	< 65.0	65.0~68.6	68.8~76.2	76.4~80.0	> 80.0	—
星刻面长度比/%	—	—	< 40	40~70	> 70	—	—
下腰面长度比/%	—	—	< 65	65~90	> 90	—	—

C.18 台宽比 = 66%

项目	差	一般	好	很好	好	一般	差
冠角 $(\alpha)/(°)$	< 22.0	22.0~27.0	27.2~31.4	31.6~34.4	34.6~40.0	40.2~41.4	> 41.4
亭角 $(\beta)/(°)$	< 37.4	37.4~39.6	39.8~40.8	41.0~42.0	42.2~43.0	43.2~44.0	> 44.0
冠高比/%	< 7.0	7.0~8.5	9.0~10.0	10.5~18.0	18.5~19.5	20.0~21.0	> 21.0
亭深比/%	< 38.0	38.0~41.0	41.5~42.5	43.0~45.0	45.5~46.5	47.0~48.0	> 48.0
腰厚比/%	—	—	< 2.0	2.0~5.5	6.0~7.5	8.0~10.5	> 10.5
腰厚	—	—	极薄	很薄至厚	很厚	极厚	极厚
底尖大小/%	—	—	—	< 2.0	2.0~4.0	> 4.0	—
全深比/%	< 50.9	50.9~54.8	54.9~56.2	56.3~64.5	64.6~66.9	67.0~70.9	> 70.9
$\alpha+\beta/(°)$	—	< 65.0	65.0~68.6	68.8~75.8	76.0~80.0	> 80.0	—
星刻面长度比/%	—	—	< 40	40~70	> 70	—	—
下腰面长度比/%	—	—	< 65	65~90	> 90	—	—

C.19　　　　台宽比 = 67%

项目	差	一般	好	一般	差
冠角 (α)/(°)	< 22.0	22.0~27.6	27.8~40.0	40.2~41.4	> 41.4
亭角 (β)/(°)	< 37.4	37.4~39.6	39.8~43.0	43.2~44.0	> 44.0
冠高比/%	< 7.0	7.0~8.5	9.0~19.5	20.0~21.0	> 21.0
亭深比/%	< 38.0	38.0~41.0	41.5~46.5	47.0~48.0	> 48.0
腰厚比/%	—	—	< 7.5	7.5~10.5	> 10.5
腰厚	—	—	极薄至很厚	极厚	极厚
底尖大小/%	—	—	≤ 4.0	> 4.0	
全深比/%	< 50.9	50.9~54.6	54.7~66.9	67.0~70.9	> 70.9
$\alpha+\beta$/(°)	—	< 65.0	65.0~80.0	> 80.0	—
星刻面长度比/%	—	—	—	—	—
下腰面长度比/%	—	—	—	—	—

C.20　　　　台宽比 = 68%

项目	差	一般	好	一般	差
冠角 (α)/(°)	< 23.0	23.0~28.6	28.8~40.0	40.2~41.4	> 41.4
亭角 (β)/(°)	< 37.4	37.4~39.8	40.0~43.0	43.2~44.0	> 44.0
冠高比/%	< 7.0	7.0~8.5	9.0~19.5	20.0~21.0	> 21.0
亭深比/%	< 38.0	38.0~41.5	42.0~46.5	47.0~48.0	> 48.0
腰厚比/%	—	—	< 7.5	7.5~10.5	> 10.5
腰厚	—	—	极薄至很厚	极厚	极厚
底尖大小/%	—	—	≤ 4.0	> 4.0	
全深比/%	< 50.9	50.9~54.4	54.5~66.9	67.0~70.9	> 70.9
$\alpha+\beta$/(°)	—	< 68.0	68.0~80.0	> 80.0	—
星刻面长度比/%	—	—	—	—	—
下腰面长度比/%	—	—	—	—	—

C.21　　　　台宽比 = 69%

项目	差	一般	好	一般	差
冠角 (α)/(°)	< 24.0	24.0~29.0	29.2~40.0	40.2~41.4	> 41.4
亭角 (β)/(°)	< 37.4	37.4~40.0	40.2~43.0	43.2~44.0	> 44.0
冠高比/%	< 7.0	7.0~8.5	9.0~19.5	20.0~21.0	> 21.0
亭深比/%	< 38.0	38.0~42.0	42.5~46.5	47.0~48.0	> 48.0
腰厚比/%	—	—	< 7.5	7.5~10.5	> 10.5
腰厚	—	—	极薄至很厚	极厚	极厚
底尖大小/%	—	—	≤ 4.0	> 4.0	—
全深比/%	< 50.9	50.9~54.2	54.3~66.9	67.0~70.9	> 70.9
$\alpha+\beta$/(°)	—	< 65.0	65.0~80.0	> 80.0	
星刻面长度比/%	—	—	—	—	—
下腰面长度比/%	—	—	—	—	—

C.22　　　　　　台宽比 = 70%

项目	差	一般	好	一般	差
冠角(α)/(°)	< 24.0	24.0~29.0	29.2~40.0	40.2~41.4	> 41.4
亭角(β)/(°)	< 37.4	37.4~40.0	40.2~43.0	43.2~44.0	> 44.0
冠高比/%	< 7.0	7.0~8.5	9.0~19.5	20.0~21.0	> 21.0
亭深比/%	< 38.0	38.0~42.0	42.5~46.5	47.0~48.0	> 48.0
腰厚比/%	—	—	< 7.5	7.5~10.5	> 10.5
腰厚	—	—	极薄至很厚	极厚	极厚
底尖大小/%	—	—	≤ 4.0	> 4.0	—
全深比/%	< 50.9	50.9~54.0	54.1~66.9	67.0~70.9	> 70.9
$\alpha+\beta$/(°)	—	< 65.0	65.0~80.0	> 80.0	—
星刻面长度比/%	—	—	—	—	—
下腰面长度比/%	—	—	—	—	—

C.23　　　　　　台宽比 = 71% ~ 72%

项目	差	一般	差
冠角(α)/(°)	< 24.0	24.0~41.4	> 41.4
亭角(β)/(°)	< 37.4	37.4~44.0	> 44.0
冠高比/%	< 7.0	7.0~21.0	> 21.0
亭深比/%	< 38.0	38.0~48.0	> 48.0
腰厚比/%	—	≤ 10.5	> 10.5
腰厚	—	极薄至极厚	极厚
底尖大小/%	—	—	—
全深比/%	< 50.9	50.9~70.9	> 70.9
$\alpha+\beta$/(°)	—	—	—
星刻面长度比/%	—	—	—
下腰面长度比/%	—	—	—

2. 钻石建议克拉重量表（GB/T 16554—2017附录D）

平均直径/mm	建议克拉重量/ct	平均直径/mm	建议克拉重量/ct
2.9	0.09	5.9	0.74
3.0	0.10	6.0	0.78
3.1	0.11	6.1	0.81
3.2	0.12	6.2	0.86
3.3	0.13	6.3	0.90
3.4	0.14	6.4	0.94
3.5	0.15	6.5	1.00
3.6	0.17	6.6	1.03
3.7	0.18	6.7	1.08
3.8	0.20	6.8	1.13
3.9	0.21	6.9	1.18
4.0	0.23	7.0	1.23
4.1	0.25	7.1	1.33
4.2	0.27	7.2	1.39
4.3	0.29	7.3	1.45
4.4	0.31	7.4	1.51
4.5	0.33	7.5	1.57
4.6	0.35	7.6	1.63
4.7	0.37	7.7	1.70
4.8	0.40	7.8	1.77
4.9	0.42	7.9	1.83
5.0	0.45	8.0	1.91
5.1	0.48	8.1	1.98
5.2	0.50	8.2	2.05
5.3	0.53	8.3	2.13
5.4	0.57	8.4	2.21
5.5	0.60	8.5	2.29
5.6	0.63	8.6	2.37
5.7	0.66	8.7	2.45
5.8	0.70	8.8	2.54

平均直径/mm	建议克拉重量/ct	平均直径/mm	建议克拉重量/ct
8.9	2.62	10.0	3.72
9.0	2.71	10.1	3.83
9.1	2.80	10.2	3.95
9.2	2.90	10.3	4.07
9.3	2.99	10.4	4.19
9.4	3.09	10.5	4.31
9.5	3.19	10.6	4.43
9.6	3.29	10.7	4.56
9.7	3.40	10.8	4.69
9.8	3.50	10.9	4.82
9.9	3.61	11.0	4.95

注：计算得出的平均直径，按照数字修约国家标准，修约至0.1mm，从上表查得钻石建议重量。

参考文献

［1］吴瑞华、白峰、卢琪. 钻石学教程. 北京：地质出版社，2005.

［2］池际尚、路凤香. 中国原生金刚石成矿地质条件研究. 武汉：中国地质大学出版社，1996.

［3］路凤香、郑建平、陈美华. 有关金刚石形成条件的讨论. 地学前缘，1998，5(3): 125-132.

［4］奥尔洛夫，等. 钻石矿物学. 黄朝恩，陈树森，译. 北京：中国建筑工业出版社，1977: 35-44.

［5］古方，伊万金. 金伯利岩形成作用的阶段和金刚石形成条件的演变. 国外地质科技，1989(4): 1-6.

［6］陈钟惠，等译. 宝石钻石学教程. 武汉：中国地质大学出版社，1993.

［7］中国国家质量监督检验检疫总局，中国国家标准化管理委员会. 中华人民共和国国家标准钻石分级 GB/T 16554—2017. 北京：中国标准出版社，2017: 10.

［8］吴舜田，等. 实用钻石分级学. 台北：经纶图书公司，1991.

［9］袁心强. 钻石分级的原理与方法. 武汉：中国地质大学出版社，1998.

［10］柯捷. 钻石的颜色分级. 珠宝科技，1996(1): 16-19.

［11］朱静昌，王张华，邵臻宇. 钻石颜色分级条件浅析. 上海地质，1998(2): 1-3.

［12］张蓓莉. 系统宝石学. 北京：地质出版社，1997.

［13］李娅莉，薛秦芳. 宝石学基础教程. 北京：地质出版社，1995.

［14］彭明生. 宝石优化处理与现代测试技术. 北京：科学出版社，1995.

［15］周宝霞. 宝石的鉴定与评价. 安徽地质，1998，8(4): 97-101.

［16］魏存弟，李益，侯玉树，等. 新型钻石仿制品——合成碳化硅. 世界地质，2001，20(2): 167-170.

［17］何雪梅. 合成碳化硅晶体的生长及其鉴别. 珠宝科技，1999，11(2): 37-39.

［18］张庆麟，翁臻培，冯大山. 有关钻石4C分级的几个问题. 珠宝科技，1998(2): 55-58.

［19］袁心强. 镶嵌钻石4C分级的概念与技术. 宝石与宝石学杂志，1999，1(2): 35-39.

［20］李立平. 花色钻石颜色评价及彩钻颜色成因鉴别. 珠宝科技，1996(2): 14-15.

［21］郑丹军. 对修改国标镶嵌钻石标准的建议. 珠宝科技，1999(2):6-8.

［22］梁金龙，彭卓伦. 钻石的优化处理与鉴定. 珠宝科技，1999(3).

［23］申柯娅. 钻石研究进展. 宝石和宝石学杂志，2001,3(2): 38-41.

［24］刘厚祥. 人工处理钻石及其鉴别. 中国宝石，1995(4): 48-50.

［25］刘厚祥. 钻石的颜色成因及人工改色. 中国宝石，1996(3): 24-27.

［26］张培元. 加拿大钻石勘查的重大突破. 中国宝石，1995(4): 28-30.

［27］李荣清. 湖南钻石原生矿找矿研究的现状与展望. 矿床地质，1996，15（增刊）: 17-18.

［28］田亮光，黄文慧，程佑法，等. X射线衍射貌相技术在宝石学中的应用. 宝石和宝石学杂志，1999，1(2): 41-44.

［29］张培元．湖南钻石．中国宝石，1999(3)：30-31.

［30］周卫，张建洲，董师元，等．中子在活化分析用于钻石宝石学研究．宝石和宝石学杂志，2000，2(2)：17-19.

［31］杨如增．合成钻石及其鉴别技术的进展．上海地质，1998(2)：4-8.

［32］柴艳，陈征，常锋．钻石切工领域的新进展．宝石和宝石学杂志，2003，5（1）：14-16.

［33］王雅玫．钻石的光彩与切工．珠宝科技，1998(3)：36-37.

［34］王雅玫．如何区别天然钻石与合成钻石．珠宝科技，1996(4)：14-15.

［35］［美］利迪科特．宝石鉴定手册．范淑华，等，译．北京：地质出版社，1988.

［36］地矿部北京宝石研究所，译．GIA宝石石研石鉴定手册．武汉：中国地质大学出版社，1989.

［37］史恩赐，译．钻石加工学工艺学．广州：广东科技出版社，1993.

［38］彭明生，林冰，彭卓伦．金刚石呈色机制初探．矿物岩石地球化学通报，1999，18(4)：357-397.

［39］郭九翱，陈丰，邓华兴，等．湖南砂矿金刚石的颜色．矿物学报，1986，6(2)：133-137.

［40］苑执中．俄罗斯无色合成钻石上市．中国宝石，1999，1：55-57.

［41］杨勇，亓利剑，袁心强．Chatham合成钻石紫外阴极发光谱[J]．光谱学与光谱分析，2003，23(5)：913-916.

［42］兰延，梁榕，陆太进，等．国内市场小颗粒无色高压高温合成钻石的鉴定特征[J].宝石和宝石学杂志，2015，(5)：12-17.

［43］何雪梅，谢天琪.中国高温高压合成钻石的宝石学特征研究[C].2013中国珠宝首饰学术交流会，2013.

［44］严俊，王小祥，陶金波，等．天然钻石与合成钻石的特异性光谱初步研究[J]．光谱学与光谱分析，2015，35(10)：2723-2729.

［45］宋中华，陆太进，苏隽，等．无色-近无色高温高压合成钻石的谱图特征及其鉴别方法[J].岩矿测试，2016，35(5)：496-504.

［46］合成钻石发展现状及前景研究报告[J].中国黄金珠宝，2016，(9)：12-15.

［47］陆太进，河捷，兰延，等．天然和合成钻石排查及鉴定技术和仪器概述[J].中国宝石，2017，(2)：200-204.

［48］Thomas Chatham．恰藤人造钻石．高嘉兴，译．台湾珠宝，1997，29：100-103.

［49］Nelson J B. The glass filling of diamond. The Journal of Gemmology,1995,24(2): 94.

［50］Chrenko,R M Boron. The dominant acceptor in Semi-conducting diamond. Phys.Rev., 1973, B7.4560-4567.

［51］Collins A T. Colour centres in diamond.Journal of Gemmology, 1982, 18(1): 37-75.

［52］Cottrant J F, Calas G. Etude de la coloration de quelques diamonts du Museum d' Histoire Naturelle. Revue de Gemmologie a.f.g, 1981(67): 2-5.

［53］Fritsch E, Rossman G R, An update on color in gems, Part 1, Introduction and colors causes by dispersed metal ions. Gems & Gemology, 1987,23(3):126-139.

［54］Fieding P E. The distribution of uranium, rare earths, and color centers in a crystal of natural zircon. American Mineralogist, 55: 428-440.

［55］Chalain J P, Fristsch E, Hanni H A. detection of GE POL diamonds: a first stage. Revue de Gemmologie AFG, 1999, 138-139: 30-33.

［56］Collins A T. Colour centres in diamonds. Journal of Gemmology,1982,18(1):37-75.

［ 57 ］Fritsch E.The nature of diamonds,G E Harlow(ed).Cambridge:Cambridge University Press & American Museun of Natural History,1998: 38-40.

［ 58 ］Hanni H A,Kiefert L,Chalain JP,et al. A Raman microscope in the gemological laboratory:first experiences of application. Journal of Gemmology, 1997, 25(6):394-406.

［ 59 ］Moses T M,Shigley J E,McClure S F,et. al.Observations on GE-processed diamonds :a photographic record.Gems & Gemology,1999,35:14-22.

［ 60 ］Rapaport Diamond Report 1999.http://www.diamonds.com.Consulted from March 1999 to January 2000.

［ 61 ］Roberston R,Fox J J,Martin A E.1934 Philosophical Transactions, A232.London, 463-535.

［ 62 ］Schmetzer K.Behandlung naturlicher diamanten zur reduzierung des gelb-oder braunsattigung.Goldschmiede Zeitung,1999,97(5):47-48.

［ 63 ］Field J E.The properties of natural and synthetic diamond. London: Acedemic press,1992.

［ 64 ］Taylor W R,Gurney J J,Milledge H J.Nitrogen aggregation and cathodoluminescene characteristics of diamonds from the Point Lake kimberlite pipe,Slave Province,nwt,Canada.6th IKC Extended Abstract. Siberian Branch of Russian Academy of Sciences.Russia,1995,614-616.

［ 65 ］Mendelssohn M J,Milledge H J.Geologically significant information from routine analysis of the midinfrared spectra of diamonds.International Geology Review,1995,37:95-110.

［ 66 ］Bulanova G P, The formation of diamond. Journal of Geochemical Exploration, 1995,53: 1-23.

［ 67 ］Trevor Evans. Aggregation of nitrogen in diamond, The properties of natural and synthetic diamond, Ed, Field J E, London, Academic Press, 1992,35-80.

［ 68 ］Akiva Caspi. Modern dianmond cutting and polishing, Gems & Gemology, 1997, Summer: 102-121.

［ 69 ］Watermeyer B. The art of diamond cutting, NewYork: Chapman & Hall, 1994.

［ 70 ］Water,meyer B A. complete guide to diamond processing, Johannesburg: Parkhurst, 1991.

［ 71 ］Matt H, Thomas M. Identification of H PHT-treated yellow to green diamonds, Gems & Gemology, 2000,36(2): 128-137.

［ 72 ］Schmetzer K. Clues to the process used by genral electric to enhance the GE POL diamonds, Gems & Gemology, 1999, 35(4): 189-190.

［ 73 ］Koivula J I. Kammerling R C. Fritsch E, et al. The Characteristics and Identification of Filled Diamonds. Gems & Gemology, 1989, Summer: 68-83.

［ 74 ］McClure S F, Kammerling R C. A Visual Guide to the Identification of Filled Diamonds.Gems & Gemology, 1995, Summer: 114-119.

［ 75 ］Fisher D, Spits R A. Spectroscopic Evidence of GEPOLHPHT-Treated Natural TypeIIA Diamonds. Gems & Gemology, 2000, Spring: 42-49.

［ 76 ］Reinitz I M, Buerki P R, Shigley J E, et al. Identification of HPHT-Treated Yellow to Green Diamonds. Gems & Gemology, 2000, Summer: 128-137.

［ 77 ］Smith C P, Bosshart G, Ponahlo J, et al. GE-POL Diamonds Before and After. Gems & Gemology, Fall 2000: 192-215.

［ 78 ］Shen A H, Wang W Y, Hall M S, et al. Serenity Coated Colored Diamonds: Detection and Durability. Gems & Gemology, 2007, Spring: 16-33.

[79] Overton T W, Shigley J E. A History of Diamond Treatments. Gems & Gemology, 2008, Spring: 32-55.

[80] Breeding C M, Shigley J E. The Type Classification System of Diamonds. Gems & Gemology, 2009, Summer: 96-111.

[81] "Fluorescence Cage". Visual Identification of HPHT-Treated Type I Diamonds. Gems & Gemology, 2009, 186-190.

[82] Wang W Y, Hall M S, Moe K S, et al. Latest-Generation CVD-Grown Synthetic Diamonds From Apollo Diamond Inc.. Gems & Gemology,2007, 43(4): 294-312.

[83] Wang W Y, Doering P, Tower J, et al. Strongly Colored Pink CVD Lab-Grown Diamonds. Gems & Gemology, 2010, 46: 4-17.

[84] Willems B, Tallaire A, Barjon J.Exploring the Origin and Nature of Luminescent Regions in CVD Synthetic Diamond. Gems & Gemology, 2011, 47: 202-207.

[85] Eaton-Magana, S, Shigley J E, Breeding, C M. OBSERVATIONS ON HPHT-GROWN SYNTHETIC DIAMONDS: A REVIEW. Gems & Gemology,2017, 53(3): 262-284.

[86] Eaton-Magana S, Shigley J E. observations on cvd-grown synthetic diamonds: A REVIEW.Gems & Gemology,2016, 52(3): 222-245.

[87] Wang W Y, Moses T, Linares R C, et al. Gem-Quality Synthetic Diamonds Grown by a Chemical Vapor Deposition (CVD) Method. Gems & Gemology,2003, 39: 268-283.